Ulrich Hofer

Reptilien in der Schweiz

Haupt
NATUR

Ulrich Hofer

Reptilien in der Schweiz

Wie sie leben
und was wir über sie wissen

Haupt Verlag

Inhaltsverzeichnis

Vorwort – jenseits der Kriechspur

Dieses Buch handelt vom Leben einer kleinen Gruppe von Wirbeltieren in der Schweiz. Wie viele andere Tier- und Pflanzenarten auch, profitierten Reptilien zunächst von der Entstehung der Kulturlandschaft, nur, um mit all den Entwicklungen des 20. Jahrhunderts allmählich wieder an Terrain zu verlieren. Terrain nicht nur im wörtlichen Sinn: Noch bis in die 1960er-Jahre richteten Gemeinden Kopfprämien für erschlagene Aspisvipern und Kreuzottern aus, gleichzeitig konservierten Schweizer Forscher mit wissenschaftlichem Eifer Hunderte Schlangen in Alkohol. Erst die bundesrechtliche Unterschutzstellung der Reptilien 1967 machte Schluss damit. Seither gilt frei nach Monty Python «every snake is sacred», was eben noch erlaubt oder gar erwünscht war, ist nun strafbar oder zumindest bewilligungspflichtig. Mit der 1979 gegründeten «Koordinationsstelle für Amphibien- und Reptilienschutz in der Schweiz» (karch, heute: info fauna karch) und der Revision des Natur- und Heimatschutzgesetzes 1985 erhielten bei uns die Kriechtiere so etwas wie eine Zukunft. Doch verglichen mit den Lurchen gerieten sie, nach den Worten eines Mitarbeiters im damaligen BUWAL (heute BAFU), sogleich wieder auf die Kriechspur, denn anders als bei den Amphibien schob das zuständige Bundesamt der Unterschutzstellung kein Bundesinventar der Reptilienlebensräume «von nationaler Bedeutung» nach. Dreizehn der insgesamt sechzehn Arten stehen auf der Roten Liste, sind also gefährdet oder vom Aussterben bedroht. Dass sich daran in den vergangenen zwanzig Jahren kaum etwas geändert hat, bestreitet nicht einmal der 2023 vom Schweizer Bauernverband in Auftrag gegebene Bericht zum Zustand der Biodiversität. Einzig die Mauereidechse vermehrt sich bei uns ungebremst – und bringt damit sogleich eine andere Reptilienart in Bedrängnis. Den Schlangen setzt seit Neuestem ein Pilz zu, gleichzeitig riskieren die giftigen unter ihnen mit dem Töten von Hunden den von ihren Anwälten sorgsam gepäppelten Status einer erhaltenswerten Kreatur. Vielleicht wird wenigstens der Klimawandel für die heimische Reptilienfauna zum Lichtblick: Dass es Gewinner und Verlierer gibt, gilt in der Forschung als unbestritten, wie viele Arten auf welcher Seite stehen, darüber können wir vorerst aber nur spekulieren.

Die aktuellen Entwicklungen stets im Blick, erweitert jenseits der Kriechspur eine kleine, aber wachsende Gemeinde aus Freizeitforschern und Biologinnen mit Hingabe, Akribie und Dranbleiben unser Wissen über die heimischen Schlangen, Echsen und Schildkröten, und engagiert sich für die Erhaltung dieser Tiere. Ihre Erkenntnisse aus nahezu fünf Jahrzehnten Forschung – viele davon verborgen in Notizen, wissenschaftlichen Aufsätzen und unveröffentlichten Berichten – bereitet dieses Buch nun erstmals in einer Gesamtschau und in einer Sprache auf, die sie auch einer breiteren Leserschaft zugänglich machen. Die an Fragestellungen orientierten Kapitel beleuchten das Leben unserer Reptilien aus unterschiedlichen Perspektiven und erläutern nebenbei, mit welchen Methoden wir Daten über diese Tiere gewinnen.

Für dieses Buch habe ich viele Geschichten aufgewärmt, vergangene und aktuelle Schauplätze aufgesucht, und nicht zuletzt in meiner eigenen Vergangenheit gekramt. Kolleginnen und Kollegen haben mich in ihren Untersuchungsgebieten herumgeführt, ihre Archive durchforstet und mich mit Material und Hintergrundinformationen versorgt, die entscheidend zur ansprechenden Präsentation ihrer Forschungsarbeiten beigetragen haben. Der Akzent des Buchs liegt auf dem Protokoll, der systematischen Datenerhebung nach zuvor definierten Zielvorgaben. Die ist keineswegs Umweltwissenschaftlern und Biologinnen vorbehalten. Ohne die Beiträge einer wachsenden Zahl engagierter Laien würde der Umfang der präsentierten Erkenntnisse um einiges bescheidener ausfallen. Wo ich es als sinnvoll erachtete, habe ich die Besprechungen mit kurzen Ausflügen in die internationale Fachliteratur ergänzt.

Als ich die Idee zu diesem Buch erstmals einem Kreis von Fachkollegen vorstellte, fürchtete der Akademiker «Schweizer Illustrierte», der Freizeitforscher freute sich auf «National Geographic». Also Home Stories aus dem Leben von Schlangen und Eidechsen oder Frontberichterstattung aus der Reptilienforschung. Wo auch immer sie die Flughöhe dieses Buchs verorten, gewinnen Leserinnen und Leser mehr Nähe zu «unseren» Eidechsen, Schlangen und Schildkröten, dann hat es seinen Zweck erfüllt.

Ueli Hofer, im Februar 2025

Dank

Grossen Dank schulde ich all den Kolleginnen und Kollegen, die mit mir seit Jahren ihr Wissen über Reptilien teilen und für dieses Buch einzelne Abschnitte oder ganze Kapitel kritisch begutachtet haben. Sie verhalfen dem Werk zu einer wesentlich ausgewogeneren Sicht auf das Schweizer Reptilienleben, als dies aus der Perspektive eines Einzelnen denkbar gewesen wäre. Besondere Erwähnung verdient Sylvain Ursenbacher, der selbst viele der vorgestellten Forschungsvorhaben begleitet hat und mir jederzeit als kompetenter Ansprechpartner zur Verfügung stand, gefolgt von Andreas Meyer, dessen Überblick und Hintergrundwissen sich in der Einordnung vieler Studienergebnisse als unverzichtbar erwiesen haben. Weiter zu danken habe ich – in alphabetischer Reihenfolge – Herbert Billing, Kurt Bollmann, Fabio Bontadina, Jürg Cambensy, Maxime Chèvre, Alberto Conelli, Max Dähler, Oliver Dosch, Sylvain Dubey, Charlotte Ducotterd, Stefan Dummermuth, Manuel Frei, Jörg Gemsch, Philippe Golay, Petra Graf, Urs Jost, Nicolas Joudrier, Marc Kéry, Jürgen Kühnis, Romain Martinuzzi, Lionel Maumary, Christian Mayer, Silvia Nanni Geser, Marco Nembrini, Mathilde Rausis, Heinz Rindlisbacher, Michael Schaub, Benedikt Schmidt, Hans Schmocker, Simona Stoll, Jacques Thiebaud, Michael Vock, Christine Wisler und Valérie Zwahlen. Was im Text an Unstimmigkeiten und Fehlern zurückbleibt, liegt allein in meiner Verantwortung.

Und dann bin ich natürlich all den Bildautorinnen und Bildautoren zu grossem Dank verpflichtet, die dieses Buch mit ihren Aufnahmen weit mehr als nur aufgehübscht haben. Ihre Namen sind den Bildlegenden beigefügt. Die ausgewählten Fotos zeigen Reptilien nicht immer von ihrer besten Seite, sprich: frisch gehäutet, optimal ausgeleuchtet, in gewinnender Pose oder passend drapiert. Viele Schnappschüsse abseits des fotografischen Mainstreams, zum Teil von Laien mit dem Handy gemacht, dokumentieren den ungeschminkten Alltag unserer Schlangen, Echsen und Schildkröten, also genau das, worum es hier geht. Ergänzt habe ich die Bildstrecke mit Aufnahmen, die einen Einblick in die Feldarbeit mit Reptilien gewähren.

Und schliesslich danke ich dem Naturhistorischen Museum der Burgergemeinde Bern, das mir bis heute Gastrecht und den Status eines «Research Associate» gewährt.

1

Um die es geht – eine Artübersicht

In der Schweiz sind die Reptilien eine kleine Artengruppe, so überschaubar, dass man nach der Lektüre von ein paar Broschüren und einem Wochenendkurs versucht sein könnte, sich Reptilienexperte/in zu nennen. Aktuell gelten sechs Echsenarten, neun Schlangenarten – zwei davon mit Giftzähnen –, und eine Schildkrötenart als heimisch. Die Italienische Blindschleiche und die Nördliche Ringelnatter wurden erst in jüngster Zeit als eigenständige Arten anerkannt. Als einzige Arten stehen die Westliche Blindschleiche, die Waldeidechse und die Mauereidechse nicht auf der Roten Liste, gelten in der Schweiz also als ungefährdet.

Von drei weiteren Arten, der Ruineneidechse *(Podarcis siculus)*, der Rotwangen-Schmuckschildkröte *(Trachemys scripta elegans)* und dem Mauergecko *(Tarentola mauritanica)*, entweder unabsichtlich eingeschleppt oder mutwillig ausgesetzt, existiert mindestens eine Population in der Schweiz. Die Schmuckschildkröte findet in Kapitel 12.2 Erwähnung.

Westliche Blindschleiche *(Anguis fragilis)*. Kann man als Reptil zu gewöhnlich sein? Das Stiefkind unter den Schweizer Reptilien ist trotz – oder wegen – seiner Allgegenwärtigkeit bisher nur einmal zum Untersuchungsobjekt geworden.

Foto: Andreas Meyer

Die bisher einzige Studie kommt in Kapitel 11.2 zur Sprache.

Die Italienische Blindschleiche *(Anguis veronensis)* wurde erst vor Kurzem als eigenständig von der Westlichen Blindschleiche abgetrennt. Äusserlich ist sie von dieser kaum zu unterscheiden (das Bild nebenan zeigt ein Männchen, jenes oberhalb ein Weibchen), kommt aber nirgends gemeinsam mit ihr vor.

Foto: Andreas Meyer

Noch zu neu, um im Feld erforscht zu sein.

Die Westliche Smaragdeidechse *(Lacerta bilineata)* als unsere grösste Eidechsenart bleibt auf die wärmsten Landesteile beschränkt, also Genfersee-Region, Wallis, Tessin und Bündner Südtäler. Die Paarungszeit sorgt bei den Männchen regelmässig für blaue Köpfe.

Foto: Sabine und Nicolas Gard

Kapitel 3.3, 4.2, 11.1

Die Wald-, Berg- oder Mooreidechse *(Zootoca vivipara)* ist, ihre drei Bezeichnungen lassen es erahnen, bei uns viel weiter verbreitet, als ihre Wahrnehmung durch die Bevölkerung vermuten lässt, und doch zu unspektakulär, um in der Feldforschung mehr Aufmerksamkeit zu erlangen.

Foto: Andreas Meyer

Kapitel 4.1, 10.3

Die Zauneidechse *(Lacerta agilis)* ist der älteren Generation vom Schulwandbild her bekannt und war im Mittelland bis zur Ausbreitung der nächstgenannten die Eidechse schlechthin. Die Männchen erscheinen zur Paarungszeit in prächtigem Grün.
Foto: Petra Graf

Kapitel 3, 4.1, 5.1, 6.1, 8.1, 9.2, 13.3

Die Mauereidechse *(Podarcis muralis)* profitiert bei uns wie kein anderes Reptil vom Klimawandel, anhaltenden Ausbau der Infrastruktur und wachsenden Güterverkehr. Sie hat das Potenzial, zur «invasiven» Art zu werden – mit der Zauneidechse als womöglich erstem Opfer.
Foto: Sabine und Nicolas Gard

Kapitel 4.2, 6.1, 6.2, 9.2, 13.3

Die Barrenringelnatter *(Natrix helvetica)* ist in der Schweiz für die meisten Leute das, was man sich unter einer Schlange vorzustellen hat – und für wenige die Heimsuchung am Badeplatz oder im Gartenweiher.

Foto: Andreas Meyer

Kapitel 3.3, 4.1, 4.2, 4.3, 5, 6.1, 6.2, 8.4, 11.1, 12.2

Für die Nördliche Ringelnatter *(Natrix natrix),* in der Schweiz nur im äussersten Nordosten zuhause, gilt dasselbe wie für die Barrenringelnatter, auch nachdem sie als eigenständige Art von dieser abgetrennt wurde.

Foto: Herbert Billing

Noch zu neu, um im Feld erforscht zu sein.

Die Würfelnatter *(Natrix tessellata)* war ursprünglich nur im Tessin und in den Bündner Südtälern heimisch. Heute hat sie das Potenzial, zur Mauereidechse unter den Schlangen zu werden – erst illegal ausgesetzt, dann als blinder Passagier mit Schiffstransporten von See zu See verfrachtet und längst in Zürich angekommen. Das hier gezeigte Tier aus dem Graubünden ist ungewöhnlich deutlich gewürfelt.

Foto: Andreas Meyer

Kapitel 3.1, 3.3, 4.1, 4.3, 6.1, 8.2, 8.3, 12.2, 13.2

Die Vipernatter *(Natrix maura)* ist unsere seltenste Schlangenart. In Südwesteuropa mancherorts fast an jeder Pfütze anzutreffen, bleibt sie bei uns auf ein paar Gewässerufer in der Romandie beschränkt.

Foto: Andreas Meyer

Kapitel 3.1, 3.3, 6.1, 8.2, 11.1, 13.2

Die Schlingnatter *(Coronella austriaca)* als kleinste und heimlichste unserer neun Schlangenarten, beschäftigt im Mittelland eine wachsende Anzahl Freiwilliger, die sich um die Überwachung und Erhaltung der wenigen noch verbliebenen Bestände bemühen.

Foto: Andreas Meyer

Kapitel 4, 6.1, 9.3, 10.1, 10.2

Die Äskulapnatter *(Elaphe longissima)* ist nebst der Zornnatter die grösste heimische Schlangenart und sorgt dafür, dass das Reptilienleben bei uns gelegentlich auch mehrere Meter über dem Boden stattfindet. Während die Smaragdeidechse früher auf die wärmsten Landesteile beschränkt war, konnte sie inzwischen auch auf der Alpennordseite Fuss fassen.

Foto: Andreas Meyer

Kapitel 4.1, 4.2, 8.2, 9.2

Der Name Gelbgrüne Zornnatter *(Hierophis viridiflavus)* suggeriert Cholerikerin. Sie beisst zwar nicht unaufgefordert zu, lässt aber manchmal nicht freiwillig los. Gelbgrün wirken bei uns nur Tiere aus dem Kanton Genf, solche aus dem Tessin (Foto) und den Bündner Südtälern erscheinen eher schwarz mit gelben Einsprengseln.

Foto: Andreas Meyer

Kapitel 4.1, 4.2, 6.2, 8.2

Die Aspisviper *(Vipera aspis)* als die Giftschlange der West- und Südschweiz ist das am besten erforschte und wohl meistfotografierte Reptil der Schweiz. Es ist nicht einfach, aus einer gefühlten Million Aufnahmen eine repräsentative auszuwählen. Das Bild zeigt ein frisch gehäutetes Durchschnittsweibchen aus dem Jura.

Foto: Andreas Meyer

Kapitel 3.2, 4, 6.1, 6.2, 7, 8.2, 11.1, 12.1, 13.1

Die Kreuzotter *(Vipera berus)* als die Giftschlange der Zentral- und Ostschweiz ist wie die Aspisviper auch in Schwarz erhältlich, etwa gleich giftig, am zweitbesten erforscht und wohl fast ebenso oft fotografiert wie die andere. Das Bild zeigt ein Prachtweibchen aus dem Kanton Uri.

Foto: Andreas Meyer

Kapitel 3.2, 4.1, 4.2, 6.1, 7, 8.1, 8.2, 10.3, 11.1, 12.1, 13.1

Die Europäische Sumpfschildkröte *(Emys orbicularis)* war bei uns schon einmal ausgestorben. Heute ist sie die heimische Reptilienart mit der wirkmächtigsten Lobby und Gegenstand eines offiziellen Wiederansiedlungsprogramms. Das Tier auf dem Bild teilt seinen Lebensraum mit einer Barrenringelnatter.

Foto: Jacques Binggeli

Kapitel 4.3, 5.1, 6.1, 8.3, 10.2, 12.2

2

Anekdote und Protokoll – wer beschäftigt sich mit Reptilien?

In ihren Anfängen war die Erforschung der heimischen Reptilien wie selbstverständlich mit der privaten Haltung von Reptilien verbunden. Nahezu all die Pioniere, die sich mit der Schweizer Reptilienfauna beschäftigten, hielten Schlangen und Echsen in Glaskästen, entsprechend viele Erkenntnisse der Grundlagenforschung verdanken wir in Terrarien gehaltenen Reptilien. Auch die meisten Menschen in unserem Land dürften Reptilien zunächst mal mit Terrarien in Verbindung bringen: Eine Schlange haben sie, wenn nicht ausschliesslich, so zumindest das erste Mal, durch eine Glasscheibe hindurch zu Gesicht bekommen, bestenfalls in einem wissenschaftlich geführten Zoo. Schlimmstenfalls aber in der Tristesse eines heruntergekommenen Vivariums, das vor allem mit der Gefährlichkeit und Giftigkeit der zur Schau gestellten Tiere wirbt. Hat wohl deshalb die Beschäftigung mit Schlangen für viele Leute immer noch etwas, sagen wir mal, Sonderbares? Sonderbar oder nicht, ungeachtet der öffentlichen Wahrnehmung hat sich die Terraristik mit steigendem Wohlstand als Hobby etabliert und weit über die forschungsorientierten Kreise hinaus an Anhängerschaft gewonnen. Und wie in anderen Hobbys üblich, begannen auch die «Terrarianer» irgendwann, sich in Vereinen zu organisieren.

2.1 Terrarianer

Ende der 1980er-Jahre lud mich die 1986 gegründete «Stadtgruppe Bern» der Deutschen Gesellschaft für Herpetologie und Terrarienkunde (DGHT) als eine Art Delegierten des «amtlichen» Reptilienschutzes zu einem ihrer Anlässe ein. Erstes Traktandum der in einer Beiz in der unteren Altstadt Versammelten: Sich und seine Pfleglinge vorstellen. Und so ging es von «Chläpple» (Terrarianer-Slang für Klapperschlangen) über «Schlegle» (dito für *Bothriechis schlegelii*, die nach dem deutschen Zoologen Hermann Schlegel benannte Greifschwanz-Lanzenotter) kreuz und quer durch Wohnzimmer- und Freilandterrarien. Der Präsident bewahrte den Abend vor dem Ausufern, indem er auf die Anliegen des Vereins zurückkam. Dazu gehört der Kampf gegen überzogene Vorschriften, mit denen die Behörden insbesondere die Giftschlangenhalter drangsalieren würden. Nur interessieren sich ausgerechnet einige dieser Giftschlangenliebhaber weniger für Chläpple und Schlegle als für unsere einheimischen Arten (Abbildung 1): In meiner Zeit am karch-Sorgentelefon beschwerte sich einer von ihnen, in seinem angestammten Jagdrevier gäbe es bald keine Kreuzottern mehr, weil der Sowieso, damals im Reptilienhandel aktiv, dort alles leergefangen habe. Und ein anderer bearbeitete mich während Jahren, um an eine nachträgliche Fang- und Haltebewilligung für die heimischen Aspisvipern in seiner Freilandanlage zu kommen. Daneben waren bis zur Unterschutzstellung der Reptilien 1967 auch noch Schlängeler unterwegs, die sich mit dem Fang von Giftschlangen für die heimische Produktion von Antivenin («Gegengift») das Taschengeld aufbesserten oder einen Nebenverdienst verschafften.

Die karch sieht sich auch 50 Jahre später noch gezwungen, Fundmeldungen von Giftschlangen unter Verschluss zu halten, weil eben anders als bei den Ornithologen nicht bloss ein Massenansturm von Teleobjektiven droht. Manchmal jedoch nehmen Schlangen auch den umgekehrten Weg: In den Reben am Bielersee tauchten Mitte der 1990er-Jahre plötzlich Äskulapnattern auf, heute reicht der Lebensraum einer prosperierenden Population von Biel bis Ligerz. Ein pensionierter Biologielehrer gestand der karch, mit seinen Zuchterfolgen einen Beitrag geleistet zu haben, verwahrte sich aber gegen den Verdacht, der erste gewesen zu sein. In der Summe richten all die unbewilligten und damit unkontrollierten Aussetzungen wohl mehr Schaden an als der gelegentliche Wegfang einiger Schlangen. Den paar spektakulären Erfolgen – mehr dazu in Kapitel 12.2 – steht ohne Zweifel eine hohe Dunkelziffer gescheiterter Guerillaaktionen gegenüber, doch deren Nebenwirkungen sind auch nicht zu unterschätzen. Eine ist der Generalverdacht, in Tat und Wahrheit setze der offizielle Naturschutz klammheimlich Schlangen aus, eine andere die Beeinträchtigung einheimischer Reptilien durch die ausgesetzten, sei es durch Einbringen von Krankheiten oder sei es als Konkurrenten. Das prominenteste Beispiel ist der vermutete Beitrag der eingeschleppten Würfelnatter zum Rückgang der Vipernatter im Lavaux am Genfersee, die wir in Kapitel 13.2 ausführlich besprechen. Die Kreuzung ausgesetzter mit einheimischen Individuen, sei es innerhalb einer oder zwischen zwei

Abbildung 1 Einige Terrarianer interessieren sich besonders für die einheimischen Giftschlangen. Begehrte «Sammlerstücke» sind Exemplare, deren Färbung vom Durchschnitt abweicht. Diese von Herbert Billing in den Westalpen fotografierte Aspisviper mit fehlendem Rückenmuster endete indessen weder in einem Terrarium noch im Handel.

Arten, kann Populationen ebenfalls schwächen, indem orts- und artfremde Tiere genetische Eigenschaften einbringen, deren Träger dann oft nicht mehr optimal an die örtlichen Gegebenheiten angepasst sind.

Oft in der Meinung, mit ihrer Bereicherung der Fauna eine gute Tat zu vollbringen, spiel(t)en Terrarianer bei der Verteilung der Reptilien über die Schweiz also durchaus eine Rolle. Nichtsdestotrotz haben private Schlangenhalter viel zur Popularität von Reptilien beigetragen und wenigstens indirekt die einheimischen Arten ins Bewusstsein der breiten Bevölkerung gerückt. Und die Vereine bemühen sich, mit Weiterbildungsangeboten, Zuchtprogrammen und Tauschbörsen der unkontrollierten Entnahme und gelegentlichen Freisetzung von Reptilien den Boden zu entziehen.

2.2 Der Beitrag der Forschung

Die akademisch ausgebildeten Reptilienforschenden in unserem Land waren noch in den 1980er-Jahren eine praktisch reine Männerrunde und mindestens zur Hälfte ebenfalls Terrarianer. Über die Jahre ist die Szene offener geworden. Der Frauenanteil steigt kontinuierlich, und auf einmal zeigen auch Studierende Interesse an einer Bachelor-, Master- oder Doktorarbeit über Reptilien, die nicht schon seit ihrer Kindheit von diesen Tieren angefressen sind.

Die ersten Arbeiten im Freiland waren auf die Populationsdynamik, Verbreitung, Raumnutzung und Nahrung von Schlangen und Eidechsen und das Zusammenleben bestimmter Arten ausgerichtet und überwiegend Grundlagenforschung. Später kamen angewandte Fragestellungen hinzu. Sie reichen von der Optimierung von Erhaltungsmassnahmen über die Überprüfung des Erfolgs von Umsiedlungen bis zur Abschätzung möglicher Auswirkungen des Infrastrukturausbaus, des Klimawandels oder zuletzt einer Pilzerkrankung. Sämtliche in diesem Buch besprochenen Arbeiten sind der «Ökologie» als Forschungsdisziplin zuzurechnen und überwiegend deskriptiv, also nicht experimentell im eigentlichen Sinn. Unter den als Experimente angelegten Arbeiten finden sich Grundlagenforschung zum Paarungsverhalten der Waldeidechse (in diesem Buch nicht vorgestellt) und zum Melanismus (Schwarzfärbung) sowie eine anwendungsorientierte Untersuchung zu möglichen Auswirkungen von Lärmschutzwänden.

Die Rahmenbedingungen, unter denen wir Reptilien zu Forschungszwecken markieren, messen, wägen, mit Sendern ausstatten (Abbildung 2), in Boxen Eier legen oder Kot absetzen lassen, haben sich mit dem Aufkommen des Internets und dem verbreiteten Gefühl googelnder Zeitgenossen, «Bescheid zu wissen», merklich gewandelt. Im Unterschied etwa zu Physik, Chemie oder Medizin meinen bei der Erforschung der Tierwelt ohnehin alle, mitreden zu können, was ein Lebewesen zum Überleben braucht, kennt man ja aus eigener Erfahrung. Vorbehalte all jenen Studien gegenüber, die auf «invasive», also nicht berührungslose Methoden angewiesen sind, nehmen zu.

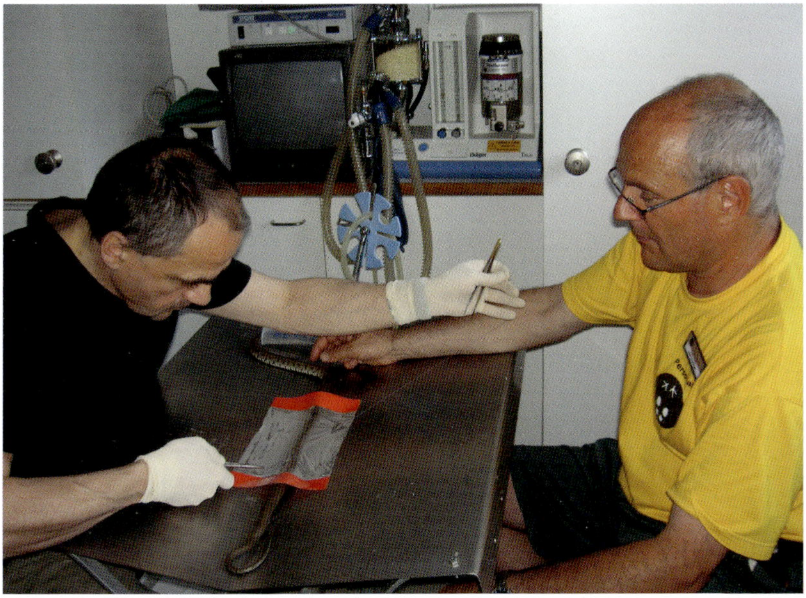

Forschende stehen immer wieder unter Verdacht, Tiere sinnlos und um der eigenen Karriere willen zu belästigen. Skeptikerinnen und selbsternannte Experten bestärkt jede wissenschaftliche Erhärtung eines Bauchgefühls in ihrer Überzeugung von der Nutzlosigkeit der Forschung, denn sie bestätigt ja nur, was sie längst wissen. Und liefert die Forschung mal Antworten, die dem Bauchgefühl widersprechen, kommen die ja nur als Wahrscheinlichkeiten daher, bringen also auch nicht die erwartete Gewissheit. Vielleicht wirkt die vermehrte Beteiligung interessierter Laien an der Erforschung der heimischen Reptilienfauna der Wissenschaftsskepsis entgegen und hilft, den Graben zu überbrücken oder zumindest ein bisschen zuzuschütten.

Abbildung 2 Die Radiotelemetrie ist eine invasive Forschungsmethode. Die chirurgische Implantation eines Senders ist bewilligungspflichtig und qualifiziertem Personal vorbehalten, wie hier am Tierpark Dählhölzli dem promovierten Veterinär und damaligen Direktor Bernd Schildger, assistiert vom hauptverantwortlichen Reptilienpfleger Hans Triet. (Foto: Christine Wisler)

2.3 «Citizen Science» – die Bevölkerung macht mit

Gemessen an all den Helferinnen und Helfern, die im Frühjahr Amphibien in Eimern über die Strasse tragen, sind die Freiwilligen im Reptilienschutz noch immer ein bescheidenes Grüppchen (Abbildung 3). Für uns ist es dennoch mehr als ein Achtungserfolg: Die Beteiligung interessierter Kreise an der Erforschung und Erhaltung unserer Reptilien ist längst unverzichtbar geworden. Immer mehr Natur- und Vogelschutzvereine nehmen die Förderung der heimischen Reptilienfauna in ihr Tätigkeitsprogramm auf. So macht es durchaus einen Unterschied, ob sich in einer Gemeinde auf einmal Ortsansässige für die Erhaltung von Schlangen stark machen oder die Initiative immer nur von aussen kommt.

Wer sich freiwillig in der Erforschung und Erhaltung der Schweizer Reptilien engagiert, würde, von Robert Lembke nach einer typischen Handbewegung gefragt, wohl in gebeugter Haltung den ausgestreckten Arm gegen den Körper ziehen: Das Wenden von Platten und Brettern in der Hoffnung, mit einer Schlange oder Eidechse belohnt zu werden, die sich darunter verkrochen hat (Abbildung 4), ist längst für zahllose Freiwillige zur Routine geworden. Viele von ihnen wenden die als künstliche Schlupfwinkel für Schlangen und Echsen ausgelegten Objekte im Rahmen von Projekten, in denen es um die systematische Erfassung oder sogar ein Monitoring, mehrjährige Überwachung von Reptilienpopulationen, geht.

So erfolgte die Erfassung der Reptilienvorkommen an der 26 km langen Bahnlinie zwischen Zürich-Altstetten und Knonau über einen Zusammenschluss mehrerer Naturschutzvereine. Im Rahmen des Projekts «Natur neben dem Gleis» kontrollierten von April bis Oktober 2016 nicht weniger als 60 Freiwillige die 380 entlang von elf Abschnitten ausgelegten Platten aus Bitumenwellpappe auf Reptilien. Ihre Beobachtungen summierten sich gemäss Manuel Frei, der die Erhebungen koordinierte, auf 769 Blindschleichen, 1086 Zauneidechsen, 115 Mauereidechsen, 19 Ringelnattern und 7 Schlingnattern. Das sind sämtliche an dieser Bahnstrecke zu erwartenden Reptilienarten – und die ersten Schlingnatter-Nachweise nach Jahren.

Als eindrückliche Beispiele dessen, was von Freiwilligen getragene Projekte zu leisten vermögen, sind auch die Untersuchungen von Schlingnatter-Populationen im Berner Mittelland zu werten, von denen einige in den Kapiteln 4.2 und 9.3 zur Sprache kommen. Eindrücklich nicht zuletzt deshalb, weil uns die heimliche Schlingnatter viele erfolglose Suchrunden aufbürdet und von den Freiwilligen hohe Frustrationstoleranz erfordert: In Trub (BE) gelang zwei sehr engagierten Schülern der Nachweis der Schlange erst mit der dreissigsten (!) Kontrolle der Platten.

Erhalten sie einen klaren Auftrag, eine Anleitung, was wie zu erfassen ist, und regelmässige Betreuung, können Laien aussagekräftige Daten gewinnen. Ohne diesen Aufwand jedoch riskieren wir als Projektverantwortliche am Ende auf einem fröhlichen Datenfriedhof aus originell gestalteten Protokollblättern und bunten Exceltabellen zu stehen und müssen uns fragen, wie man die wohl auswerten könnte.

Abbildung 3 Wir sind nach wie vor nicht allzu viele, aber wer weiss, vielleicht beginnt sich ja eines der Mädchen, die hier im Rahmen eines Artenhilfsprogramms frisch geschlüpfte Ringelnattern freilassen, für Reptilien zu begeistern. (Foto: Heidi Jost)

Vorläufiger Höhepunkt der Bürgerwissenschaft (Citizen Science) in der Erforschung unserer Reptilien ist der Zusammenschluss von Freiwilligen zu Interessengruppen. Im Kanton Graubünden wurde 2012 unter der Leitung von Hans Schmocker die «Bündner Interessengemeinschaft für den Reptilien- und Amphibienschutz» (bigra) gegründet, der Kanton Bern folgte 2016 mit einer «Interessengemeinschaft Reptilien». Im Kanton Fribourg zeigten 2015 immerhin 38 von 165 kontaktierten Personen Interesse an freiwilliger Mitarbeit in einer Reptiliengruppe und erklärten sich bereit, in ihrer Wohngemeinde an einem «prioritären Standort für Reptilien» regelmässig unter Platten zu gucken.

In der bigra machen aktuell über 90 Personen mit. Für ein in Kapitel 12.1 vorgestelltes Umsiedlungsprojekt im Engadin bauten über 40 Helferinnen und Helfer in sechs Stunden Freizeitarbeit einen Schutzzaun für die von einer Baustelle weggesperrten Kreuzottern.

Abbildung 4 Drei von fünf Reptilienarten der Gegend unter einer Platte versammelt, schon fast der Sechser im Lotto für Freiwillige in Reptilienmonitorings. Vorne von links Schlingnatter, Blindschleiche, Ringelnatter, im Hintergrund eine weitere Schlingnatter. (Foto: Max Dähler)

3

Ausserhalb der Komfortzone – was halten Reptilien so aus?

Eidechsen können ihren Schwanz abwerfen oder gar verlieren, davon haben auch Laien schon mal gehört. Mit der «kaudalen Autotomie», dem Abwerfen des Schwanzes an einer Sollbruchstelle, versuchen Eidechsen und Blindschleichen einem Fressfeind zu entkommen, indem sie ihn mit dem abgetrennten und noch zappelnden Körperteil ablenken (Abbildung 5). Diese im Verlauf der Evolution entstandene Form der Selbstverstümmelung scheint sich bis heute zu bewähren. Doch begegnen wir im Feld gelegentlich Reptilien, bei denen wir uns fragen, wie die überhaupt noch am Leben sein können. Dass dies Einäugigen (Abbildung 6) während Jahren gelingt, bestätigen Wiederfänge in Monitoringprojekten. Ich erinnere mich indessen auch an eine wohlgenährte Aspisviper mit gebrochenem, rechtwinklig nach unten abstehendem Unterkiefer und an eine durchaus munter wirkende Ringelnatter, der ein riesiges Stück Muskelgewebe aus der Flanke herausgebissen wurde, also an Verletzungen, die beim Menschen nicht als Schramme oder Schürfung durchgehen würden. Wenn wir den entstellten Tieren nicht nochmals begegnen, wissen wir natürlich nicht, wie lange sie es in diesem Zustand effektiv gemacht haben. Dennoch, wenn sie nicht gerade plattgefahren oder halbiert werden, können Reptilien mit – für unser Auge – erstaunlich groben Verletzungen zurechtkommen, sofern Überlebenswichtiges ausgespart bleibt.

Und dann reagieren Reptilien offensichtlich auch nicht so empfindlich auf Erschütterungen, wie uns der Volksmund lehrt. An die regelmässigen «Erdbeben» an Bahnlinien gewöhnen sie sich problemlos, schliesslich entsprechen vorbeirasende Züge nicht der Erscheinung eines Fressfeindes. Und selbst Strassenlärm vermag weder die mit einem Hörvermögen ausgestatteten Echsen noch die Schlangen, welche von Lärm verursachte Vibrationen über ihre Kieferknochen wahrnehmen, dauerhaft zu vertreiben. So richtig aus der Komfortzone und an ihre Grenzen geraten Reptilien ausser bei groben Verletzungen vor allem, wenn es um ihre Körpertemperatur geht.

3.1 Unterkühlung und Überhitzung – was liegt drin?

Etwas vom Ersten, was wir im Reptilienkurs erfahren, ist, dass Kriechtiere wechselwarm sind, im Fachjargon «poikilotherm». Diese Eigenschaft zwingt sie in unseren Breiten zu einer mehrmonatigen Winterstarre und im Sommerhalbjahr bisweilen zu tage- oder gar wochenlanger Untätigkeit. Und kriechen sie schliesslich mal aus ihrem Schlupfwinkel ins Freie, müssen Reptilien die Körpertemperatur über ihr «Thermoregulation» genanntes Verhalten stets so justieren, dass ihre maximale Leistungsfähigkeit erhalten bleibt. Bei Organismen, die ihre optimale Betriebstemperatur nur durch Zufuhr von Wärme von aussen erreichen können und so stets den Unwägbarkeiten der Umgebung ausgesetzt sind, interessieren die unteren und oberen Toleranzgrenzen, also ab wann es gefährlich wird, dann der Zusammenhang zwischen Körpertemperatur und Leistungsfähigkeit und schliesslich eben die optimale Betriebstemperatur.

Experimente mit Vipernattern aus den 1980er-Jahren zeigten, dass deren Leistungsfähigkeit mit steigender Temperatur stetig zunimmt, bei 30 bis 35° C ein Maximum erreicht und bei höheren Temperaturen sehr schnell abfällt (Abbildung 7). Einzig die Verdauungsrate nähert sich bereits bei einer Körpertemperatur von 10° C dem Maximum. Die Form der übrigen Kurven ähnelt der Reaktionskurve von Enzymen, körpereigenen chemischen Verbindungen, die für die Steuerung vieler Stoffwechselvorgänge entscheidend sind und über einem Maximum um die 40° C ihre Funktionsfähigkeit verlieren. Tatsächlich kann ein Reptil nach kurzer Zeit verenden, wenn dessen Körpertemperatur den Bereich um die 40° C überschreitet, während es zum Beispiel die vorübergehende Abkühlung beim Überqueren eines Schneefeldes problemlos erträgt (Abbildung 8).

Doch wo liegt das kritische Minimum? Einzelne Reptilienarten überleben in der Winterstarre auch kurzzeitige Minustemperaturen ohne erkennbare Schäden, doch ist die Kältetoleranz sehr unterschiedlich ausgeprägt. Mauereidechsen überlebten bei Körpertemperaturen zwischen –0.6 und –1,05° C höchstens zwei Stunden, Waldeidechsen bei –3° C immerhin bis zu drei Tage. Bei einer Umgebungstemperatur von –3,1° C überlebten Kreuzottern bis zu drei Stunden, Waldeidechsen bei –3.5° C bis zu drei Wochen.

Dass Reptilien ihre Körpertemperatur präzise zu regulieren vermögen, beobachtete Petra Graf in ihren in Kapitel 5.1 vorgestellten Experimenten mit weiblichen Zauneidechsen. Vor der Eiablage lagen die Temperaturen in einem sehr engen Bereich, egal, ob die Forscherin die Tiere zuvor in kühlen oder warmen Terrarien gehältert hatte. Und allgemein waren die Körpertemperaturen vor der Eiablage, also während

Abbildung 5 Das Abwerfen des Schwanzes bewahrte die Mauereidechse vom Zugriff einer jungen Schlingnatter, welche dennoch zu einer Mahlzeit gekommen ist. (Foto: Anna Doberer).

Abbildung 6 Daniel Kronauer dokumentiert seit Jahren fotografisch Verletzungen einheimischer Reptilien. Diese Aufnahme zeigt eine einäugige Waldeidechse, über deren Vorderbein sich auch noch eine Zecke festgesetzt hat.

der Krautschicht zurück und sind kaum noch zu entdecken. Verschwindet die Sonne länger hinter Wolken, kriechen sie oft auf einen Untergrund mit hoher Wärmespeicherfähigkeit – Stein, Fels, Beton, Asphalt – und halten ihre Betriebstemperatur über den Wärmeaustausch mit dem Untergrund und die Wärmeabstrahlung des Materials aufrecht (Abbildung 139). Kommt Wind auf, schützen sie sich in abgeschirmten Nischen vor Abkühlung und Wasserverlust, ohne gleich den Schlupfwinkel aufzusuchen. «Feucht, warm, bedeckt, windstill» ist klar besser für Reptilienbeobachtungen als «trocken, heiss, wolkenlos, windig», darin sind sich die Fachleute immerhin einig. Auch wäre gut, wenn es am Vortag geregnet hat, aber nicht zu stark, dann gilt es noch den Luftdruck zu beachten und den Hundertjährigen Kalender... – und nicht zuletzt die Reptilien selbst: Stehen sie kurz vor oder nach der Häutung, sind sie trächtig, haben sie einen Brocken zu verdauen? Ihr physiologischer Zustand entscheidet über den Wärmebedarf und die Toleranz gegenüber Temperaturen ausserhalb der Komfortzone. Und die Färbung?

3.2 Warum sind denn nicht alle Reptilien schwarz?

Mit Blick auf die Notwendigkeit, Wärme zu gewinnen, sollte die Schwarzfärbung, im Fachjargon «Melanismus» genannt, für wechselwarme Organismen von Vorteil sein, schliesslich erwärmen sich dunkle Flächen in der Sonne viel schneller als helle. Dennoch sind nicht alle Reptilien schwarz. Aspisviper und Kreuzotter zum Beispiel kommen in zwei Farbvarianten vor, in einer «normalen» mit schwarzem Rückenmuster auf hellem Grund und in einer komplett schwarzen. In einigen Regionen finden wir ausschliesslich normal gefärbte Tiere, so etwa unter den Kreuzottern im grössten Teil des Berner Oberlandes. In vielen Populationen existieren jedoch beide Varianten nebeneinander (Abbildung 10), wenn auch nicht zwingend in einem ausgeglichenen Verhältnis. In Jean-Claude Monneys Untersuchungsgebiet im Berner Oberland (mehr dazu in Kapitel 8.2) waren von 74 ausgewachsenen Kreuzottern 44 % der Männchen und 51 % der Weibchen schwarz gefärbt, unter 153 Aspisvipern waren es dagegen nur 30 % respektive 37 %. Unter den Bergeidechsen im selben Gebiet lag der Anteil schwarzer gar bei unter einem Prozent. Unter den 80 von Andreas Moser in einem Tal im Oberengadin markierten Kreuzottern fand sich lediglich ein Schwärzling. Daneben begegnen wir in der Schweiz auch regelmässig schwarzen Ringelnattern und Zornnattern, doch nur äusserst selten mal einer schwarzen Blindschleiche oder Zauneidechse (Abbildung 11). Eine ausschliesslich aus schwarzen Tieren bestehende Reptilienpopulation hat bis heute niemand entdeckt, weder in der Schweiz noch anderswo.

Das Phänomen der Schwarzfärbung treibt Reptilienfachleute seit Jahrzehnten um, insbesondere dort, wo tiefe Temperaturen die Verbreitungsgrenzen der Arten bestimmen, zum Beispiel in Skandinavien oder eben in den Alpen. Die vielen Populationen, in welchen beide Farbvarianten nebeneinander auftreten, deuten an, dass Schwarz- und

Abbildung 10 In vielen Reptilienpopulationen kommen normal und schwarz gefärbte Tiere nebeneinander vor. Diese fünf Aspisvipern beider Geschlechter sonnen sich im April 2024 vor ihrem Winterquartier in den Freiburger Voralpen auf 1400 m. Der Körperkontakt, gelegentlich als «Wärmeanlehnung» bezeichnet, hilft ihnen, den Wärmeverlust gering zu halten. (Foto: Sabine und Nicolas Gard)

Normalfärbung beide ihre Vor- und Nachteile haben müssen. Einige der vermuteten Vorteile der Schwarzfärbung liessen sich unter Laborbedingungen bestätigen. Anhand eines im Terrarium simulierten «kalten» oder «warmen» Klimas – die Schlangen konnten sich pro Tag maximal 4 oder maximal 8 Stunden unter eine Wärmelampe legen – konnten Johan Schuerch und Sylvain Dubey an der Universität Lausanne 2014 zeigen, dass schwarze Weibchen ihre Körpertemperatur unter kühlen Klimabedingungen rascher zu erhöhen vermögen als normal gefärbte. Die Färbung der Mutter beeinflusste auch den BMI und die Beweglichkeit der Jungtiere, zusätzlich zur Färbung der Jungtiere und den Wärmeverhältnissen, unter denen diese nach der Geburt lebten. Und obwohl weitgehend genetisch bestimmt, wurde die Färbung der Jungtiere auch vom simulierten Klima mitbeeinflusst, dem ihre Mutter während der Trächtigkeit ausgesetzt war.

Den unter Laborbedingungen gezeigten Vorteilen des Melanismus sollte draussen vor allem ein offensichtlicher Nachteil gegenüberstehen: Schwarze Schlangen sind im Gelände viel auffälliger als normal gefärbte. Fressfeinde, die auf Sicht jagen, sollten sie somit einfacher entdecken und häufiger erbeuten. 1981 testeten die schwedischen Biologen Claes Andren und Göran Nilson diese Hypothese, indem sie im Feld die Reaktion von Prädatoren auf normal und schwarz bemalte Kunststoffmodelle der dort lebenden Kreuzottern untersuchten. Und tatsächlich, die Resultate schienen ihre Hypothese zu bestätigen: Die schwarzen Attrappen wurden etwa doppelt so oft

Abbildung 11 Schwarze Zauneidechsen, wie diese aus einer Population bei Wald (ZH), sind sehr selten und eher eine Anomalie als eine Anpassung. (Foto: Karl Manser)

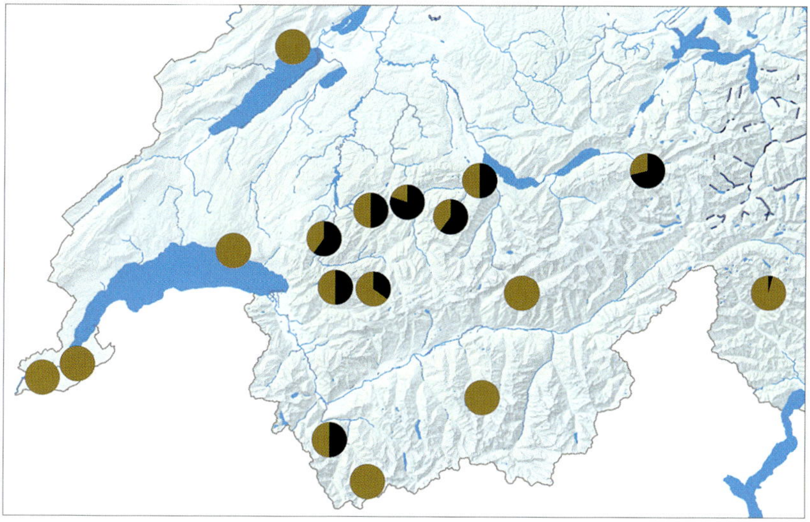

attackiert wie die normal gefärbten. Andererseits waren in ihrem Untersuchungsgebiet bei Kreuzottern gleicher Länge die schwarzen im Mittel schwerer als normal gefärbte, bei den Weibchen waren die schwersten stets schwarz. Da grössere und schwerere Kreuzotterweibchen mehr Jungtiere werfen, vermuteten die Schweden, Melanismus erhöhe die Fortpflanzungsleistung. Und dann verkürze er auch die Embryonalentwicklung, also die Zeitspanne, während der die Schlangen Wärme gewinnen und sich dabei Fressfeinden exponieren müssen, ein Umstand, der den offensichtlichsten Nachteil der Schwarzfärbung etwas ausgleichen könnte.

Auch in Jean-Claude Monneys Untersuchungsgebiet im Berner Oberland waren schwarze Kreuzotterweibchen im Mittel schwerer als normal gefärbte, und schwarze Männchen waren nicht nur schwerer, sondern auch länger als normal gefärbte. Bei den im selben Gebiet lebenden Aspisvipern verhielt es sich aber gerade umgekehrt: Normal gefärbte Weibchen waren mit durchschnittlich 108 g deutlich schwerer als schwarze mit bloss 94 g, und bei den Männchen zeigten sich weder beim Gewicht noch bei der Länge Unterschiede zwischen den Farbvarianten. Mit Blick auf die Hypothese der Schweden suchten Benedikt Schmidt und Kollegen in Monneys Daten mit statistischen Modellen nach Zusammenhängen zwischen Färbung, Geschlecht und Überlebenswahrscheinlichkeit. Zunächst einmal zeigte sich ein Unterschied zwischen den Arten: Während bei der Aspisviper die Färbung keinen Einfluss auf die Überlebenswahrscheinlichkeit zu haben schien, deuteten die Modelle bei der Kreuzotter auf

Abbildung 12 Anteil schwarz gefärbter Individuen in Populationen der Aspisviper. Dargestellt sind nur Populationen, für welche mindestens 20 Individuen verfügbar waren.

höhere Überlebenswahrscheinlichkeiten der schwarzen Tiere hin, also auf das Gegenteil dessen, was ursprünglich als Hypothese im Raum stand. Schliesslich wiederholten Chantal Peverelli und Isabelle Dunand 2000 in Kreuzotterpopulationen im Schweizer Jura das Freilandexperiment mit den Attrappen, konnten die Ergebnisse der Schweden aber nicht bestätigen. Auch Studien aus anderen Ländern ergaben, dass die Hypothese wohl eine etwas zu einfache Erklärung war.

Briseis Castella und Kollegen verglichen Jean-Claude Monneys Daten zu den 153 Aspisvipern seiner Berner Oberländer Population mit Daten von 128 Tieren aus dem Waadtland. In der Waadtländer Population auf 1160 bis 1590 m ü. M. waren 66 % der Weibchen und 76 % der Männchen schwarz, in der 17 km weiter östlich lebenden Oberländer Population auf 1380 bis 1960 m ü. M. aber nur 37 % und 30 %. Im Waadtland hatten schwarze Vipern einen höheren BMI als gezeichnete, im Oberland nicht. Fast die Hälfte der schwarzen Waadtländer Weibchen war trächtig, unter den gezeichneten waren es nur 21 %, im Oberland liess sich kein vergleichbarer Unterschied feststellen. Bestimmen somit die Eigenschaften eines Lebensraums, wie vorteilhaft es ist, schwarz zu sein, etwa die Anwesenheit bestimmter Fressfeinde, die Zusammensetzung der Vegetation oder das Klima vor Ort?

Ein Team aus acht Forschern um Olivier Broennimann wollte es schliesslich wissen und stellte einen Datensatz von 2033 Kreuzottern und Aspisvipern aus der gesamten Schweiz zusammen. Die Daten der insgesamt 53 ausgewerteten Kreuzotter-Populationen entstammten einem Höhenbereich zwischen 900 und 1970 m ü. M. Deren 17 setzten sich aus schwarzen und gezeichneten Tieren zusammen («polymorphe» Populationen), die restlichen 36 enthielten ausschliesslich gezeichnete («monomorphe» Populationen). Von den 94 Populationen der Aspisviper, alle aus einem Höhenbereich zwischen 350 und 2300 m ü. M., waren 31 polymorph und 63 monomorph (Abbildung 12). Bei beiden Arten blieben die polymorphen Populationen, also diejenigen, die auch schwarze Schlangen enthielten, auf vergleichsweise kühlere und feuchtere Lebensräume beschränkt, ein Umstand, der den Vorteil des Melanismus bei der Wärmegewinnung stützt. Die klimatischen Bedingungen der Lebensräume polymorpher Populationen beider Arten ähnelten sich stark, und zwar stärker als etwa diejenigen monomorpher und polymorpher Populationen der Aspisviper. Es scheint, als übersteuere die Schwarzfärbung den Einfluss anderer artspezifischer Eigenschaften auf die Wahl eines Lebensraums. Anscheinend sind nur sehr spezifische Kombinationen aus Umweltbedingungen und der Zusammensetzung der Population der Fressfeinde für schwarze Schlangen vorteilhaft. Trotz ihres klaren Vorteils bei der Wärmegewinnung in kühlen Lebensräumen könnte der Räuberdruck in vielen Populationen die Existenz schwarzer Schlangen verhindern. Melanismus würde sich also nur dort etablieren, wo die Vorteile der Wärmegewinnung die Kosten des Räuberdrucks übersteigen.

Die paar Geschichten zur Erforschung des Melanismus veranschaulichen beispielhaft, womit sich die Ökologie als Forschungsdisziplin seit jeher herumschlägt: Anstelle eines Modells, das den Anteil Melanismus in einer Reptilienpopulation einigermassen verlässlich voraussagen würde, finden wir ein paar schwache Signale in einem immensen Grundrauschen. Die Laborexperimente mit simuliertem Klima lieferten noch vielversprechende Ergebnisse. Doch bereits ein Feldexperiment, dessen Resultate sich in der Wiederholung nicht bestätigen liessen, zeigt, dass das Zusammenspiel von Vor- und Nachteilen komplexer sein muss. Das Lokalklima eines Lebensraums, seine Struktur, die Zusammensetzung der Vegetation, das Nahrungsangebot, allenfalls noch weitere Einflussgrössen – sagen wir einfach der spezifische «Kontext» oder die Einzigartigkeit der Verhältnisse, in welcher sich jede der analysierten Schlangenpopulationen bewegt –, entscheiden letztlich über den Anteil schwarz gefärbter an der Gesamtzahl der Tiere, sofern überhaupt schwarze existieren. Nicht zu vergessen die Methode, die selbst bei einheitlichem Vorgehen von Ort zu Ort unterschiedliche Genauigkeiten in der Bestimmung des Melanismusanteils ergeben dürfte.

Hier enden wir bei einem wunden Punkt der Disziplin: Der allzu häufige Rückgriff auf den Kontext, der als letztendliche Erklärung herhalten muss, veranlasst Ökologinnen und Ökologen immer mal wieder zur Selbstkritik, eine «weiche» Wissenschaft zu betreiben, mit geringem Potenzial für allgemeingültige, den Kontext überragende Erkenntnisse.

3.3 Parasiten und Krankheitserreger – Rafft ein Pilz unsere Schlangen dahin?

Reptilien können nicht nur den Hitzetod sterben, erfrieren, verstümmelt oder gefressen werden, sondern auch an Parasitenbefall (Abbildung 13) und Krankheiten leiden. Unter den von Peter Müller 1988 und 1989 untersuchten Zauneidechsen von der Allmend Brunau in Zürich waren im Schnitt beider Jahre knapp 15 % der Weibchen und 28 % der Männchen von Zecken (*Ixodes ricinus*) unterschiedlicher Entwicklungsstadien befallen. Wohl aufgrund ihrer höheren Laufaktivität wurden die Männchen nicht nur häufiger, sondern auch von mehr Zecken parasitiert. Die Befallsrate war bei den Tieren am höchsten, die sich weniger als zehn Meter vom Wald oder von grösseren Feldgehölzen aufhielten, und im Unterschied zu den Männchen nahm sie bei den Weibchen im Lauf der Saison ab.

Die von Petra Graf im Rahmen ihrer Experimente im Freiland gefangenen 33 Zauneidechsen-Weibchen waren nahezu ausnahmslos von Zecken befallen. Im Durchschnitt zählte sie knapp vier Zecken pro ausgewachsenem Weibchen. Ein Zusammenhang zwischen der Stärke des Parasitenbefalls und dem Verhalten, Gewicht und anderen Eigenschaften der Eidechsen liess sich jedoch nicht finden.

Auf Schlangen wurden noch nie Zecken gefunden, allenfalls Milben. Für Nervosität unter den Reptilienfachleuten sorgt aber seit einigen Jahren «der Pilz, der Schlangen tötet», so der Titel eines NZZ-Artikels im Oktober 2021. *Ophidiomyces ophidiicola* hat bereits ein breites Spektrum an Schlangenarten auf mehreren Kontinenten befallen. Die Schlangen-Pilzkrankheit (Snake Fungal Disease, SFD) wurde zunächst in den 2000er-Jahren in den USA nachgewiesen, 2017 dann erstmals in Europa und

schliesslich 2018 in der Schweiz bei einer Tessiner Würfelnatter. Untersuchungen von Museumsexemplaren ergaben jedoch, dass der Pilz bei uns bereits in den 1960er-Jahren Schlangen infiziert haben musste. Wo und in welcher Häufigkeit die Krankheit inzwischen auftritt und was ihre Ausbreitung begünstigen könnte, versuchte Nicolas Joudrier herauszufinden. Hierfür entnahm er insgesamt 271 Schlangen von acht Arten Abstriche der Mundschleimhaut. 28 % der Proben wurden positiv getestet, somit waren mindestens 76 Schlangen befallen. Der Erreger fand sich in allen sieben untersuchten Kantonen an mindestens einem Ort. Betroffen sind vor allem die drei Wassernatter-Arten, also Ringel-, Würfel- und Vipernatter (Abbildung 14), doch auch einige Exemplare der Zornnatter. Wo Schlangen starken Störungen durch den Menschen ausgesetzt sind, ist die Befallsrate höher als anderswo.

Abbildung 13 Diesem übel von Zecken befallenen Smaragdeidechsen-Männchen sieht man auf den ersten Blick keine Beeinträchtigung an. (Foto: Stefan Dummermuth)

Da die Auswirkungen der Pilzerkrankung auf unsere Schlangenbestände noch kaum abschätzbar sind, beschloss Joudrier, drei Populationen mit hoher Individuendichte und hoher Durchseuchung zu überwachen. Mit Fang, Markierung, Wiederfang und der Entnahme von Abstrichen verfolgt er den Verlauf der Infektion und ihrer spezifischen Symptome, vor allem der Läsionen. Bei jedem Fang oder Wiederfang einer befallenen Schlange wird der Schweregrad der Infektion auf einer Skala erfasst, die zeigt, ob es beim untersuchten Tier in Richtung Abklingen oder Verschlimmerung der Symptome geht. Bereits 2024 zeichnete sich ab, dass die Befallsrate im Vergleich zum Vorjahr gestiegen ist, und erstmals wurden zwei Aspisvipern mit sichtbaren Symptomen positiv getestet. Der Forscher versucht nun zu klären, ob infizierte Schlangen längerfristig geringere Überlebensraten aufweisen als gesunde.

Wer sich mit freilebenden Schlangen beschäftigt, sollte den Pilz im Auge behalten. Um eine Übertragung durch die beim Fang benutzten Handschuhe zu vermeiden, sind diese zwischen Standorten zu wechseln. Für Probenahmen sind ohnehin Einweghandschuhe zu verwenden und Hilfsmaterial nach jedem Gebrauch zu desinfizieren. Vor Umsiedlungen sollten die Schlangen auf die Pilzerkrankung getestet werden.

Abbildung 14 Diese vom Schlangenpilz befallene Ringelnatter könnte selbst bei therapieresistenten Schlangenphobikern Mitleid erregen. (Foto: Nicolas Joudrier)

4

Reptilienpopulationen – wie viele sind's?

Am karch-Sorgentelefon beschweren sich nicht nur Terrarianer über Terrarianer. Gelegentlich treffen auch Beschwerden über «Schlangennester» ein. Die Anrufenden glauben jeweils den Ursprungsort eines Übels entdeckt zu haben und sich mit dessen Beseitigung – natürlich durch uns – ein für alle Mal einer gefühlten Bedrohung entledigen zu können, mit Wespennestern verfährt man ja nicht anders. Ansammlungen vieler Reptilien auf engem Raum, Fachleute nennen sie prosaisch «Aggregationen», sind jedoch fast immer ein flüchtiges Phänomen. Die Schlangen nisten sich in einem Garten nicht dauerhaft ein, oft geht es bloss um die bereits erwähnte Thermoregulation. Dann versammeln sich halt viele Reptilien an derselben Stelle mit optimalen Bedingungen für die Wärmegewinnung. Diese finden sie auch mal unter einem flach aufliegenden Brett, einem Wellblech, unter einer Blache oder dem Vlies auf dem Komposthaufen. In Lebensräumen fernab von Siedlungen ist es oft einfach eine grössere Lücke in der Pflanzendecke mit im Tagesverlauf vielen Sonnenstunden, bevorzugt auf einem Untergrund mit hoher Wärmespeicherfähigkeit und unweit von Schlupfwinkeln (Abbildung 108). Müssen sie gleichzeitig den Wärmeverlust minimieren, suchen Reptilien auch den Körperkontakt, von einem deutschen Zoologen mal als «Wärmeanlehnung» bezeichnet, und zwar nicht nur mit Artgenossen (Abbildung 10), sondern auch mal unter Männchen verschiedener Arten, die sonst in Konkurrenz zueinander stehen (Abbildung 131). Egal, weshalb sie zustande kamen und wie lange sie bestehen, Aggregationen liefern allenfalls eine Ahnung, aber keinen verlässlichen Hinweis auf die tatsächliche Anzahl Schlangen in der Umgebung des vermuteten Nests.

Wieviele sind's denn also? Je nach Region wird die Antwort von der Einstellung der Befragten mitbestimmt: Wo Aspisvipern oder Kreuzottern leben, wimmelt es für den Bergbauern rasch einmal, während die Biologin sich vielleicht sorgt, dass die Schlangen hier am Verschwinden sein könnten. Und unter Schlängelern ist «Wer hat wann wo wie viele von welchen gesehen?» ohnehin Stammtischthema, noch vor den Ornithologenwitzen. In diesem Kapitel interessiert uns unabhängig von Einstellung und Jagdstrecke, was aus der Summe der Beobachtungen von Reptilien an einem gegebenen Ort an Aussagen über einen Bestand möglich sind.

Zunächst spielt da eine Rolle, ob Anstrengungen unternommen wurden, die gesichteten Reptilien zu einem späteren Zeitpunkt individuell wiedererkennen zu können. Berührungslos möglich ist das allenfalls anhand eines Vergleichs von Fotos (Abbildung 15), doch oftmals geht auch das nicht ohne Behändigung der Tiere. Die Alternative sind Marken, die wir mit unterschiedlich invasiven, manche würden sagen: brachialen Methoden, anbringen. Auf den Rücken gepinselte Farbmarken helfen, Reptilien ohne Behändigung wieder zu erkennen, halten aber nur bis zur nächsten Häutung. Amputierte Zehenglieder von Eidechsen oder in Schuppen der Körperunterseite von Schlangen geschnittene Kerben sind dauerhafter. Als derzeit modernste Methode gelten die auch für Haustiere verwendeten Transponder oder PIT-Tags (Abbildung 16), von denen sich die kleinsten selbst für Eidechsen eignen. Egal, welche Methode wir zur Wiedererkennung anwenden: Mit Fotos oder Markierung und mehreren Probenahmen im Untersuchungsgebiet gewinnen wir Fang-Wiederfang-Daten. Diese erlauben die Anwendung einer grossen Bandbreite statistischer Verfahren zur Schätzung von Kennzahlen der untersuchten Population. Zählen wir stattdessen ohne Anspruch auf spätere Wiedererkennung einfach nur, wie viele wir gesehen haben, bleibt der Informationsgehalt der Daten bescheidener. Immerhin können wir mit neueren statistischen Verfahren auch aus Serien wiederholter Zählungen Kennzahlen schätzen. Die Zählungen müssen allerdings von mehreren Orten *(sites)* innerhalb eines grösseren Untersuchungsgebiets kommen, und zusammen genommen eine für die Fragestellung sinnvolle Einheit ergeben sowie noch einige weitere Bedingungen erfüllen, damit die erwähnten Schätzverfahren überhaupt plausible Ergebnisse liefern.

Weiter ist von Relevanz, ob der fragliche Datensatz einer Momentaufnahme entspricht oder eine Zeitreihe dokumentiert. Als Momentaufnahmen gelten hier einmalige Erhebungen innerhalb einer Saison, also eine Serie innerhalb weniger Wochen oder Monate erfolgter Probenahmen. Die meisten bezwecken die Schätzung von Populationsgrössen oder von Dichten, also der Anzahl Tiere pro Flächeneinheit oder Strecke, die als Vergleichswerte in einer Vorher-Nachher-Betrachtung oder als Referenzwerte Verwendung finden. Zeitreihen sind über mehrere Jahre laufende Erfassungen, oft als Monitoringprojekte angelegt, die uns Einblicke in die Dynamik eines Bestands ermöglichen, in die Entwicklung der Populationsgrösse, in Fortpflanzungs- und Überlebensraten, Ein- und Auswanderungsraten etc.

Abbildung 15 Die Fotoidentifikation eignet sich für einige Reptilienarten als schonende Methode der Wiedererkennung. Diese von Peter Burkhalter zusammengestellten Kopfzeichnungen zeigen 11 verschiedene Schlingnattern aus dem Naturschutzgebiet Sense-Schwarzwasser (BE). Welche zwei Bilder zeigen dasselbe Tier? Auflösung am Ende des Kapitels (S. 82).

Spätestens seit den Corona-Jahren, als die Zuverlässigkeit von Voraussagen zum Politikum wurde, kann sich auch die breite Bevölkerung etwas unter dem «Fehlerbereich» einer Schätzung vorstellen. Dieser ist ein Ärgernis, gehört aber einfach zu einem Schätzwert. Das 95 %-Vertrauensintervall (VI) beispielsweise bezeichnet den Bereich, in welchem wir den wahren Wert, etwa die tatsächliche Populationsgrösse, in 95 von 100 Fällen vermuten dürfen – je enger das Intervall ist, desto genauer die Schätzung. Die in diesem Kapitel in Klammern hinter einem Schätzwert genannten Wertebereiche entsprechen dem 95 %-VI, die Grafiken enthalten der Leserlichkeit halber mit wenigen Ausnahmen keine VI.

Natürlich arbeiten wir mit dem, was die Daten hergeben, doch haben Populationsbiologen in den 1960er-Jahren – sozusagen als Ansporn, die Methoden der Datengewinnung ständig weiterzuentwickeln – Werte in Umlauf gebracht, was die erstrebenswerte Genauigkeit von Schätzwerten anbelangt. Für die grobe Schätzung eines Bestands wäre das ein VI einer maximalen Breite von ±50 % des Schätzwerts, im Artenschutz wären ±25 % wünschenswert, für wissenschaftliche Zwecke nicht über ±10 %. Die Genauigkeiten der in diesem Kapitel erwähnten Schätzwerte liegen zwischen ±20 % und ±75 %. Zwar erreichen wir mit dem Einsatz künstlicher Schlupfwinkel in Form von Platten oder Folien und der Beschränkung der Probenahmen auf einen kurzen Zeitraum von wenigen Wochen bisweilen eine Datenqualität, die Schätzwerte im Bereich ±25 % erlaubt. Je nach untersuchter Art und Struktur des beprobten Gebiets stossen wir mit den bisherigen Möglichkeiten der Datenerfassung aber weiterhin an Grenzen.

4.1 Momentaufnahmen – mehr als nur Standbilder?

Giftschlangen

Die wohl erste Dichteschätzung von Reptilien in der Schweiz geht auf Rainer Neumeyer zurück. Für seine Studie einer Kreuzotterpopulation im Bündnerland steckte er in der subalpinen Zwergstrauchzone einer südwestexponierten Talflanke im Bereich zwischen 1800 und 2100 m ü. M. ein 23 Hektar grosses Areal ab. Darin markierte er alle Kreuzottern individuell, zwischen April und Oktober 1981 insgesamt 102 Tiere. Die Dichte der «adulten», das heisst geschlechtsreifen, Kreuzottern schätzte er für den Zeitraum August bis Mitte September 1981. Mehr als drei Viertel der markierten Männchen fing der Forscher in diesem kurzen Zeitraum erneut, von den «reproduzierenden» Weibchen, also denen, die im Untersuchungsjahr Junge gebaren, gar über 90 %. Die Wiederfangrate nicht reproduzierender Weibchen und Jungtiere lag tiefer.

Auf geschätzt 38 Männchen kamen 32 Weibchen, was statistisch betrachtet nicht von einem 1:1-Geschlechterverhältnis abweicht. Die Dichte schätzte Neumeyer mit zwei Verfahren für Fang-Wiederfang-Daten auf 4 ± 2 bzw. 3 adulte Schlangen pro Hektar. Hochgerechnet auf die etwa 10 Quadratkilometer grosse, zusammenhängende Zwergstrauchheide an der untersuchten Talflanke kam er so auf einen Gesamtbestand von etwa 3000 Kreuzottern.

Auf geschätzt 22 trächtige und somit reproduzierende Weibchen kamen zehn nicht reproduzierende. Im Untersuchungsjahr 1981 pflanzten sich somit etwa zwei Drittel der Weibchen fort. Gemäss der Faustregel «Fortpflanzungszyklus = 1/Anteil trächtige an der Gesamtzahl Weibchen» ergab dies einen ungefähr zweijährigen Zyklus. Kontrollen in den beiden Folgejahren brachten Neumeyer allerdings zum Schluss, dass der Zyklus der meisten Weibchen zwischen 1981 und 1983 eher bei drei als bei zwei Jahren liegen musste. Da das Verhältnis reproduzierender zu nicht reproduzierenden Weibchen über die drei Jahre nicht konstant war, vermutete er eine Regulation der Fortpflanzung durch Umwelteinflüsse. Studien an Aspisvipern, Kreuzottern und Schlingnattern vermochten inzwischen einen Zusammenhang zwischen dem Nahrungsangebot und dem Anteil sich in einem Jahr fortpflanzender Weibchen zu bestätigen.

Neumeyers Erhebung war der Auftakt zu einer Reihe weiterer Arbeiten über Schweizer Giftschlangenpopulationen. Noch in den 1980er-Jahren folgten Andreas Moser mit Kreuzottern im Engadin und Jean-Claude Monney mit Aspisvipern in den Freiburger Voralpen. Beide schätzten auch die Dichte der Schlangen in ihren Untersuchungsgebieten.

Abbildung 16 Unter die Haut injizierte «Passive Integrierte Transponder» (PIT-Tags), deren Code wir in Sekundenschnelle ablesen können, eignen sich zur raschen Identifikation von Reptilien. (Foto: Adrian Bretscher)

Mosers etwa 30 Hektar grosses Untersuchungsgebiet liegt an einer südostexponierten Talflanke im Höhenbereich zwischen 1780 und 1900 m ü. M. und erstreckte sich von Geröllhalden unterhalb von Felsabbrüchen hangabwärts über einen Waldgürtel, eine Waldrandzone und subalpine Rasen zu Mähwiesen, Sumpfflächen und dem Uferbereich eines Flusslaufs in der Talsohle. Zusätzlich zu seiner radiotelemetrischen Untersuchung des Raumverhaltens der Kreuzotter, die in Kapitel 9.1 zur Sprache kommt, markierte der Forscher 1984 33 Männchen und 30 Weibchen. Von diesen beobachtete er 1985 etwa die Hälfte nochmals, hinzu kamen im zweiten Erhebungsjahr weitere 10 Männchen und 9 Weibchen. Ohne Anwendung eines statistischen Schätzverfahrens kam der Forscher für sein Untersuchungsgebiet allein mit der Anzahl beobachteter Adulttiere auf eine Populationsgrösse von 60 bis 100 und eine Dichte von 2 bis 3 pro Hektar. Hochgerechnet auf das gesamte Tal ergibt dies einen Gesamtbestand von etwa 500 ausgewachsenen Kreuzottern.

Monneys knapp 50 Hektar grosses Untersuchungsgebiet ist ein südostexponierter Hang auf 800 bis 1000 m ü. M. Etwa 45 % waren von Wald bedeckt, der Rest war mit Hecken, Lesesteinriegeln und Buschgruppen durchsetztes Weideland. Die 50 Hektar unterteilte Monney in 5x5 Meter grosse Quadrate, schritt das Untersuchungsgebiet im Sommerhalbjahr 1986 entlang einer fixen Route an 239 Tagen ab und protokollierte für jede Beobachtung einer Aspisviper das Quadrat, in welchem er sie fand. Die Schlangen markierte er mit Schnittkerben und Farbe. So konnte der Forscher bis Ende Saison insgesamt 20 adulte und vier «subadulte» (mindestens einjährige, aber noch nicht geschlechtsreife) Weibchen sowie 10 adulte und zwei subadulte Männchen unterscheiden. 58 % davon waren schwarz. Acht Weibchen waren trächtig, 10 sicher nicht, der Status von zwei weiteren liess sich nicht bestimmen. Gemäss der oben erwähnten Faustregel pflanzten sich die Weibchen in dieser Population also etwa alle zwei Jahre fort.

Auch Monney berechnete Dichten allein anhand der gezählten Adulttiere, also ohne statistisches Schätzverfahren. Beschränkt auf die 138 5x5 m-Quadrate, in denen er Aspisvipern nachweisen konnte, ergaben sich 87 Adulte pro Hektar. Bezogen auf die 11,6 Hektar oder 24 % der Untersuchungsfläche, die er als den eigentlichen Lebensraum der Vipern betrachtete, lag die Dichte noch bei 2,6 Adulten pro Hektar. Und mit den 30 Adulten, die er auf der regelmässig kontrollierten Fläche von 48,6 Hektar unterscheiden konnte, waren es noch 0,62 pro Hektar.

Ab 1988 setzte Jean-Claude Monney seine Erhebungen im Berner Oberland in einem Seitental fort, in welchem die Aspisviper einen Bereich ihres Lebensraums mit der Kreuzotter teilt. Das etwa 70 Hektar grosse, an einem südostexponierten Hang auf 1400 bis 1600 m ü. M. gelegene Untersuchungsgebiet bestand aus offenem Weideland, Feuchtwiesen, Hochgrasfluren und Fichtenwald und wurde von zwei nur gelegentlich Wasser führenden Bergbächen mit ihren überwachsenen Schuttkegeln durchzogen, welche die Kernbereiche des gemeinsamen Lebensraums der beiden Schlangenarten bildeten. Monney teilte das Gebiet nach den hauptsächlichen Ausrichtungen der beiden Schuttkegel in die Sektoren A (Ost) und B (Süd). Zusätzlich zur Struktur der Population untersuchte er auch die Nahrungsspektren (Kapitel 6.1) und die Raumnutzung (Kapitel 8.2) der beiden Giftschlangenarten.

Insgesamt fing der Forscher 153 adulte Aspisvipern und 74 adulte Kreuzottern. Aus seinen Zählungen, also ohne Schätzverfahren, berechnete er für den Sektor Ost etwa 2 adulte Aspisvipern und 1,8 adulte Kreuzottern pro Hektar, im Sektor Süd lagen die Werte bei 4,5 bzw. 0,8 pro Hektar. Teilte er den Sektor Ost weiter entlang des Bergbachs, kamen rechtsufrig 2,7 Kreuzottern auf eine Aspisviper, linksufrig dagegen 3,7 Aspisvipern auf 1,7 Kreuzottern. Die Werte zeigen, wie stark die Dichten innerhalb eines Lebensraums schwanken können. Über beide Sektoren gemittelt ergaben sich 3,25 adulte Aspisvipern und 1,3 adulte Kreuzottern pro Hektar. Hochgerechnet auf die von jeder Art in diesem Tal insgesamt besiedelte Fläche kam Monney auf Gesamtbestände von wenigstens 259 adulten und halbwüchsigen Kreuzottern (als solche definiert, wenn mindestens 40 cm lang, Abbildung 17) und 865 Aspisvipern. Von Jahr zu Jahr überlebten bei beiden Arten etwa 83 % der Adulten.

Bei den Jungtieren lagen die Dichten pro Hektar bei 2,1 in Sektor Ost und bei 7,4 in Sektor Süd. Kreuzotterweibchen pflanzten sich in diesem Gebiet alle 2 bis 4 Jahre fort, die Weibchen der Aspisviper nur alle 3 bis 4 Jahre. Kreuzottern gebaren im September im Schnitt 6,8 Jungtiere, Aspisvipern im Oktober im Schnitt 5,6, also etwa eines weniger.

Bestehen Populationen statt aus Hunderten aus vielleicht noch fünfzig Tieren, dann sind sie naturgemäss einem hohen Risiko ausgesetzt, zu erlöschen. Anhand von Verfahren für Fang-Wiederfang-Daten schätzte Sylvain Ursenbacher 1997 die Grösse der Kreuzotterpopulation auf einer mit Büschen und Karstflächen durchsetzten Weide im Waadtländer Jura auf noch gerade 48 Adulte (95 %-VI: 45 bis 68) und damit auf ein Tier pro Hektar. Daher versuchte er, das Aussterberisiko des Bestands anhand einer Populationsgefährdungsanalyse *(PVA, Population Viability Analysis)* zu quantifizieren.

Abbildung 17 Verglichen mit dem Wägen einer Schlange (links) ist die Messung ihrer Länge eine Herausforderung, zur Bildung von Altersklassen und Bestimmung eines BMI aber unerlässlich. Den Kopf der Aspisviper hat der Forscher mithilfe einer mit Schaumstoff ausgekleideten Gabel fixiert. (Fotos: Ivan Camponovo und Bildarchiv Jean-Claude Monney)

Hierzu musste er zunächst die Altersverteilung der Population kennen und für jede Altersklasse eine Überlebensrate schätzen. In den Modellen der PVA kamen schliesslich nur die Werte der Weibchen zur Anwendung, da die Männchen weder einen direkten Einfluss auf die Fruchtbarkeit haben, noch auf die anderen Variablen, welche in die Berechnungen einflossen. Um Daten zur Fruchtbarkeit zu gewinnen, hat der Forscher 12 Weibchen gegen Ende ihrer Trächtigkeit gefangen und in am Rand des Untersuchungsgebiets aufgestellten Kisten werfen lassen (Abbildung 18). Von 94 Neugeborenen wurden 10 tot geboren, die Wurfgrösse lag durchschnittlich somit bei knapp acht lebenden Tieren. Die tot Geborenen waren kleiner und leichter als die lebenden.

Anhand ihrer Gesamtlänge teilte Ursenbacher die 30 gefangenen adulten Weibchen schliesslich in fünf Altersklassen mit je drei bis elf Tieren ein. Das Alter in der Gruppe der kleinsten bzw. jüngsten Tiere lag bei fünf Jahren, jenes der drei Weibchen in der ältesten bei mindestens 18 Jahren. Von den Neugeborenen erreichten nur etwa 7 % die Geschlechtsreife, doch einmal erwachsen überlebten von Jahr zu Jahr 90 % der Weibchen.

Abbildung 18 Gegen Ende ihrer Trächtigkeit gefangene Kreuzotterweibchen wurden in diesen Kisten bis zum Wurf der Jungtiere gehältert und so Daten zur Wurfgrösse, zum Zustand der Neugeborenen und, anhand ihres Genmaterials, zur Identität ihrer Väter gewonnen. (Foto: Sylvain Ursenbacher)

Und wie steht es um die Überlebenschance der Population? Mit weniger als 50 Adulten beider Geschlechter und einem Lebensraum von weniger als 10 Quadratkilometern gilt sie gemäss den Kriterien der IUCN (Internationale Union zur Bewahrung der Natur) als «vom Aussterben bedroht». Gemäss einem Schätzverfahren anhand altersspezifischer Überlebens- und Fruchtbarkeitsraten schrumpft der Gesamtbestand an jungen und geschlechtsreifen Weibchen – bezogen auf 1997 – in den kommenden 50 Jahren um 39 %. Dass er schrumpft, ist praktisch sicher, aber ebenso, dass er in 50 Jahren nicht unter 30 Weibchen fällt, Neugeborene mitgerechnet. Auch wenn sich also ein starker Rückgang abzeichnet, so sollten doch in 50 Jahren noch Kreuzottern auf dieser Waadtländer Juraweide leben.

Die Aspisvipern in den Reben am Bielersee gehören wohl zu den meist gestörten, behändigten und fotografierten der Schweiz (Abbildung 19), Krönung vieler Exkursionen, Reptilienkurse und Fotoexpeditionen, für Winzer ein Störfaktor, aber mehrheitlich geduldet. Von Winzern bekam ich denn auch die ersten Schätzungen zu hören: 500 und 3000 – wohlgemerkt nicht des vermuteten Gesamtbestands an Vipern, sondern allein der aus ihrer Sicht ausgesetzten. Ende 2002 erfuhren wir dann, ob wirklich Tausende oder doch eher Hunderte diese Landschaft von nationaler Bedeutung besiedeln. In diesem Jahr schätzte Wolfgang Käppeli die Anzahl Vipern in einem Bereich westlich des Twannbachs. Durch sein in zwei Sektoren unterteiltes Untersuchungsgebiet legte er eine Transektlinie von 7,8 km Länge. Die Route verlief entlang von Pfaden zwischen den Rebkulturen und durch Ausgleichsflächen und führte sowohl an bereits bekannten Fundorten vorbei als auch an Gelände, für welches bisher noch keine Beobachtungen vorlagen. Beide Sektoren schritt der Forscher zwischen April und Anfang Oktober insgesamt 28-mal ab, und zwar pro Untersuchungstag stets nur einen. Den Ausgangspunkt und die Richtung der Begehung legte er zufällig fest, damit jeder Streckenabschnitt in der Summe unter in etwa vergleichbaren Bedingungen abgesucht wurde.

Mit 192 der insgesamt 277 Schlangenbeobachtungen konnte Käppeli 96 Schlangen eindeutig anhand von Fotos ihrer Rückenzeichnung identifizieren, darunter 49 adulte Weibchen und 35 adulte Männchen. Bei den verbleibenden 85 Beobachtungen gelang ihm keine eindeutige Zuordnung. 55 der 96 Individuen beobachtete er nur einmal, die übrigen zwei- bis zwölfmal. Die Wiederfangrate lag somit bei 43 %. Nur 14 der mehrfach beobachteten Individuen fand er an verschiedenen Orten und nur drei derselben legten dabei Distanzen von über 50 m zurück.

Ohne Zweifel starben während des langen Erfassungszeitraums Vipern, wanderten ins Untersuchungsgebiet ein oder verliessen es. Das bedeutet, dass die Population im statistischen Sinn nicht «geschlossen» war, was ein entsprechender Test denn auch bestätigte. Mit einer Beschränkung des Zeitfensters auf die 12 Wochen, in welchen die meisten Tiere beobachtet wurden, galt die Männchenpopulation als geschlossen und konnte mit entsprechenden Verfahren geschätzt werden. In diesen 12 Wochen beobachtete Käppeli 29 Männchen. Gemäss dem besten Schätzverfahren waren 51 (39 bis 79) da, also hat er etwa 57 % aller Männchen gesehen. Für die Weibchen funktionierte der Ansatz leider nicht. Nehmen wir einfach mal ein ausgeglichenes

Geschlechterverhältnis an, dann können wir für die etwa 55 Hektar beprobte Fläche von einer geschlossenen Population von 80 bis 160 adulten Vipern ausgehen. Auch Wolfgang Käppeli selbst kam ohne Beschränkung auf ein Zeitfenster mit einem Schätzverfahren für geschlossene Populationen auf 77 bis 140 Adulttiere.

Aus diesen Schätzwerten ergibt sich eine mittlere Dichte von 1,5 bis 3 adulten Aspisvipern pro Hektar. In diesen Werten sind allerdings lokal enorme Unterschiede enthalten. Zwar zählen wir entlang kurzer Mauerabschnitte oder auf ökologischen Ausgleichsflächen oftmals sehr viele Schlangen. Die vielen Meter versiegelte Mauern ohne Öffnungen bleiben aber unzugänglich, und auf den mit Reben bestockten Flächen finden sich Vipern allenfalls dort, wo ihnen in unmittelbarer Nähe Schlupfwinkel

Abbildung 19 In den Reben am Bielersee sind viele Aspisvipern schon fast handzahm und einige besonders attraktiv gefärbte wohl zigfach behändigt und fotogen drapiert worden. Dieses von zwei Männchen umworbene Weibchen (rechts) vor einer Trockenmauer in Ligerz hat Heinz Rindlisbacher im März 2007 ohne vorherige Manipulation fotografiert.

zugänglich sind. Mit seiner Vielgestaltigkeit kann das von Käppeli beprobte Gelände durchaus als repräsentativ für die offene Landschaft zwischen La Neuveville und Biel gelten. In dieser Landschaft kommen für Vipern grob geschätzt 240 Hektar als Lebensraum in Frage, davon sind etwas über 200 Hektar mit Reben bestockt. Hochgerechnet auf diesen potenziellen Lebensraum enden wir somit – je nach Ansicht im besten oder schlimmsten Fall – bei einem Gesamtbestand von 360 bis 720 adulten Aspisvipern.

Mit einer Schätzung im Rahmen ihrer in Kapitel 11.1 vorgestellten Studie kam Silvia Geser 2012 westlich des Twannbachs ebenfalls auf eine Populationsgrösse, die hochgerechnet auf das gesamte Rebgelände für unter tausend Vipern spricht, auch wenn ihr Wert eher an der Obergrenze des erwähnten Vertrauensintervalls von 720 liegt. 2018 schliesslich haben wir als Teil der Wirkungskontrolle der Rebgüterzusammenlegung die Schätzung in einem von Wolfgang Käppelis Sektoren wiederholt. Die für dieses Jahr geschätzte Populationsgrösse entspricht etwa seiner von 2002, fällt mit einem 95 %-Vertrauensbereich von ±50 % aber ungenauer aus.

Lokal extreme Unterschiede in der Dichte an Aspisvipern zeigen auch die Daten aus dem Naturschutzgebiet Moulin-de-Vert (GE). In den Jahren 2011 und 2012 schätzte Ursenbacher die Männchenpopulation auf 22 bis 42 Tiere. Bei einem ausgeglichenen Geschlechterverhältnis ergibt dies somit eine Dichte von 2 bis 4 Adulten pro Hektar. Würden wir jedoch einfach Lucien Guignets Streckenzählungen entlang eines Waldrands innerhalb des Naturschutzgebiets auf einen Flächenwert hochrechnen, landeten wir bei unrealistischen 76 Tieren pro Hektar. Auch in einem Sektor des in Kapitel 7.2 besprochenen Lebensraums in der Stadt Genf schätzten Guignet und Kevin Leppens die Dichte auf ungewöhnliche 34 bis 45 Adulte pro Hektar. Dort allerdings zwingt die fortschreitende Zerstörung des ursprünglichen Lebensraums im Zug der Bauarbeiten die Vipern zum Ausweichen auf die wenigen ihnen noch verbleibenden Flächen, auf denen sich dann zumindest vorübergehend sehr viele Tiere zusammendrängen.

Ungiftige Schlangen

Zu den Nattern der Schweiz verfügen wir bis heute nur über wenige Zahlen zu Populationen. Jürgen Kühnis erfasste in den Jahren 1993 bis 1996 die Schlingnattern am liechtensteinischen Bahndamm und am Rheindamm. Er arbeitete allein auf Sicht, also ohne Zuhilfenahme von Platten. Anhand von Fotos identifizierte er entlang eines 8,9 km langen Abschnitts des Bahndamms 23 Männchen und 13 Weibchen, das ergibt etwa ein Tier alle 250 Meter. Am Rheindamm kam er auf einer Länge von 27 km auf insgesamt 24 Männchen und 11 Weibchen, also auf etwa eines alle 770 Meter. Aus seinen Streckenzählungen errechnete der Forscher für den Bahndamm eine Dichte von 6,6 Adulten pro Hektar, für den Rheindamm von 2,6 Adulten pro Hektar. Die Dichten berücksichtigen sämtliche im Untersuchungszeitraum beobachteten Individuen, bezogen auf ein Jahr dürften sie geringer ausfallen. Für die markante Übervertretung der Männchen in den Daten sieht er keine biologische Erklärung. Halten sich Weibchen mehr in den stärker bewachsenen Bereichen der Böschungen auf und bleiben ohne Platten als Hilfsmittel öfter unentdeckt, könnte es sich schlicht um einen

Stichprobenfehler handeln. Kühnis hält die Population am Rheindamm bis heute für stabil oder gar zunehmend, die am Bahndamm dagegen eher im Rückgang begriffen. Unterschiede im Unterhalt und bauliche Veränderungen an den Bahnlinien der Region könnten dazu beigetragen haben.

Im Jahr 2005 schätzte Christophe Berney die Bestandsdichte der Schlingnatter auf einem Teil eines grossen Eisenbahngeländes beim Badischen Bahnhof im Norden von Basel. Von Anfang Mai bis Ende Oktober schritt er insgesamt 23-mal eine etwa 2100 m lange Transektlinie ab, entlang welcher er Blechplatten als künstliche Schlupfwinkel ausgelegt hatte. Dass der erfahrene Feldherpetologe keine einzige Schlingnatter direkt beobachten konnte, sondern alle Nachweise unter den Blechplatten erfolgten, unterstreicht die verborgene Lebensweise dieser kleinen Schlange. Mittels Fotoidentifikation konnte Berney die 17 Funde einer jungen und zehn adulten Schlingnattern zuordnen. Nur drei Adulttiere sah er mehrmals. Die verlässlichsten Schätzverfahren für Fang-Wiederfang-Daten ergaben Populationsgrössen von 23 Tieren (15–50), bezogen auf das 12,5 Hektar grosse Untersuchungsgebiet wären das 1,84 Schlingnattern pro Hektar, mit Blick auf das Vertrauensintervall etwas mehr als eine bis knapp vier.

Auch Jean-Claude Monney ermittelte für die im Rahmen seiner oben erwähnten Studien von Aspisvipern und Kreuzottern gefangenen Schlingnattern Dichtewerte. Dabei verzichtete er auf ein Schätzverfahren und leitete die Werte direkt aus seinen Zählungen adulter Schlangen ab. Für das Untersuchungsgebiet in den Freiburger Voralpen kam er so auf 0,14 Adulte pro Hektar. Im Untersuchungsgebiet im Berner Oberland fand er insgesamt 20 verschiedene Schlingnattern, denen er 68-mal wieder begegnete. Mit nur 0,5 Adulten pro Hektar lag dort die errechnete Dichte ein Mehrfaches unter derjenigen der beiden dort lebenden Giftschlangenarten.

Die bis heute einzigen Schätzwerte zu Schweizer Populationen von Äskulap- und Gelbgrünen Zornnattern kommen vom äussersten Süden, aus den Boschi der Gemeinde Stabio (TI) im Mendrisiotto. Hier drohte in den Nullerjahren eine südlich des Dorfs zwischen Kantonsstrasse und Landesgrenze gelegene Geländekammer durch ein in Planung befindliches Autobahnteilstück zerschnitten zu werden. Da dort damals mindestens sieben Reptilienarten lebten, versuchten wir mit Datenerhebungen zu den Schlangenpopulationen die Auswirkungen dieses Bauvorhabens im Voraus abzuschätzen und Massnahmen zur Erhaltung der Reptilien zu definieren. Durch ein 28 Hektar grosses Untersuchungsgebiet, welches die offenen und halboffenen Geländebereiche zwischen Laubwald, Fruchtfolgeflächen, Mähwiesen und dem Flusslauf Gaggiolo beidseits der geplanten Nationalstrasse abdeckte, legten wir 1997 eine knapp 2 km lange, mit etwas über 100 Metallplatten als künstliche Schlupfwinkel bestückte Transektlinie (Abbildung 20).

Adrian Bretscher schätzte 1998 mittels Fang-Wiederfang-Methode erstmals die Populationsgrössen der beiden im Untersuchungsgebiet häufigsten Schlangenarten Äskulap- und Zornnatter. Innerhalb von drei Monaten schritt er die Transektlinie 63-mal ab und markierte dabei insgesamt 30 adulte Äskulap- und 33 adulte Zornnattern individuell mit unter die Haut injizierten Transpondern (Abbildung 16). Die

Wiederfangraten lagen am Ende der Feldarbeiten je nach Art und Geschlecht bei 52 % bis 61 %. Die Schätzungen ergaben Populationsgrössen von 36 (33 bis 50) adulten Äskulapnattern und 40 (35 bis 56) adulten Zornnattern, was nahezu identischen Dichten von 1,3 bzw. 1,4 Individuen pro Hektar entspricht. Beziehen wir die Dichte allein auf einen 20 Meter breiten Bereich um die Transektlinie, wären wir bei 9 Äskulap- und 10 Zornnattern pro Hektar.

Selbst damit sind wir noch weit entfernt von Jean-Marc Pillets Zahlen aus dem Unterwallis. Die von ihm aufgelisteten Dichten von 46 bis 83 Äskulapnattern pro Hektar entsprechen jedoch den über einen Zeitraum von fünf Jahren auf ausgewählten Flächen markierten Tieren. Diese Flächen umfassen mit einer Ausnahme 0,1 bis 0,5 Hektar und somit weit weniger als den durchschnittlichen Heimbereich (home range) einer Äskulapnatter. Pillets hohe Dichten beziehen sich also lediglich auf einen Teilbereich des Lebensraums der jeweiligen Population sowie auf Tiere, die den Bereich vielleicht nur einmal in fünf Jahren aufgesucht haben.

Die Ringelnatter wurde in mehreren Studien von Schlangenpopulationen als Beifang erfasst. Doch entweder handelte sich bei den Untersuchungsgebieten nicht

Abbildung 20 Die ersten als künstliche Schlupfwinkel zur Erfassung von Reptilien eingesetzten Platten waren aus Metall und entsprechend unhandlich. Später zeigten Versuche mit leichteren Materialien, dass Bitumenwellplatten und Folien aus Naturkautschuk ebenso effizient sind. (Foto: Andreas Meyer)

um typische Ringelnatter-Lebensräume, sodass die Fangzahlen für die Schätzung von Populationsparametern nicht ausreichten, oder es waren, wie im Fall des Schlingnatter-Monitorings im Naturschutzgebiet Sense-Schwarzwasser (Seite 73 ff.), schlicht derart viele, dass die für eine Probenahme verfügbare Zeit nicht ausreichte, um auch die Ringelnattern noch individuell zu erfassen. Die bis heute einzigen Schätzwerte einer Ringelnatter-Population beruhen auf Daten, die Hans Schmocker in der Bündner Herrschaft in der weiteren Umgebung eines Wildbachlaufs erhoben hat. Im etwa 18 Hektar grossen Untersuchungsgebiet in den «Siechastuda» legte er im Jahr 2000 entlang einer 2,5 km langen Transektlinie 100 Blechplatten aus. Diese kontrollierte er mindestens zehn Mal pro Jahr und fotografierte jeweils das vordere Drittel der Bauchseite jeder gefangenen Ringelnatter, um sie so später anhand des individuellen Fleckenmusters wiedererkennen zu können.

In den Jahren 2000, 2001 und 2002 fing Schmocker jeweils 31, 34 und 41 verschiedene Ringelnattern, mit Wiederfangraten innerhalb eines Jahres von 22 %, 18 % und 17 %. Eine einzige sah er in allen drei Jahren. In acht von zehn Fällen erwischte er die Schlange unter einer der ausgelegten Platten. Mit den 23 im Jahr 2001 gefangenen Weibchen ergab das beste Schätzmodell eine Weibchenpopulation von 31 Tieren (14 bis 58), was nicht ganz zwei Weibchen pro Hektar entspricht. Der Schätzwert bleibt aufgrund der geringen Wiederfangrate aber sehr ungenau. Ausgehend von seiner Kenntnis des Gebiets hält Schmocker die Obergrenze des Vertrauensintervalls für näher an der Wirklichkeit. Für die Männchen erlaubten die Wiederfänge keine Schätzungen.

Am Alpnachersee (NW), einem Seitenarm des Vierwaldstättersees, liess ein Schlangenliebhaber 1944 in seinem Garten in Stansstad 11 Würfelnattern frei, die er von der Hochzeitsreise aus dem Maggiatal mitgebracht hatte. Schon nach wenigen Jahrzehnten sprach sich in einschlägigen Kreisen herum, wie sehr es am sonnseitigen Ufer des Alpnachersees von Schlangen wimmle (Abbildung 21). In den 1990er-Jahren versuchte Philipp Bendel dieses Gewimmel dann erstmals in einer Zahl zu fassen. Er schätzte 1992 und 1993 die Populationsgrösse am 3400 m langen Ufer unterhalb des Loppers, 1994 und 1995 dann nochmals im 325 m langen Abschnitt zwischen Acheregg und Hellegg. Hierzu markierte er im ersten Untersuchungsjahr 331 und im zweiten insgesamt 536 Würfelnattern individuell mit Schnittkerben in den Bauchschuppen, um später anhand der Fang-Wiederfang-Methode Schätzungen der Populationsgrösse vornehmen zu können. Diese ergaben für 1992 einen Bestand von 2'408 (1'510–3'305) und für 1993 von 1'996 Tieren (1'619–2'372), für den Abschnitt 1994 93 Tiere und 1995 70. Umgerechnet auf Streckenwerte wären das 1992 sieben und 1993 sechs Schlangen pro zehn Meter Uferlinie, 1994 dann noch drei und 1995 zwei. Der Bereich zwischen Strasse und Wasserlinie ist dort selten breiter als 5 m. Unterstellen

Abbildung 21 Sieben pro zehn Meter Uferlinie: So viele Würfelnattern lebten einer Schätzung von 1992 zufolge am Alpnachersee am Fuss des Lopper. (Foto: Heidi Jost)

wir den Schlangen, dass sie zum Nahrungserwerb bis zu 30 m in den See hinausschwimmen, kommen wir bei 3400 m Länge und 35 m Breite im Jahr 1992 auf eine Dichte von etwa 200 Tieren pro Hektar und ein Jahr später immer noch auf etwa 160. Kann der 1994 und 1995 nochmals beprobte Abschnitt als repräsentativ für das gesamte Untersuchungsgebiet gelten, dann wäre die Dichte innerhalb von vier Jahren auf ein Drittel ihres ursprünglichen Werts gefallen.

Mittels Skelettchronologie bestimmte der Forscher das Alter 53 tot aufgefundener Würfelnattern. In den herauspräparierten Unterkieferknochen konnte er unter 40-facher Vergrösserung Wachstumsphasen anhand von «Jahresringen» erkennen und so den Zusammenhang zwischen Alter und Grösse der Schlangen untersuchen. Mit durchschnittlich 14,5 Jahren waren die Weibchen klar älter als die Männchen mit 12 Jahren und mit 56 cm gegenüber 50,5 cm Rumpflänge auch deutlich grösser. Zwischen Alter und Grösse bestand ein statistisch signifikanter Zusammenhang. Also dürfte vor allem die höhere Lebenserwartung und nicht schnelleres Wachstum den Grössenunterschied zwischen den Geschlechtern erklären. Die zwei ältesten Weibchen waren immerhin 25 und 26 Jahre alt. Wohl ebenfalls eine Folge der höheren Lebenserwartung ist das unausgeglichene Geschlechterverhältnis, mit je nach Jahr 57 % bis 63 % Weibchen.

Auch Natascha Koller und Sylvain Ursenbacher schätzten die Grösse einer auf Aussetzungen zurückgehenden Würfelnatter-Population, zusammen mit den dort heimischen Vipernattern, die den im Lavaux (VD) gelegenen Uferabschnitt des Genfersees mit der ausgesetzten Art teilen. 1996 lag der verlässlichste Schätzwert für geschlossene Populationen für den beprobten 1'700 Meter langen und 5 bis 12 Meter breiten Uferabschnitt bei 300 adulten Vipernatter- und 500 adulten Würfelnatterweibchen. Unter der Annahme eines ausgeglichenen Geschlechterverhältnisses und eines im Mittel 40 m breiten Lebensraums ergaben sich knapp 90 Viper- und 150 Würfelnattern pro Hektar. Addieren wir die Werte beider Wassernatter-Arten, erhalten wir eine Dichte, welche Philippe Bendels Wert noch übertrifft. Sie bildete den Ausgangspunkt für eine in Kapitel 13.2 besprochene Zeitreihe, welche die Entwicklung der beiden Populationen dokumentieren und helfen sollte, den Einfluss der ausgesetzten auf die einheimische Art abzuschätzen.

Eidechsen

Und wie sieht es mit Schätzwerten zu Eidechsenpopulationen aus? Die Fachwelt interessieren insbesondere die Dichten, welche die gefährdeten Arten Zauneidechse und Smaragdeidechse in ihren Lebensräumen erreichen können.

Die ersten Werte kamen von Peter Müller. In den Jahren 1988 und 1989 untersuchte er die Zauneidechsenpopulation auf der Allmend Brunau, welche von der Kaserne Zürich bis 1986 als Truppenübungsplatz genutzt wurde. Als Untersuchungsfläche wählte er einen gegen Osten ausgerichteten, 2,2 Hektar grossen, von extensiv genutztem und teilweise verbuschtem Wiesland bedeckten Hang. Müller fing die Zauneidechsen mit einer Bindfadenschlinge an der Spitze einer Gerte oder mit blosser

Hand und markierte alle ab einer bestimmten Grösse individuell mit Schuppenkerbung am Bauch und Nagellackstreifen am Rücken. In den zwei Jahren der Erhebung kamen insgesamt 275 markierte adulte Zauneidechsen zusammen. Ein Viertel der 1988 Markierten fing Müller 1989 wieder.

Dichteschätzungen anhand statistischer Verfahren wichen derart stark voneinander ab, dass der Forscher schliesslich allein aus den tatsächlich gefangenen Tieren Werte ableitete. Als Mindestdichte berechnete er für die obere Hälfte des Untersuchungsgebiets 140 adulte Zauneidechsen pro Hektar, für die untere Hälfte 57 pro Hektar, an zwei besonders günstigen Stellen kam er auf bis zu 320 Tiere pro Hektar. Der wahren Dichte am nächsten kamen aus seiner Sicht die 140 pro Hektar, also knapp 3 Tiere auf zwei Aren oder auf eine Fläche von 20x10 m.

Auch Nathalie-Anne Burger untersuchte eine Zauneidechsenpopulation auf einem Truppenübungsplatz. Das bei Planeyse oberhalb von Colombier (NE) gelegene Terrain war in den Untersuchungsjahren 1992 und 1993 noch in Betrieb. Auf dem 52 Hektar grossen Gelände wählte sie eine 3,7 Hektar grosse Untersuchungsfläche und erstellte zur Unterscheidung und Wiedererkennung aller darauf beobachteten Zauneidechsen Fotos von deren Rückenpartie. Von den 27 auf diese Weise identifizierten adulten Zauneidechsen lebten 12 Männchen und 7 Weibchen permanent auf der Untersuchungsfläche. Anhand der Fang-Wiederfang-Methode schätzte Burger die Dichte auf 7,6 Männchen, 4,9 Weibchen, 5,4 Subadulte und 28,4 Juvenile pro Hektar, Adulte und Subadulte zusammengenommen ergeben somit knapp 16 Tiere pro Hektar. Selbst unter Berücksichtigung der methodischen Unterschiede zur Studie von Peter Müller überrascht diese fast zehnmal geringere Dichte. Als mögliche Erklärungen sieht die Forscherin eine tatsächlich sehr kleine, möglicherweise im Aussterben begriffene Population, die, von Hauskatzen bedrängt, nur ein knappes Fünftel der Untersuchungsfläche intensiver nutzt, oder dann den Umstand, dass die wenigen als Lebensraum geeigneten Flächen sehr zersplittert und über das ganze Gelände verteilt sind. Die letzte Beobachtung einer Zauneidechse auf diesem Truppenübungsplatz gelang 2019.

Anhand der Kopf-Rumpf-Länge (KRL) und einer skelettchronologischen Analyse eines amputierten Zehenglieds berechnete Burger von 29 Tieren ihrer Population eine Altersverteilung (Abbildung 22). Dabei grenzte sie auch eine Altersklasse für die im Untersuchungsjahr frisch Geschlüpften ab. Diese machten im Jahr 1993 45 % aller erfassten Tiere aus, zusammen mit den übrigen Tieren im ersten Lebensjahr ergab sich ein Anteil von 62 %.

Die Berg-, Wald- oder Mooreidechse (Abbildung 23) ist die landlebende Reptilienart mit dem weltweit grössten Verbreitungsgebiet und gilt in der Schweiz im Unterschied zu Zaun- und Smaragdeidechse nur als potenziell gefährdet. Sie kommt bei uns nahezu überall vor, im Mittel- und Südtessin allerdings nicht unterhalb von 800 m ü. M.

Erste Angaben machte Eric Bernasconi 1986 für eine birkenbestandene Heidefläche von 15 bis 20 Aren im ehemals ausgedehnten Hochmoor von Les Ponts-de-Martel (NE), welches in Kapitel 7.2 ausführlicher zur Sprache kommt. Im Rahmen seiner Studie der Thermoregulation der Art zählte er 20 Mooreidechsen, wie man sie

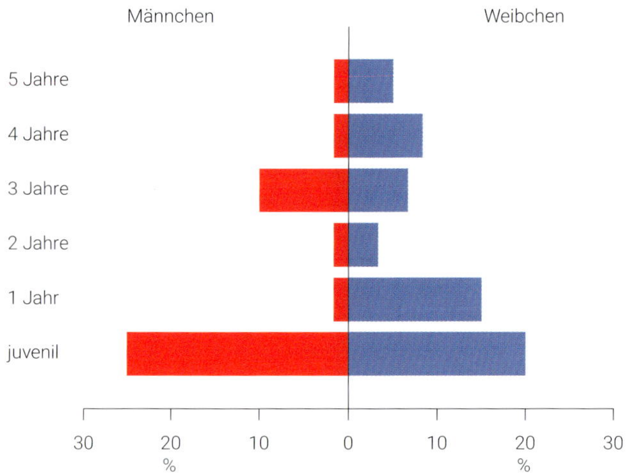

hier passend nennen würde. Dies entspräche einer Dichte von 100 bis 133 Individuen pro Hektar. Sein Bauchgefühl sagte ihm jedoch, dass es sich da um einen sehr hohen Wert handeln musste und die Dichte an Eidechsen andernorts in diesem Moorgebiet sicher kleiner war.

Lionel Cavin hat in den Jahren 1990 und 1991 an einem Hang im westlichen Berner Oberland die Dichte von Bergeidechsen geschätzt. Um eine Vorstellung von der Dichte der Art zu gewinnen, markierte er auf einer gleichförmigen Referenzfläche von einem Hektar sämtliche gefangenen Eidechsen durch Amputation eines Zehenglieds und schätzte dann mittels Fang-Wiederfang-Methode die Anzahl Tiere. Entlang einer Transektlinie von 3300 m Länge, die über 160 Höhenmeter durch acht verschiedene Landschaftstypen führte, zählte er die Eidechsen, ohne sie zu fangen und leitete aus diesen Zahlen für jeden Landschaftstyp einen Indexwert für die Dichte ab, der ihm Vergleiche ermöglichte. Mit Ausnahme einer Weidefläche, die nur 15-mal kontrolliert wurde, schritt er die Transektlinie 36-mal ab.

Die Dichte ausgewachsener Bergeidechsen auf der Referenzfläche entsprach 231 Tieren pro Hektar, diejenige subadulter 206. Im grössten, von Berg-Reitgras *(Calamagrostis varia)* bedeckten Teil des Untersuchungsgebiets ergaben die Schätzungen 300 und 500 adulte und subadulte Bergeidechsen pro Hektar. Im offenen und vergleichsweise trockenen und einförmigen Weideland waren es weniger als 100 und im Fichtenbestand weniger als 30 Tiere pro Hektar. Hohe Dichten von Hunderten von

Abbildung 22 Im Unterschied zu derjenigen der Schweizer Bevölkerung hat die Altersverteilung dieser Zauneidechsenpopulation 1993 noch Ähnlichkeit mit einer Pyramide. Die aufsummierten Werte ergeben zusammen 100 %.

Abbildung 23 Die unauffällige Wald-, Berg- oder Mooreidechse ist im Schweizer Mittelland sehr weit verbreitet, wird aber oft übersehen. (Foto: Bertrand Baur)

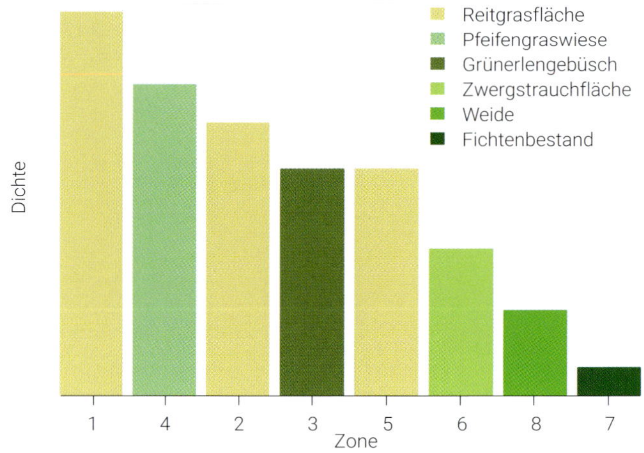

Tieren pro Hektar sind für Bergeidechsen nicht ungewöhnlich und wurden auch anderswo in Europa festgestellt. Die Dichte auf der Pfeifengraswiese als feuchtester Zone liegt im Bereich der trockenen Reitgrasflächen. Der Vergleich der Dichten aller acht unterschiedenen Zonen anhand eines Indexwerts verdeutlicht die markanten Unterschiede (Abbildung 24). Die Hangausrichtung und strukturelle Vielfalt einer Fläche scheinen die Dichte der Bergeidechsen weit stärker zu beeinflussen als die Bodenfeuchtigkeit.

Die durchschnittliche Wurfgrösse der 26 während eines Monats in Freilandanlagen gehaltenen Weibchen lag bei sechs, umgerechnet auf die Durchschnittsgrösse der Weibchen im Untersuchungsgebiet dürfte sie noch etwa vier sein. Der Anteil eines Wurfs am Gesamtgewicht eines Weibchens betrug im Mittel 49 %. Die Neugeborenen waren 0,2 g schwer, ihre Kopf-Rumpf-Längen (KRL) um die 2 cm. Unter Berücksichtigung der altersspezifischen Fruchtbarkeit kam Cavin für seine 1 Hektar grosse Referenzfläche auf 453 Neugeborene pro Jahr, was knapp einer Verdoppelung des Gesamtbestands auf Ende Saison entsprach. Von den Neugeborenen erreichten etwa 43 % der Weibchen und 47 % der Männchen das zweite Lebensjahr.

Das Alter einer Eidechse schätzte Cavin anhand ihrer KRL, für welche er bei Tieren bekannten Alters die Maximalwerte kurz vor Beginn der Überwinterung ermittelte. Ferner bestimmte er das Alter von 30 Tieren mittels skelettchronologischer Analyse eines amputierten Zehenglieds. Mit diesen zwei Verfahren konnte er die drei Altersklassen im ersten Lebensjahr («1 Jahr»), im zweiten Lebensjahr («2 Jahre») sowie «3 Jahre und älter» unterscheiden und für das Jahr 1991 eine Altersverteilung berechnen. Dass Abbildung 25 keine

Abbildung 24 Unterschiede in der Dichte von Bergeidechsen in acht Zonen an einem Hang im westlichen Berner Oberland. Im Fichtenbestand (ganz rechts) ist die Dichte nahezu 15-mal geringer als auf der Reitgrasfläche ganz links.

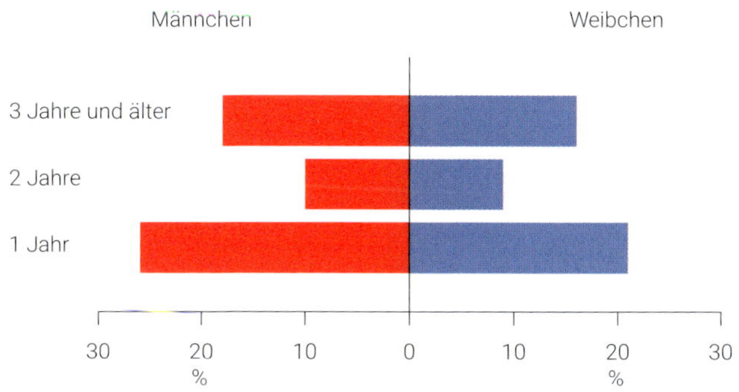

Alterspyramide zeigt, ist dem Umstand geschuldet, dass die älteste Klasse sowohl 3- als auch 4-jährige und mit Blick auf andere Studien vermutlich sogar noch 5-jährige Tiere umfasst. Die Tiere im ersten Lebensjahr machten 47 % der Population aus.

Den meisten der soeben besprochenen Momentaufnahmen lag ein sehr hoher Aufwand von oftmals Dutzenden von Probenahmen zugrunde, denn diese machten Studierende, die in ihren Diplomarbeiten zwar unter Zeit-, aber keinem unmittelbaren Kostendruck standen. Welcher Aufwand würde denn für eine brauchbare Schätzung einer Reptilienpopulation ausreichen? Sylvain Ursenbacher nutzte seine 12 Stichproben einer geschlossenen Population von Kreuzottern, um daraus neue Datensätze mit jeweils 3, 4, 5 oder 6 zufällig ausgewählten Stichproben zusammenzustellen und dann mit verschiedenen Methoden die Populationsgrösse zu schätzen. Mit dem vollen Datensatz von 12 Stichproben erfasste er 1997 nahezu 90 % der adulten Kreuzottern. Mit den auf wenige Stichproben reduzierten Datensätzen schätzten die angewandten statistischen Verfahren den Bestand auf etwa 50 Adulte, wenn auch unterschiedlich präzise. Mit nur drei Stichproben waren Schätzungen manchmal nicht möglich, weil sie keine Wiederfänge enthielten, welche eine Voraussetzung für die Anwendung der meisten Schätzverfahren sind. Vier Stichproben reichten dagegen aus. Handelt es sich um eine wenig mobile Art in einem leicht zugänglichen Untersuchungsgebiet und kann die Population als geschlossen gelten, sind im Zeitraum der Datenerhebung also keine Zu- und Abgänge zu erwarten, dann können vier bis fünf Stichproben bereits verlässliche Schätzungen ermöglichen.

Abbildung 25 Altersverteilung einer Bergeidechsenpopulation im Berner Oberland. Die aufsummierten Werte ergeben zusammen 100 %.

4.2 Zeitreihen – zahlt sich ein langer Atem aus?

In den Boschi von Stabio (TI) führten Serge Misslin und Ivan Camponovo die von Adrian Bretscher 1998 als Momentaufnahme begonnene Datenerhebung weiter, indem sie seine Transektlinie noch bis 2001 jährlich etwa 25-mal abschritten, alle erstmals gefangenen adulten Nattern markierten und Wiederfänge protokollierten. Die Gesamtzahl der von 1998 bis 2001 markierten Schlangen lag schliesslich bei 53 Zorn-, 79 Äskulap- und 35 Ringelnattern. Von denen wurden 126 (75 %) nur in einem Jahr gesehen, 40 in zwei oder drei Jahren und ein einziges Tier in allen vier Untersuchungsjahren.

Zusätzlich zu den auf ein Zeitfenster von drei Monaten bezogenen Dichteschätzungen von Bretscher ermöglichte die kurze Zeitreihe von vier Jahren nun die Schätzung einiger Kenngrössen, welche die Dynamik einer Population beschreiben. Zumindest theoretisch, denn drei Viertel der Schlangen wurden nur in einem der vier Jahre gefangen, mit entsprechenden Auswirkungen auf die Genauigkeit der Schätzwerte. Die Überlebenswahrscheinlichkeiten liessen sich nur für Äskulapnattern (Abbildung 26) einigermassen brauchbar schätzen. Von denen überlebten von Jahr zu Jahr etwa 50 % der Weibchen und 72 % der Männchen. Allerdings unterscheidet das angewandte Schätzverfahren nicht zwischen Verstorbenen und Ausgewanderten, die Prozente beziffern somit das scheinbare Überleben, im internationalen Fachjargon *apparent survival*. Die Rekrutierungsraten, also der Zuwachs an Individuen durch Einwanderung oder durch Übergang im Untersuchungsgebiet Geborener in die Population der Geschlechtsreifen, lagen je nach Art und Geschlecht zwischen 26 % und 83 %. Doch auch bei diesen Schätzwerten hinterlassen die breiten Vertrauensintervalle viel Unsicherheit.

Das Kommen und Gehen als Folge von Geburt und Tod, Ein- und Auswanderung bestimmt das Wachstum der Population. Die Kurve zeigt zwar bei allen Arten nach oben, doch nur bei den Männchen der Zornnatter liegt auch die Untergrenze des 95 %-Vertrauensintervalls der mittleren Wachstumsrate im positiven Bereich. Ihr Bestand hat pro Jahr im Mittel um 52 %, vielleicht sogar um 87 %, mindestens aber um 17 % zugenommen. Bei den übrigen Arten und Geschlechtern sind es über den gesamten Betrachtungszeitraum vielleicht weniger geworden.

In einem südexponierten, auf 1500 m ü. M. gelegenen Hang im östlichen Berner Oberland haben wir im Zeitraum 1999 bis 2007 die Populationen von Aspisviper, Schlingnatter und Ringelnatter überwacht. Die von Weideflächen umgebene und von Halbtrockenrasen, Jungwuchs und Hochstaudenfluren durchsetzte, drei Hektar grosse Schutthalde kann im Alpenraum als repräsentativ für Reptilienlebensräume ausserhalb des Kulturlandes gelten. 1999 bis 2007 wurden im Gebiet entlang einer fixen Transektlinie jährlich vier Probenahmen gemacht.

Die 37 Probenahmen ergaben 153 Beobachtungen insgesamt 89 verschiedener Schlangen, 53 davon Aspisvipern, 31 Schlingnattern und 4 Ringelnattern. Im Hitzesommer 2003 blieben Schlangenfunde aus. Für die Ringelnatter lag das Unter-

suchungsgebiet damals noch an der Obergrenze ihrer Höhenverbreitung, weshalb die geringe Anzahl Funde nicht weiter erstaunt.

Von den 53 Aspisvipern waren 41 Weibchen. In vier der sieben Jahre, für welche Daten verfügbar sind, waren sämtliche gefangenen Weibchen trächtig, in den übrigen 60 % bis 90 %. Geschätzt haben sich über den gesamten Untersuchungszeitraum 1999–2007 in der Schutthalde 71 Weibchen (29 bis 114) aufgehalten, pro Jahr im

Abbildung 26 Die Färbung junger Äskulapnattern ist viel markanter als diejenige ausgewachsener Tiere. (Bild: Sabine und Nicolas Gard)

Schnitt 27. Die gemäss Auswahlverfahren plausibelste Schätzung aller auf ein einzelnes Jahr angewandten Fang-Wiederfang-Modelle ergab für 2000, ausgehend von vier innerhalb von 55 Tagen erfolgten Probenahmen 21 Weibchen (7 bis 36), was einer Dichte von etwa sieben pro Hektar entspräche. Diese hohe Dichte wie auch die hohen Anteile trächtiger Weibchen deuten an, dass die Schutthalde optimale Bedingungen zum Austragen der Jungtiere bietet.

Die Resultate zur Schlingnatter sind bemerkenswert. Von den 23 Weibchen haben wir deren neun nur vor dem Hitzesommer 2003 beobachtet, die übrigen nur danach, als hätte dieses Extremereignis zu einem kompletten Austausch der Individuen geführt. Der Austausch fiel jedoch mit der Umstellung von der Markierung mit PIT-Tags auf Fotoidentifikation zusammen, somit lassen sich die Effekte von Markierung, Umwelteinflüssen und Zufall nicht auseinanderhalten.

Mit nur drei Hektar umfasst das Untersuchungsgebiet kaum den gesamten Lebensraum der Populationen von Aspisviper und Schlingnatter. Allein die deutliche Unterzahl an Männchen unter den markierten Schlangen und die hohen Anteile trächtiger an der Gesamtzahl gefangener Weibchen sind ein Hinweis, dass sich viele Schlangen im Verlauf einer Saison nur vorübergehend in der Schutthalde aufhalten.

Ab wie vielen Jahren wird eine Zeitreihe zur Langzeitstudie? Übliche Kriterien sind die durchschnittliche Lebenserwartung der Zielart, dann die Häufigkeit von Ereignissen, welche die Populationsgrösse erheblich verändern können, und die Austauschrate, das heisst die Geschwindigkeit, mit welcher die aktuell lebenden Individuen durch nachrückende ersetzt werden. Davon ausgehend können nebst der in Kapitel 7.2 erwähnten Überwachung der Kreuzottern in Les Ponts-de-Martel und der in Kapitel 13.2 besprochenen der Viper- und Würfelnattern im Lavaux (VD) die im Folgenden vorgestellten Erhebungen durchaus als Langzeitstudien gelten.

Die längste Zeitreihe von Schweizer Schlangen verdanken wir den Aufzeichnungen von Stefan Dummermuth. In einem Gebiet im Jura protokolliert er seit 1994 seine Beobachtungen von Aspisvipern, bis 2021 kamen Beobachtungen von insgesamt 76 verschiedenen Männchen und 81 Weibchen zusammen. Einen Ausschnitt von neun Jahren aus dieser Zeitreihe haben Res Altwegg und Kollegen 2005 ausgewertet, zusammen mit fünf weiteren Zeitreihen von 6 bis 14 Jahren, welche ebenfalls Aspisviper-Populationen aus dem Jura dokumentieren, die Dummermuth bis 2002 überwachte. Mit Schätzverfahren für «offene» Populationen, d. h. für Bestände, deren Grösse und Zusammensetzung sich im untersuchten Zeitraum durch Ein- und Auswanderung sowie Geburt und Tod verändern, untersuchten sie, ob sich in den sechs Beständen ähnliche Zusammenhänge zwischen Populationsdynamik und Klimaverlauf finden lassen, wie wir sie bereits von Vögeln und Säugetieren kennen.

Und tatsächlich ergaben die Modelle eine mit dem Alter der Schlangen steigende Überlebenswahrscheinlichkeit (Abbildung 27, links), nur in einer Population bestand kein Zusammenhang. Während sich bei den Adulten kein Effekt des Klimaverlaufs erkennen liess, hingen die jährlichen Überlebensraten der Jungtiere stark von den Wintertemperaturen ab: Je mehr Frosttage ein Winter hatte, desto weniger Juvenile

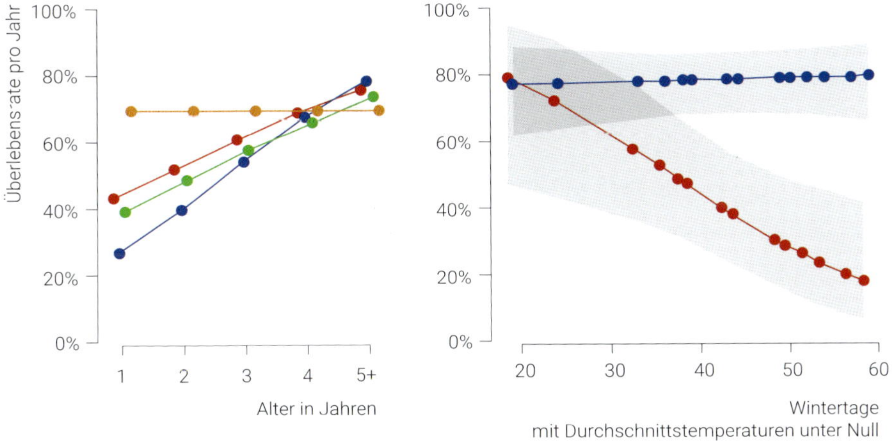

überlebten ihn (Abbildung 27, rechts). Schwankungen ihrer Überlebensraten wiederum beeinflussten die Wachstumsrate der Gesamtpopulation stärker als die Überlebensraten der Jungtiere. In fünf Populationen hatten sich fortpflanzende Weibchen eher höhere Überlebensraten als nicht trächtige. Die Weibchen pflanzten sich etwa jedes zweite bis vierte Jahr fort. Im Unterschied zu französischen Populationen der Aspisviper war in den untersuchten Populationen des Schweizer Juras die Wahrscheinlichkeit, dass ein Weibchen in einem Jahr trächtig wurde, unabhängig davon, ob es bereits im Vorjahr Junge geboren hatte oder nicht. Gemäss den Modellrechnungen blieb übrigens nur eine der sechs Populationen in ihrem Bestand über die Zeit stabil, alle anderen waren im Rückgang begriffen.

Zur Kreuzotter liegt aus dem Oberengadin eine Zeitreihe von einem Bahndamm auf etwa 1750 m ü. M. vor, wo Hans Schmocker diese Art seit 2014 entlang eines drei Kilometer langen Abschnitts erfasst. Bis 2023 konnte er insgesamt 74 adulte Weibchen und 76 adulte Männchen mit Transpondern individuell markieren. Mit statistischen Modellen für offene Populationen geschätzt waren es insgesamt 99 (62 bis 137) verschiedene Weibchen und 83 (74 bis 91) verschiedene Männchen, die sich über die gesamte Studiendauer im Untersuchungsgebiet aufgehalten haben. Das in den

Abbildung 27 Jährliche Überlebensraten in Populationen von Aspisvipern im Schweizer Jura. Links: In vier Populationen (blau, grün, rot, orange) in Abhängigkeit zum Alter einer Schlange. Rechts: In der «blauen» Population in Abhängigkeit zum Temperaturverlauf des Winters; blau: Adulttiere, rot: Jungtiere, graue Flächen: 95 %-Vertrauensintervalle. (Nachgezeichnet nach Altwegg, Dummermuth, Anholt und Flatt 2005)

Fangzahlen ausgeglichene Geschlechterverhältnis kippt, wenn wir Schätzwerte für die einzelnen Jahre betrachten. In einem einzelnen Jahr hielten sich entlang der abgesuchten Strecke im Schnitt jeweils etwa 50 Weibchen auf, Männchen dagegen nur halb so viele. Gemäss den Modellen überleben von den Weibchen pro Jahr durchschnittlich 80 %, von den Männchen dagegen nur 70 %. Auch hier unterscheidet das angewandte Schätzverfahren nicht zwischen Verstorbenen und Ausgewanderten, die Prozente beziffern somit das scheinbare Überleben. Der Unterschied zwischen den Geschlechtern könnte durchaus auf geringere Ortstreue der Männchen zurückzuführen sein. Jedoch hat Schmocker von beiden Geschlechtern jeweils nur etwa die Hälfte der Individuen in mehr als einem Jahr gesehen, was darauf hindeutet, dass sich ohnehin sehr viele Schlangen nur vorübergehend am Bahndamm aufgehalten haben und der tatsächliche Lebensraum der Population wesentlich grösser sein muss.

Mit knapp 80 Adulten auf 3 km wären wir, mit von Abschnitt zu Abschnitt erheblichen Unterschieden, bei einem Streckenwert von 26 pro Kilometer oder 2,6 Kreuzottern

Abbildung 28 Zwar geht nur die eine der beiden ins Wasser, doch überschneiden sich die Lebensräume von Schlingnattern (links) und Ringelnattern vielerorts, so auch im Naturschutzgebiet Sense-Schwarzwasser (BE). (Foto: René Mrazeck)

pro 100 m, bezogen auf die von Schmocker bearbeitete Fläche bei einer Dichte von 9,2 pro Hektar. Betrachten wir das etwa 60 Hektar umfassende, offene Gelände beidseits der Bahnstrecke als den von der Population effektiv bewohnten Lebensraum, dann liegt dieser Wert noch bei 1,3 Adulten pro Hektar oder etwa 4 Tieren auf 3 Hektar.

In der Schweiz gehören Flusslandschaften zu den artenreichsten Reptilienlebensräumen. Wer hier dauerhaft leben will, muss mit der Dynamik dieses Lebensraums zurechtkommen. Mit jedem Hochwasser verändert sich die Struktur des Flussbetts und der angrenzenden Flächen und somit für jede Art das Angebot an geeigneten Lebensräumen. Böschungen können in wenigen Stunden buchstäblich bachab gehen, Schotterflächen geraten allmählich aus dem regelmässig überfluteten Bereich und werden dann in kurzer Zeit komplett von Weiden und anderen Pionierarten überwuchert. Die Schlangen im unteren Teil des Naturschutzgebiets Nr. 55 «Sense-Schwarzwasser» (BE) (Abbildung 28) leben bis heute nicht nur mit den Unwägbarkeiten ihres natürlichen Lebensraums, sondern auch mit den Freizeitaktivitäten des Menschen (Abbildung 29).

Abbildung 29 Das Sense-Schwarzwassergebiet zieht an Wochenenden unzählige Menschen an. Auf der Suche nach einem Picknickplatz überraschte Christian Zwahlen an der Kante des Prallhangs zwei Schlingnattern bei der Paarung, das Weibchen ist links.

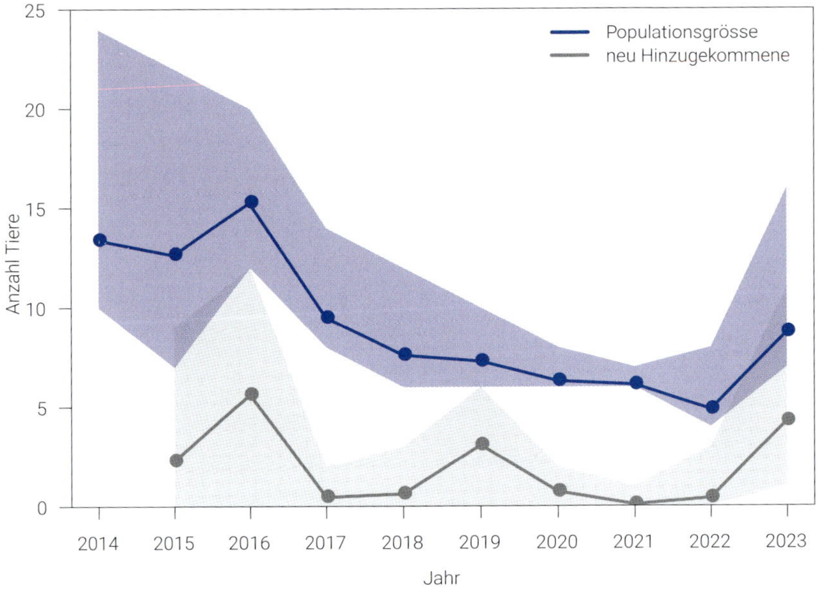

Mit der Erhebung von Daten zur Schlingnatter anhand kleiner Platten aus Bitumenwellpappe haben wir 2007 begonnen. Seit 2013 schreitet ein Team aus Freiwilligen einen etwas über 2 km langen Pfad ab, kontrolliert die Platten und fotografiert die gefundenen Schlingnattern. Im Lauf der inzwischen 11 Jahre dauernden Erhebung sind bei 421 Kontrollgängen 257 Beobachtungen von Schlingnattern zusammengekommen, die meisten davon fotografisch dokumentiert. Mit Akribie und unendlicher Geduld vermochte Peter Burkhalter ab 2014 anhand dieser Aufnahmen 24 Individuen sicher zu identifizieren, 22 an der Sense und zwei am Schwarzwasser. Bei 11 weiteren Schlingnattern könnte es sich um bereits identifizierte Individuen handeln. In einem Jahr wurden zehn verschiedene Adulttiere beobachtet, in allen übrigen aber weniger.

Auch die mit Schätzverfahren für offene Populationen erhaltenen Werte deuten auf einen sehr kleinen Bestand hin. Beziehen wir nur die sicher erkannten Individuen in die Berechnungen ein, haben sich im Zeitraum 2014 bis 2023 in einem Jahr selten mehr als zehn adulte Schlingnattern im Untersuchungsgebiet aufgehalten, und von Jahr zu Jahr sind wohl auch nur wenige hinzugekommen (Abbildung 30), sei es durch

Abbildung 30 Die bis heute längste Zeitreihe zu Schlingnattern in der Schweiz dokumentiert die Population im Naturschutzgebiet 55 Sense-Schwarzwasser (BE). Die blauen bzw. grauen Flächen zeigen den 95 %-Vertrauensbereich der Schätzungen.

Einwanderung oder durch Übergang im Untersuchungsgebiet Geborener in die Population der Geschlechtsreifen. Das ergibt entlang der beiden Flussabschnitte zwar je nach Grosszügigkeit bei der Abgrenzung des Untersuchungsgebiets eine Dichte von 2 bis 3 adulten Schlingnattern pro Hektar. Bei insgesamt so wenigen Tieren müssen wir davon ausgehen, dass der Lebensraum der Population wesentlich grösser ist, als von uns ursprünglich vermutet. Tatsächlich liegen von einer Bahnböschung oberhalb des Sensegrabens, 200 m Luftlinie von den nächstgelegenen Funden, mehrere Schlingnatter-Beobachtungen vor. Bis anhin sind keine Wanderbewegungen zwischen Bahnlinie und Flusslauf dokumentiert, anhand von Wiederfängen jedoch für fünf Tiere Ortswechsel entlang der Sense über Distanzen von 230, 315 und 900 m innerhalb einer Saison.

Immerhin reichten die inzwischen 18 Jahre Datenerhebung aus, um zu dokumentieren, wie die Schlingnattern am Schwarzwasser im Juli 2010 vom Jahrhunderthochwasser mitsamt dem von ihnen bewohnten Uferabschnitt weggespült wurden und die in den Folgejahren allmählich neu entstandene Böschung wieder besiedelten. Die drei nach 2010 aufgetretenen Hochwasser (2014, 2021, 2023) vermochten den Lebensraum nicht derart zu beeinträchtigen, dass den Schlingnattern eine Wiederbesiedlung verunmöglicht wurde.

Ortswechsel zwischen Schwarzwasser und Sense konnten wir bis heute nicht beobachten. Die Kiesbank am Fuss der sehr steilen Uferböschung des unteren Schwarzwassers steht regelmässig unter Wasser. Schlingnattern müssten schwimmend vom einen an den anderen Flusslauf gelangen oder über Land ohne Sichtschutz einem schmalen, von Menschen begangenen Felspfad entlang kriechen.

Die Funde pro Kontrollgang haben über die Jahre kontinuierlich zugenommen. Einerseits haben wir die ursprünglich zufällig ausgelegten Platten nach dem System eines adaptiven Designs um weitere ergänzt. Andererseits schätzen die Freiwilligen die für Funde günstigen Wetterverhältnisse und Tageszeiten immer besser ein. Und vielleicht haben über die Jahre auch mehr Schlingnattern die Platten entdeckt und genutzt. Mit einer jährlichen Überlebensrate von geschätzt 73 % bestehen gute Chancen, einer Mehrzahl der im Vorjahr gefundenen Tiere wieder zu begegnen. Ein Männchen befand sich 2024 das dritte Jahr in Folge bereits am Tag, an welchem wir im Frühjahr die Platten wieder auslegten, unter einer Platte, die wir auf dem Rückweg kontrollierten.

Der «Beifang» an Ringelnattern übertraf mit über 2300 Beobachtungen diejenigen der Schlingnattern um ein Vielfaches, weshalb die andere im Gebiet heimische Schlangenart aus Kapazitätsgründen nicht miterfasst wurde: Über alle Jahre gemittelt begegneten die Freiwilligen etwa bei jeder zweiten Probenahme einer Schlingnatter, bei jeder Probenahme aber im Mittel sechs Ringelnattern.

Dass bei der Schlingnatter auch andere Zahlen möglich sind, erzählt ebenfalls eine Geschichte aus dem Berner Mittelland: In einer in den 1970er-Jahren eröffneten Kiesgrube kümmerten sich Umweltfachleute seit Jahren um die Erhaltung einer hohen Artenvielfalt, begegneten jedoch nie einer Schlingnatter. Im August 2016 dann stiess jemand von ihnen überraschend auf ein Exemplar, und kurz darauf begannen

Freiwillige unter Zuhilfenahme von Platten systematisch nach der Art zu suchen. Auf naturnahen Flächen in der Grube und der unmittelbaren Umgebung identifizierten sie bis 2023 anhand von Fotos schier unglaubliche 59 Schlingnattern – und das allein auf den abgesuchten knapp zwei Hektaren. Irgendwie erinnert die Geschichte an die bereits angesprochenen Würfelnattern am Lopper. Zwar geht die Population in der Kiesgrube kaum auf gezielte Aussetzungen zurück, höchstwahrscheinlich aber auf Tiere, die aus dem Berner Oberland mit Schnittgut von Parkanlagen und Gärten verschleppt wurden. Die Neuankömmlinge trafen auf einen mit Beutetieren in Gestalt von Mauereidechsen reich gedeckten Tisch und eine passend möblierte Umgebung. Auf welchem Niveau sich der Bestand dereinst einpendelt, dürften die kommenden Jahre zeigen.

Die wohl längste Zeitreihe von Eidechsenzählungen in der Schweiz geht auf Lionel Maumary zurück. Seit 1984 überwacht er bei St-Sulpice (VD) im Bereich der Mündung der Venoge in den Genfersee eine kleine Population von Smaragdeidechsen (Abbildung 31). 1997 begann er im Rahmen eines Monitoringprojekts die beobachteten Eidechsen zu protokollieren. In jährlich Dutzenden von Begehungen kamen derart viele Beobachtungen und Fotos zusammen, dass er die Tiere schliesslich individuell unterscheiden konnte und als Adulte, Subadulte oder im Untersuchungsjahr Geschlüpfte erfasste. Auch wenn stets etliche Tiere übersehen oder mehrfach gezählt wurden, können wir davon ausgehen, dass die Fehlerraten über die Zeit stabil blieben und die in Abbildung 32 dargestellten Zahlen somit als Index für die tatsächliche Grösse der Smaragdeidechsenpopulation taugen.

2005 sichtete Maumary erstmals eine Mauereidechse im Untersuchungsgebiet, in den Folgejahren nahm die Anzahl Beobachtungen rasant zu. Gleichzeitig vermutet er einen etwa 2017 einsetzenden Rückgang der Smaragdeidechse, der durch das Hochwasser im Sommer 2021 noch beschleunigt wurde, als ein grosser Teil des Lebensraums der Population unter Wasser stand.

Abbildung 31 Die Hauptvorkommen der Smaragdeidechse liegen im Wallis und Tessin. Dieses Pärchen lebt in den Rebbergen der Follatères in Fully (VS). (Foto: Sabine und Nicolas Gard)

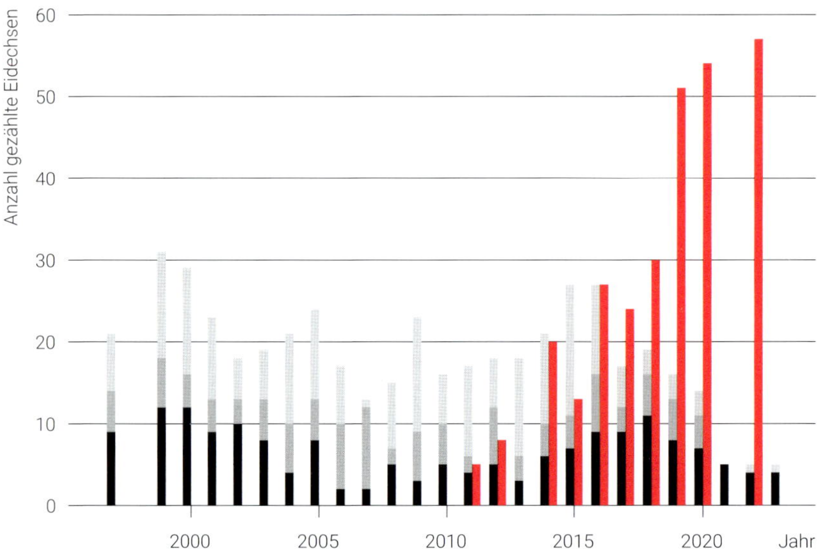

Bei aller Unschärfe in den Daten sind ein enormer Anstieg der Mauereidechsen- und ein stetiger Rückgang der Smaragdeidechsen-Beobachtungen offensichtlich (Abbildung 32). Dass zwischen beiden Verläufen ein Zusammenhang besteht, ist nicht auszuschliessen, doch wie uns das Beispiel von Viper- und Würfelnatter weiter östlich am Genferseeufer lehrt, ist die Sache meist etwas komplizierter (siehe Kapitel 13.2). Und die Möglichkeit, dass die kleinere Mauereidechse der grösseren Smaragdeidechse vielleicht weniger als Konkurrentin, sondern eher als Fressfeindin ihres Nachwuchses zusetzt, diskutieren wir in Kapitel 13.3.

Abbildung 32 Von Lionel Maumary seit 1997 gezählte Eidechsen im Bereich der Mündung der Venoge in den Genfersee. Auffallend sind die rückläufigen Zahlen juveniler Smaragdeidechsen (hellgraue Balkenabschnitte) bei gleichzeitiger Zunahme der Beobachtungen von Mauereidechsen (rot). Die dunkelgrauen Balkenabschnitte beziffern Subadulte, die schwarzen Adulttiere.

4.3 Wie viele Populationen haben wir übersehen?

In den 1980er- und 1990-er-Jahren entstanden in vielen Kantonen sogenannte Reptilieninventare. Fachleute schwärmten nicht bloss mit dem Auftrag aus, bereits bekannte Fundorte von Echsen und Schlangen kartografisch als Lebensräume zu erfassen, sondern die Landschaft umfassender nach weiteren Vorkommen abzusuchen. Die hierfür verfügbaren Mittel reichten selten für mehr als zwei bis drei Begehungen einer als Reptilienlebensraum verdächtigten Fläche. Reicht dieser Aufwand bereits für eine realistische Einschätzung des Status der Arten und ihrer tatsächlichen Verbreitung? Riskieren wir nicht einfach, viele Vorkommen zu übersehen?

Marc Kéry hat sich in den 1990er-Jahren eingehend mit diesem Problem beschäftigt. Über fünf Jahre besuchte er im östlichen Schweizer Jura insgesamt 645-mal 87 Orte, für welche Nachweise mindestens einer Aspisviper, Schlingnatter oder Ringelnatter vorlagen. Er nutzte keine künstlichen Schlupfwinkel als Nachweishilfen, vertraute also einzig auf seine Erfahrung im Aufspüren der Schlangen. Für jede Art schätzte er zunächst mit den Daten der Orte, an welchen sie sicher vorkam, die Wahrscheinlichkeit, ihr anlässlich einer Begehung zu begegnen, dann die Faktoren, welche sie beeinflussten, und schliesslich die Anzahl Begehungen ohne Nachweis, die nötig sind, um die Art von einem Ort ohne Nachweis mit hoher Sicherheit auszuschliessen.

Zunächst zeigte sich, wenig überraschend, eine Abhängigkeit der Entdeckungswahrscheinlichkeit von der Populationsgrösse. Sind viele Tiere da, ist die Chance, auf eines zu treffen, grösser als in kleinen Beständen. So schwankte bei der Aspisviper die Wahrscheinlichkeit, anlässlich einer Begehung mindestens ein Tier zu sehen, zwischen 23 % und 70 %. Bei der Schlingnatter reichte die Bandbreite von 9 % bis 56 %, bei der Ringelnatter von 11 % bis 25 %. Die Wahrscheinlichkeiten unterschieden sich auch von Monat zu Monat und im Fall der Schlingnatter zwischen den Lebensraumtypen.

Der Forscher empfiehlt, einfach einmal davon auszugehen, dass Orte, die uns für eine bestimmte Art als Lebensraum geeignet scheinen, von einer kleinen Population dieser Art besiedelt seien. Wollen wir nun zu 95 % sicher sein, dass die Art dort doch nicht vorkommt, müssten wir seiner Schätzung zufolge für Aspisvipern 12 (9 bis 17) Begehungen ohne Nachweis haben, für Ringelnattern 26 (16 bis 43) und für Schlingnattern nicht weniger als 34 (19 bis 64). Auch wenn diese Zahlen mit dem Einsatz künstlicher Schlupfwinkel sicher tiefer ausfallen, übersteigen sie doch den in Inventaren üblichen Suchaufwand bei Weitem. Die Entdeckungswahrscheinlichkeiten der meisten Reptilienarten sind so gering, dass mit einem Aufwand von maximal drei Begehungen viele Populationen schlicht übersehen wurden. Verlassen wir uns allein auf die vorliegenden Beobachtungen, riskieren wir den Status vieler Arten zu pessimistisch einzuschätzen. Marc Kérys Arbeiten flossen denn auch in die Entwicklung sogenannter *site occupancy models* ein. Solche – frei übersetzt – «Belegungsmodelle» schätzen unter Einbezug der Entdeckungswahrscheinlichkeit u.a. den Anteil von einer bestimmten Art tatsächlich besiedelter an der Gesamtzahl untersuchter Orte, gehen also von der Möglichkeit aus, dass eine Art an einigen Orten übersehen wurde.

Alberto Conelli und Marco Nembrini machten sich Belegungsmodelle zunutze, um die Entwicklung der Würfelnatter-Vorkommen im Tessin einzuschätzen. Die 317 bis 2002 in der karch-Datenbank erfassten Würfelnatter-Beobachtungen liessen sich zu 149 Uferabschnitten von Fliessgewässern und Seen von je einem Kilometer Länge gruppieren. Von denen haben die Forscher 57 zufällig ausgewählt, zwischen März 2006 und Oktober 2007 je dreimal abgesucht und anschliessend unter Berücksichtigung der Entdeckungswahrscheinlichkeit der Würfelnatter den Anteil tatsächlich besetzter Abschnitte geschätzt. Ihre insgesamt 218 Beobachtungen ergaben eine für unsere Schlangenarten relativ hohe Entdeckungswahrscheinlichkeit von 65 %, also eine Sichtung der Würfelnatter bei zwei von drei Begehungen. So konnten sie die Präsenz der Würfelnatter an 40 der 57 Uferabschnitte direkt bestätigen. Gemäss der Schätzung des Belegungsmodells besiedelt die Schlange jedoch etwa 81 % der überprüften Abschnitte, wurde also an etwa sechs übersehen.

An etlichen Flussläufen, von welchen nur ältere oder höchst sporadische Beobachtungen vorlagen, liess sich die Präsenz der Würfelnatter nicht mehr bestätigen, so an der Verzasca, Melezza, Magliasina, Mara, Sovaglia und Breggia sowie am Riale di Progero und Laveggio. Gewässerkorrektionen, Verbauungen und die Verbuschung der Uferzonen könnten hier die kleinen Würfelnatter-Populationen zum Verschwinden gebracht haben. Dagegen scheinen die Hauptbestände an den Seeufern sowie entlang der Flüsse Maggia, Ticino, Brenno, Vedeggio und Tresa stabil zu sein, und die aktuellen Bestandszahlen sind relativ hoch.

Könnten wir wenigstens für wasserlebende Reptilienarten wie die Würfelnatter die Entdeckungswahrscheinlichkeit erhöhen, indem wir diese mit molekularen Methoden zu einer Nachweiswahrscheinlichkeit erweitern, die ohne von blossem Auge erkennbare Spuren der Art auskommt? Mathieu Raemy überprüfte 2016, ob sich Europäische Sumpfschildkröten in unseren Gewässern allenfalls anhand von DNA-Spuren *(environmental DNA, eDNA),* die in Wasserproben zurückbleiben, nachweisen lassen. Hierzu analysierte er einerseits Proben aus fünf Wasserbecken von Schildkrötengehegen, andererseits aus 15 natürlichen Weihern im Naturschutzgebiet Moulin-de-Vert. Der Nachweis der Schildkröte mittels eDNA gelang mit Proben aus Wasserbecken und aus seichten Weihern besser als mit den Proben aus grossen, tiefen Weihern. Allgemein war die Nachweiswahrscheinlichkeit zwar höher als auf Sicht, aber immer noch tiefer als beim Keschern mit Netzen. Bei geringer Schildkrötendichte dürfte sich die Art in grösseren Weihern mit eDNA schlicht nicht entdecken lassen. Stand heute können wir die Methode bei wasserlebenden Reptilien also allenfalls ergänzend zu den konventionellen Methoden einsetzen.

4.4 Was lehren uns all die Zählungen und Schätzwerte?

In der Summe sind all die Momentaufnahmen von Reptilienpopulationen mehr als nur Zahlen im leeren Raum. Die Dichtewerte geben uns eine Idee von der Kapazität der Lebensräume, vom «Fassungsvermögen» einiger Schweizer Landschaften bezogen auf eine bestimmte Reptilienart. Daraus lässt sich grob ableiten, mit was für Flächen wir je nach Region und Lebensraum rechnen müssen, wollen wir eine überlebensfähige Population einer bestimmten Grösse erhalten oder aufbauen.

Unter den Schlangen verfügen wir bis heute nur zu den beiden Giftschlangenarten und der Schlingnatter über mehrere Schätzungen einer Dichte oder Populationsgrösse aus unterschiedlichen Regionen. Bei Kreuzottern oder Aspisvipern liegen bezogen auf die von den Forschern jeweils als tatsächlichen Lebensraum der Population vermutete Fläche alle Dichtewerte im Bereich von 2 bis 4 Adulten pro Hektar. Und für die heimliche Schlingnatter gilt, wenn sie mit anderen Schlangenarten zusammenlebt: Wir sehen von ihr nicht nur deutlich weniger Individuen als von den anderen, es sind stets auch deutlich weniger.

Zu Ringel-, Äskulap- und Zornnatter liegt nur je eine Dichteschätzung vor, und die beträgt bei der Ringelnatter vielleicht 3 Adulte pro Hektar, bei den beiden anderen, bezogen auf die als tatsächlichen Lebensraum der Populationen vermutete Fläche, weniger als zwei pro Hektar.

Streckenwerte, zum Beispiel die Anzahl Tiere pro 100 m Uferlänge, Waldrand oder Wegböschung, fallen üblicherweise deutlich höher aus, da wir mit eindimensionalen Untersuchungsgebieten den von der Population tatsächlich beanspruchten Lebensraum nicht erfasst haben. Doch selbst auf Flächenwerte umgerechnet, sind die an Seeufern ermittelten Dichten an Viper- und Würfelnattern ausserordentlich hoch. Wie unstabile Verhältnisse solche Werte bisweilen abbilden, zeigte der sich in Philippe Bendels Zahlen abzeichnende starke Rückgang der Würfelnatter-Population am Alpnachersee: Selbst wenn ihnen ein ganzer See voller Fische zur Verfügung steht, können Populationen nicht einfach ins schiere Unendliche weiterwachsen.

Dass sich die Dichtewerte von Schlangen und Eidechsen unterscheiden, ist keine Überraschung, schliesslich stehen sie in der Nahrungskette auch nicht auf derselben Stufe. Die Studien zeigen die Grössenordnung dieses Unterschieds: Bei Schlangen sprechen wir von weniger als zehn Tieren pro Hektar, bei Eidechsen können es auf derselben Fläche ohne Weiteres Hunderte sein.

Die Populationsgrössen stehen mehr für sich, helfen aber Reptilienschützern, die Position eines Bestands auf dem Sorgenbarometer zu verorten. Rechnen wir die Schätzwerte aus dem Alpenraum auf ganze Talflanken hoch, kommen wir oft auf Populationen von mehreren Hundert oder Tausend Reptilien, auf Zahlen also, die keinen Anlass zur Sorge geben. Am anderen Ende der Skala stehen im Mittelland die Kleinstbestände von vielleicht zwei, drei Dutzend Schlingnattern, die gemäss Lehrbuch einem hohen Aussterberisiko ausgesetzt sind und uns somit zum Handeln auffordern – mit welcher Dringlichkeit, versuchen wir in Kapitel 9.3 zu ergründen.

Zahlt sich ein langer Atem aus? Die Zeitreihe von Äskulap- und Zornnattern aus dem Mendrisiotto war schlicht zu kurz und der Aufwand an Probenahmen zu gering, um aussagekräftige Schätzwerte zur Dynamik der Populationen zu gewinnen. Die neun Jahre im Berner Oberland enthielten mit dem Hitzesommer 2003 immerhin ein Ereignis, das sich auf die Populationsdynamik der Schlangen ausgewirkt haben könnte. Leider fiel es mit einer methodischen Umstellung zusammen, die wohl ebenfalls ihre Spuren hinterlassen und den markanten Schnitt in den Schlingnatter-Daten zumindest mitverursacht haben könnte. Stefan Dummermuths bis 14 Jahre langen Zeitreihen zu Aspisvipern im Jura gewähren uns erstmals für eine Region bestandsübergreifende Einblicke in die Populationsdynamik einer Art. Die 16 Jahre Schlingnatter-Monitoring im Naturschutzgebiet Sense-Schwarzwasser vermochten die Zerstörung und Wiederbesiedlung eines Lebensraums in einer dynamischen Flusslandschaft zu dokumentieren. Lionel Maumarys seit 27 Jahren laufenden Zählungen von Eidechsen an der Venoge-Mündung zeigen, wie rasch und in welchem Ausmass die Mauereidechse in diesem Gebiet zahlenmässig zugelegt hat. Wieviel sie zu den rückläufigen Zahlen der grösseren Verwandten beigetragen hat, bleibt dagegen unklar. Auch die in Kapitel 13.2 besprochenen 26 Jahre Überwachung der Würfel- und Vipernattern am Genfersee vermochten zwar die kurzfristige Wirkung eines Wegfangexperiments zu zeigen, nicht aber, welchen Anteil die Würfelnatter am Rückgang der Vipernatter hat. Eine detaillierte Auswertung Hans Schmockers 10 Jahre langer Zeitreihe von Kreuzottern im Oberengadin steht noch aus, seine Daten sind aber aufschlussreich in Bezug auf das Thema *Homing* in Umsiedlungsprojekten, d.h. auf die Neigung umgesiedelter Reptilien, in ihren ursprünglichen Heimbereich zurückzukehren. Mehr dazu in Kapitel 12.1.

Und zu guter Letzt tragen Zeitreihen zur Beantwortung einer unter Laien beliebten Frage bei: Wie alt können sie werden? In Trubschachen haben wir 2021 ein Schlingnatterweibchen gefangen, das anhand einer Narbe eindeutig als 2008 erstmals gefangen und damals schon ausgewachsen identifizierbar war. Im Engadin fing Sylvain Ursenbacher 2002 ein Kreuzotterweibchen, welches Andreas Moser 1984 oder 1985 mittels Gefrierbrand markiert hatte. Dann gibt es Stefan Dummermuths «Methusalix» aus dem Solothurner Jura. Erstmals sah er das bereits adulte Aspisvipermännchen im September 1986, letztmals im August 2004. Addieren wir die 3 bis 4 Jahre bis zur Geschlechtsreife, dann ist das Tier sicher über 20 Jahre alt geworden. Nehmen wir zu diesen Anekdoten noch die Daten hinzu, die Philipp Bendel von 53 toten Würfelnattern mittels Skelettchronologie gewonnen hatte, dann liegen wir wohl etwa richtig, wenn wir im Reptilienkurs behaupten, Schlangen könnten 10 bis 15 Jahre und ausnahmsweise auch mal 20 oder gar 25 Jahre alt werden.

Auflösung des Rätsels zur Abbildung 15 auf S. 49

Das dritte Bild von links in der obersten Reihe und das zweite Bild von links in der zweitobersten Reihe zeigen dasselbe Tier.

5

Wärmesummen und Masseneiablageplätze – die Sorge ums Reptilienei

Im März 2002 machte mich ein Wildhüter auf ein Bienenhaus im Grossen Moos (BE) aufmerksam, wo seit einigen Jahren jeden Frühsommer Ringelnattern erschienen und sich unter den Gehwegplatten vor den Einfluglöchern der Bienen verkrochen. Der Imker meinte, es würden jedes Jahr mehr und es gäbe da ja bald «meh Schlange aus Beieli». Ein Blick unter die Platten bestätigte unseren Verdacht: Den Ringelnatterweibchen diente das darunterliegende feuchte Erde-Sand-Gemisch als Ablagesubstrat (Abbildung 33). Die nicht optimalen Temperaturverhältnisse unter den Platten veranlassten uns zur Anlage einer alternativen Ablagemöglichkeit. Im Mai erstellten wir keine zwanzig Meter vom Bienenhaus entfernt einen Haufen aus etwa einem Kubikmeter Kompost. Die Kontrolle des Haufens sowie ein Blick unter die Platten im Herbst ergab, dass bereits eine Mehrheit der Weibchen in den Haufen abgelegt hatte, wo 77 % der 630 Eier zum Schlupf gelangten. Immer noch 281 Eier zählten wir unter den Platten, die Schlupfrate lag dort aber bloss bei 28 %. Bei einer durchschnittlichen Gelegegrösse von 30 Eiern hatten also etwa 30 Weibchen den Ort zur Ablage aufgesucht. Leider bereiteten die Terrainveränderungen im Zusammenhang mit der Hochwassersanierung des Hagneckkanals dem Schlangenspektakel und unseren Plänen für weitere Untersuchungen ein vorzeitiges Ende. Dennoch führte uns die Geschichte mitten in den angewandten Reptilienschutz und zu Fragestellungen rund um optimale Ablagesubstrate, ökologische Fallen und Masseneiablageplätze. Aber zunächst holen wir etwas weiter aus.

Abbildung 33 Nur etwa ein Drittel der Eier, welche Ringelnattern unter diesen Gehwegplatten abgelegt hatten, gelangte zum Schlupf. (Foto: Ueli Hofer)

Abbildung 34 Ringelnattern schlüpfen aus dem Ei. Die Eiablagestätte hat also die von Ringelnattereiern benötigte Temperatursumme erreicht, und es wurde auch nie zu lange zu heiss, zu trocken oder zu nass. (Foto: Stefan Dummermuth)

5.1 Wie begrenzt die Temperatur die Ausbreitung eierlegender Reptilienarten in der Schweiz?

In einem Land wie der Schweiz mit einer derartigen Höhenausdehnung erreichen die meisten Tier- und Pflanzenarten Verbreitungsgrenzen, die irgendwie mit der Höhe über Meer gekoppelt sind. Salopp ausgedrückt ist es vielen in den Bergen zu kalt, einigen im Flachland zu warm. Über welche Mechanismen begrenzen insbesondere höhere Lagen die Verbreitung der Reptilien? Ist die Saison zu kurz zum Aufbau der für Fortpflanzung und Überwinterung nötigen Energiereserven? Fehlt es an überlebenswichtigen Ressourcen, etwa frostsicheren Überwinterungsstätten oder – im Fall der eierlegenden Arten – an ausreichend warmen Eiablagestätten?

Eier müssen ausgebrütet werden, soll dereinst etwas aus ihnen schlüpfen. Bei unseren Reptilien setzt sich kein Elternteil aufs Gelege. Das Ausbrüten wird der

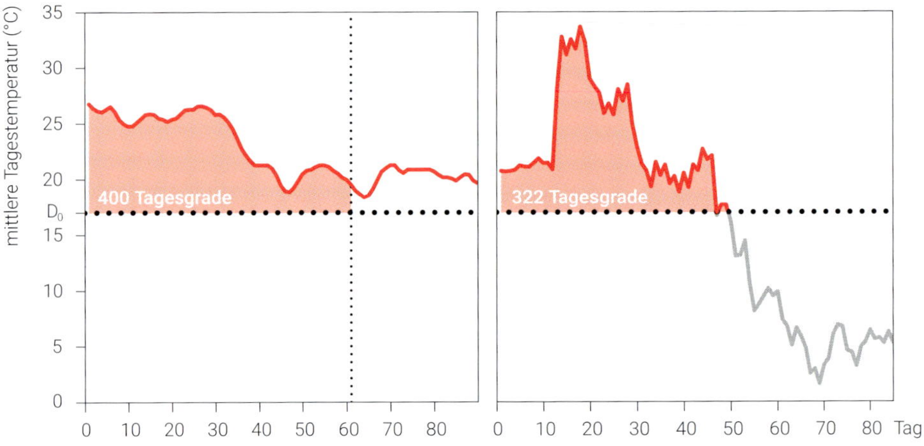

Umgebung überlassen, in welcher das Weibchen ablegt und die Eier zurücklässt. Das kann zum Beispiel ein Haufen aus organischem Material sein, in welchem die im Verrottungsprozess entstehende Wärme die Eientwicklung voranbringt (Abbildungen 40 und 41), oder lockeres Erdreich (Abbildung 39), in welchem die Sonneneinstrahlung als Wärmequelle wirkt.

Die Sache beginnt damit eigentlich beim Entwicklungsnullpunkt (D0, *developmental zero*), der Umgebungstemperatur, ab welcher die Entwicklung der Embryonen in den Eiern einsetzt. Überschreiten die Temperaturen einer Eiablagestätte nie den Entwicklungsnullpunkt, dann passiert nichts. Doch selbst wenn sie es tun, bedeutet das keineswegs, dass die Eier bis zum Schlupf gelangen. Damit sind wir bei der Temperatursumme (Hs, *heat sum*), der als Anzahl Tagesgrade berechneten Wärmemenge, welche die Embryonen für ihre Entwicklung bis zum Schlupf benötigen (Abbildung 34). Beide Werte, D0 und Hs, unterscheiden sich von Art zu Art, wobei der zweite nicht ohne den ersten zu haben ist, denn die Temperatursumme erhalten wir durch Aufsummieren der Tagesmittelwerte (in °C) über dem D0. Und ganz so einfach ist es eigentlich nicht, denn je weiter entwickelt ein Embryo ist, desto weniger vermögen höhere Temperaturen seine weitere Entwicklung zu beschleunigen. Diesen Sachverhalt packte der deutsche Biologe Norbert Schneeweiss in eine Formel für Hs, die einen

Abbildung 35 Wärmesummen in zwei Haufen von 1 m^3 Volumen. Im Komposthaufen (links) wurden die für Ringelnattereier nötigen 400 Tagesgrade bereits nach 61 Tagen erreicht (rote Fläche, senkrechte Linie). Im Haufen aus Hackschnitzeln und Tannnadeln (rechts) schwankten die Temperaturen stark, summierten sich bis Tag 49 aber nur auf 322 Tagesgrade, dann fiel die Temperatur im Haufen dauerhaft unter den Entwicklungsnullpunkt (D0).

Grenzwert enthält, welcher während der Eientwicklung in Abhängigkeit vom bisherigen Verlauf der Temperatur in der Umgebung des Geleges sinkt und so den Beitrag eines Tagesmittelwerts zur Wärmesumme «deckelt», sobald dieser den Grenzwert überschreitet. Müssten wir also etwas Abzug einrechnen, damit wir die Wahrscheinlichkeit nicht überschätzen, dass sich an einem von uns angelegten Eiablageplatz Eier unserer Zielart entwickeln? Abbildung 127 in Kapitel 12.2 zeigt, nach der Formel von Schneeweiss gerechnet, die Wärmesummen von 17 Böden, die Charlotte Ducotterd als Eiablagestätten im Rahmen eines Wiederansiedlungsprogramms der Europäischen Sumpfschildkröte evaluiert hat. Nur bei den fünf wärmsten Böden, deren Wärmesummen ohnehin bereits weit über dem erforderlichen Minimum liegen, überschätzte die unkorrigierte Addition der Tagesmittel die Wärmesumme, und zwar um 20 bis 100 Tagesgrade.

Als optimal für die Entwicklung von Reptilieneiern gelten allgemein Temperaturen zwischen 24 und 31° C. Sind die Eier längere Zeit Werten über 40 °C ausgesetzt, sterben sie ab, tiefe Temperaturen tolerieren sie besser und über längere Zeit als hohe. Der Entwicklungsnullpunkt ist keine magische Zahl. Er lässt sich ungefähr berechnen, sobald die Entwicklungsdauer unter mehreren Temperaturen bekannt ist. Dennoch wurde der D0 bisher nur für wenige Reptilienarten bestimmt. Bei den meisten liegen die Werte irgendwo zwischen 14,6 und 19 °C. Der Basler Biologieprofessor

Abbildung 36 Ein Freilandexperiment mit Eiern der Zauneidechse. Die Gelege entwickelten sich entweder unter freiem Himmel (Vordergrund) oder im Schatten von Panzerrollscheiben, die den Schattenwurf von Lärmschutzwänden simulierten. (Foto: Petra Graf)

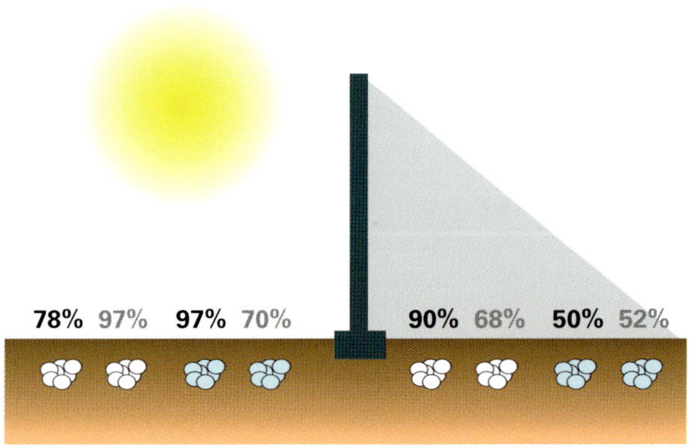

Adolf Portmann stellte in den 1930er-Jahren fest, dass unmittelbar nach der Ablage in einen Thermostat verbrachte Ringelnattereier bei konstant 30 °C stets nach 31 Tagen zum Schlupf gelangten. Bei einem angenommenen D0 von 17 °C beträgt die für den Schlupf benötigte Temperatursumme also etwas mehr als 400 Tagesgrade. Eier der Europäischen Sumpfschildkröte benötigen bei einem angenommenen D0 von 18 °C gemäss Norbert Schneeweiss 310 bis 320 Tagesgrade.

Das Gadmental im Berner Oberland besiedeln Ringelnattern bis auf über 1700 m. Beim Holzschlag fallen hier regelmässig grosse Mengen an Tannnadeln, Hackschnitzeln und Rindenstücken an, die sich leicht zu Haufen schichten und so den Ringelnattern als Eiablagemöglichkeit anbieten liessen. Die Versuche von Marlies Jahn zeigten jedoch, dass das Material die nötigen 400 Tagesgrade weder auf 1300 m noch auf

Abbildung 37 Mittlere Schlupfraten von Zauneidechsengelegen bei im Feld (schwarze Zahlen) oder im Labor (graue Zahlen) simulierten Bedingungen unter Besonnung (linke Seite) und im Schatten einer Lärmschutzwand (rechte Seite). Blau sind die Gelege der vor der Ablage in kalten Terrarien gehaltenen Weibchen, weiss diejenigen der in warmen Terrarien gehaltenen.

560 m erreicht (Abbildung 35 rechts). Stehen ihnen keine Mist- oder Komposthaufen zur Verfügung, legen die Schlangen in höheren Lagen ihre Eier wohl überwiegend in Hohlräume von Blockverbauungen, Mauern und Geröll, wo die von den sonnenbeschienenen Steinen aufgenommene und wieder abgestrahlte Wärme die Gelege zum Schlupf bringt. Solche Hohlräume sind jedoch schlecht gegen Temperaturschwankungen gepuffert. Überschreiten die Temperaturen kurzzeitig die kritische Obergrenze, sterben viele Eier oder gar ganze Gelege ab. Die Höhenverbreitung der australischen Echsenart *Bassiana duperreyi*, die ihre Eier im Boden verbuddelt, wird wohl auf diese Weise begrenzt: Ab einer bestimmten Höhe überschreiten die Ablagesubstrate, welche die nötige Wärmesumme gerade noch bieten würden, derart oft die kritische Temperatur, dass viele Gelege absterben und der insgesamt geringe Fortpflanzungserfolg die Bildung von Populationen verunmöglicht. Auch andere Beispiele lassen erahnen,

Abbildung 38 Eine frisch geschlüpfte Zauneidechse hat sich soeben aus dem Boden gebuddelt, in welchem sie sich im Ei entwickelte. (Foto: Petra Graf)

die Jungtiere aus allen Gelegen fast gleichzeitig, bei 22 °C diejenigen der beiden Genfer Weibchen aber jeweils eine Woche früher als die der Tessiner. Leider ist die Anzahl untersuchter Gelege zu klein, um den beobachteten Unterschied statistisch abzusichern, aber immerhin ein Hinweis, dass sich die Erweiterung des Pilotversuchs zu einem Experiment mit ausreichendem Stichprobenumfang lohnen könnte.

5.2 Wie finden Reptilienweibchen ihren Eiablageplatz?

Wird es an einem Eiablageplatz zu heiss oder erreicht er die erforderliche Temperatursumme nicht, geht das ganze Gelege verloren. Darüber hinaus können Reptilieneier auch vertrocknen, zerquetscht oder gefressen werden. Und selbst wenn es zum Schlupf kommt: Dauert die Eientwicklung sehr lange, bleibt den Schlüpflingen bis zur Überwinterung wenig Zeit, um zu fressen und an Grösse und Gewicht zuzulegen. Vergegenwärtigen wir uns, was da alles schief gehen kann, dann stehen Reptilienweibchen – wie die Biologin sagen würde – unter starkem «Selektionsdruck», was die Wahl eines Eiablageplatzes anbelangt. Sicher prüfen sie im Zeitraum des Auswahlverfahrens das Mikroklima eines potenziellen Ablageplatzes, insbesondere die Temperatur. Inwieweit noch andere Eigenschaften die Auswahl mitbestimmen, ist ansatzweise aus Laborexperimenten bekannt. In einem zeigte sich, dass Schlangenweibchen sich allein durch geruchliche Hinweise auf frühere Gelege zur Ablage stimulieren lassen. In einem anderen Experiment legten die Weibchen bevorzugt in Nestboxen, in denen sich bereits Hüllen von Reptilieneiern befanden und somit auf erfolgreichen Schlupf hinwiesen, ob das nun Eihüllen ihrer eigenen oder einer als Nesträuber bekannten Schlangenart waren.

Es gibt also unterschiedliche Reize, welche legebereite Reptilienweibchen zur Eiablage animieren können. Soweit die Erkenntnisse aus dem Labor. Wie aber läuft die Suche nach einem geeigneten Eiablageplatz draussen ab? Haben auch vererbte Fähigkeiten einen Einfluss, etwa sich Orte einzuprägen, um sie später wiederfinden zu können? Dass Reptilienweibchen wiederholt, gelegentlich über Jahre, denselben Ort zur Eiablage aufsuchen, ist für viele Echsen-, Schlangen- und Schildkrötenarten belegt. Einen Hinweis auf einen weiteren, möglicherweise entscheidenden Aspekt im Fortpflanzungsverhalten eierlegender Schlangen fand das Team des australischen

Abbildung 39 Welche Eigenschaften des Bodens und vielleicht auch der Umgebung haben dieses Mauereidechsenweibchen dazu gebracht, am Rande eines ehemaligen Reitplatzes seine Eier abzulegen? (Foto: Stefan Dummermuth)

Abbildung 40 Was für Vögel der Nistkasten, ist für Ringelnattern der Komposthaufen: Ein legebereites Weibchen dringt in einen als Eiablagestätte angelegten Haufen ein. Dass es nicht das erste ist, verraten die anderen Bohrlöcher. Reichte dieser Hinweis, um das Tier schliesslich zur Eiablage zu animieren? (Foto: Christine Wisler)

Schlangenforschers Richard Shine anhand einer Arbeit über die Wassernatterart *Tropidonophis mairii*. In Nordaustralien entdeckten die Forscher einen anderthalb Kilometer langen Damm, an dessen einer Seite Weibchen der erwähnten Art ihre Eier legen. So liess sich die voraussichtliche Ablagestelle vieler Weibchen mit relativ geringem Aufwand lokalisieren und räumlich einem 50 m-Abschnitt Dammlänge zuordnen. Legebereite Weibchen wurden eingefangen und bis zur Eiablage gehältert. Die im Labor frisch geschlüpften Töchter wurden individuell markiert und im 50 m-Abschnitt freigelassen, den ihre Mutter zuvor zur Eiablage aufgesucht hatte. Und wie sich zeigen sollte, suchten die geschlechtsreifen Töchter zur Eiablage wieder denselben 50 m-Abschnitt auf.

Tropidonophis mairii-Weibchen können in weniger als 12 Monaten geschlechtsreif werden. Zwischen der Eiablage der Mütter und Töchter verstreicht somit eine vergleichsweise kurze Zeit, eine für Experimente wie das eben beschriebene äusserst praktische Eigenschaft, die unsere eierlegenden Schlangenarten leider nicht bieten. Dennoch spricht nichts gegen die Annahme, dass auch bei uns legebereite Schlangenweibchen zunächst relativ zielstrebig den Ort ihres eigenen Schlupfs aufsuchen und erst in dessen unmittelbarer Umgebung auf Reize wie Temperatur, Feuchtigkeit und Hinweise auf einen früheren erfolgreichen Schlupf ansprechen. Da erstaunt es wenig, wenn viele unserer sorgfältig angelegten und aufwendig gepflegten Eiablageplätze während Jahren ungenutzt bleiben: Liegen sie nicht auf der weitgehend vorbestimmten Route wenigstens eines Weibchens, dann kommt bei vielen wohl schlicht und einfach keine Interessentin vorbei. Im Kanton Luzern boten die Projektverantwortlichen im Rahmen des «Artenhilfsprogramms Barrenringelnatter» im Zeitraum 2009 bis 2019 an 18 Orten Haufen als Eiablagestätten an. In 32 der 229 untersuchten Haufen fanden sie Gelege – meist eines bis drei pro Haufen und Jahr –, was über alle Jahre und Orte gemittelt einer Nutzungsrate von 16 % entspricht. Immerhin verteilten sich die 32 genutzten Haufen auf 15 der 18 Orte. Erstmals genutzt wurden sie meist zwei bis vier Jahre nach ihrer Anlage. Im Grossen Moos (BE) boten wir Ringelnattern an 12 Orten, 11 davon mit aktuellen Nachweisen der Art, während drei Jahren Komposthaufen zur Eiablage an (Abbildung 40), doch nur in vier fanden wir Gelege.

Mit nahezu 63 % eine deutliche höhere Nutzungsrate stellten Annie Zuiderwijk und Kollegen in den Niederlanden fest. Sie untersuchten zwischen 1988 und 1992 an 37 Orten insgesamt 72 als Eiablageplätze für Ringelnattern angelegte Haufen. Etwa drei Viertel der 45 Haufen, in denen sie Hinweise auf eine erfolgte Eiablage fanden, lagen allerdings an Orten, wo den Schlangen bereits seit mindestens acht Jahren eine Ablagemöglichkeit angeboten wurde. Und selbst bei ungünstigen Inkubationsbedingungen hielten die Weibchen am angestammten Ort der Eiablage fest.

5.3 Wie entstehen «Masseneiablageplätze» und welche Bedeutung haben sie?

Erinnern wir uns kurz an das bereits erwähnte Bienenhaus. Im Unterschied zu organischen Ablagesubstraten wie Kompost und Schnittgut, die mit der Zeit verrotten, bot das Erde-Sand-Gemisch unter den Gehwegplatten über Jahre zwar nicht optimale, aber doch einigermassen konstante Bedingungen für die Entwicklung von Reptilieneiern. Hier eintreffende Ringelnatterweibchen fanden ein günstiges Mikroklima und später Hinweise auf einen erfolgreichen Schlupf vor, also anscheinend genügend Reize, um hier selbst abzulegen. Unter den schweren Platten blieben die Gelege vor Nesträubern gut geschützt, die Schlüpfrate wurde einzig durch die Temperaturen gedrückt. Erreichten pro Weibchen stets mehrere Töchter die Geschlechtsreife und kehrten zur Eiablage hierher zurück, dann waren die Voraussetzungen zur Entstehung eines «Masseneiablageplatzes» gegeben. Tatsächlich sind solche gemeinschaftlichen Eiablageplätze unter Reptilien weit verbreitet. Unter den einheimischen Arten kennen wir sie von der Ringelnatter, Äskulapnatter und Zornnatter (Abbildung 41).

Ein Masseneiablageplatz ist nicht zwingend die Folge eines Mangels an geeigneten Ablagemöglichkeiten. In den 1990er-Jahren spekulierten Forscher in einer Übersichtsarbeit, in welchen Situationen der Schutz der Herde gemeinschaftlich ablegenden Reptilienweibchen und ihren Nachkommen Vorteile bieten könnte. Entdeckt ein Fressfeind die Ansammlung trächtiger Weibchen, versucht er zunächst mal eine Schlange zu erbeuten, währenddessen die anderen entkommen, ein «Verdünnungseffekt» (*dilution effect*), der für ein einzelnes Weibchen das Risiko reduziert, gefressen zu werden. «Räubersättigung» (*predator saturation*) wirkt dann, wenn der Fressfeind auf ein kurzzeitiges Überangebot an Beute trifft, zum Beispiel Dutzende oder Hunderte Schlüpflinge, von denen er nur einen Teil fressen kann. Doch gibt es auch Nachteile zu bedenken. Viele regelmässig genutzte Masseneiablageplätze, bei uns insbesondere Gründeponien, können für Reptilien leicht zur «ökologischen Falle» werden: Wird während der Eientwicklung Material entnommen oder umgelagert, können Gelege beschädigt oder freigelegt und auf diese Weise tödlichen Temperaturen ausgesetzt werden. Materialien oder Orte können zur Eiablagezeit die für legebereite Weibchen entscheidenden Eigenschaften aufweisen, diese aber nicht über den gesamten Zeitraum der Eientwicklung beibehalten, was ebenfalls überdurchschnittlich hohe Verluste unter den Gelegen zur Folge haben kann. Und während Weibchen vielleicht viel Energie in das Aufsuchen des gemeinschaftlichen Eiablageplatzes aufwenden müssen, profitieren ihre Parasiten dort vom kürzeren Weg zum nächsten Wirt.

Da also – soweit die Theorie – beide Strategien mit Vor- und Nachteilen behaftet sind, halten Fachleute ein stabiles Gleichgewicht zwischen einzeln und in Gruppen ablegenden Weibchen innerhalb derselben Population für wahrscheinlich. Irgendwie erinnert uns das an ein anderes vermutetes Gleichgewicht zwischen zwei Anpassungen. Es kam in Kapitel 3.2 zur Sprache und war bereits Gegenstand gezielter Untersuchungen.

5.4 Und wie packen wir das alles in einen Haufen?

Die Anlage von Eiablageplätzen ist eine sehr populäre Massnahme zur Förderung von Reptilien. Haufen aus organischem Material sind so einfach, rasch und kostengünstig anzulegen, dass man sich nach der Relevanz all der Erkenntnisse aus der Forschung fragen mag. Entwicklungsnullpunkt, Temperatursumme, Schlupfrate, Schlupfzeitpunkt ... – müssen wir das alles in einen Haufen packen?

Die für die Praxis wohl wichtigste Erkenntnis ist die Bindung vieler Reptilienweibchen an einen Eiablageplatz, möglicherweise gar an denjenigen ihres eigenen Schlupfs. Diese Bindung mag der Grund für viele ungenutzte unter den von uns angebotenen Haufen sein, sie birgt aber auch Potenzial zum Gestalten: Platzieren wir Gelege in neu angelegte Haufen und sorgen dafür, dass diese über Jahre weitgehend konstante Bedingungen bieten, können wir das Ablageverhalten der Weibchen vielleicht soweit «lenken», als dass ihnen lange und riskante Wege zwischen Jagdrevieren und Eiablageplatz erspart bleiben – und vielleicht dereinst auch ihren Töchtern.

Abbildung 41 Im Mendrisiotto (TI) nutzten Äskulap-, Zorn- und Ringelnattern gemeinsam einen Komposthaufen zwischen Kulturland und Wald zur Eiablage. (Foto: Ueli Hofer)

6

Beute – machen oder sein

Schnappschüsse fressender Schlangen eignen sich nicht zur Darstellung der ästhetischen Seite der Natur. Die Bildredaktion des 2001 erschienenen Reptilienatlas der Schweiz sortierte Aufnahmen Beute verschlingender Schlangen aus. Besonders die im Bild festgehaltenen Versuche, scheinbar übergrosse, gelegentlich noch lebende Beutetiere hinunterzuwürgen, könnten auf viele Menschen verstörend oder gar abstossend wirken und den ohnehin angeschlagenen Ruf der Schlangen nachhaltig schädigen, so die Begründung einiger Mitglieder. Die Fraktion der Mahnenden setzte sich damals durch. In diesem Kapitel lassen wir derartige Hemmungen fallen und tischen mit Bildern und Zahlen die ganze Wahrheit auf (Abbildung 42). Und zur grafischen Untermalung des Gezeigten verwenden wir ausnahmsweise Tortendiagramme. Die sind unter Statistikern zwar verpönt, wenn's ums Fressen geht, passen sie aber optisch wie vom Namen her. Die Übereinstimmung in der Ressourcennutzung zweier Arten, also auch bezüglich konsumierter Beutetiere, nennt sich im Fachjargon übrigens «Nischenüberlappung».

Abbildung 42 Geht's ums Fressen, verhalten sich die meisten Reptilien opportunistisch. Ergibt sich die Gelegenheit, muss es auch bei der Ringelnatter nicht immer Frosch oder Fisch, sondern darf auch mal eine Kohlmeise (*Parus major*) sein. (Foto: Charly Henninger)

6.1 Was fressen Reptilien in der Schweiz, und wie wählerisch sind sie?

Darauf angesprochen, was unsere Schlangen fressen, würden die meisten Befragten spontan wohl Mäuse nennen (Abbildung 43). Schliesslich behauptet doch der Naturschutz stets, wie nützlich Schlangen seien, weil sie Schädlinge der Landwirtschaft vertilgten. Und in den USA gingen Forscher gar so weit, den Umfang zu schätzen, in welchem Klapperschlangen mit dem Vertilgen von Kleinsäugern die Zeckenpopulation eindämmen und damit der Ausbreitung der Borreliose entgegenwirken. Mit unserem Streifzug durch die Menüpläne der heimischen Reptilien beginnen wir indessen nicht bei den Säugetieren.

Christoph Angst ertappte im Urserental (UR) eine Kreuzotter in flagranti beim Plündern eines Buchenfinkennests. Als Forscher liess er dem Spektakel seinen Lauf und hielt einige Szenen im Bild fest (Abbildung 44). Es schien sich um einen bedauerlichen Einzelfall zu handeln, denn seine eigentlichen Forschungsobjekte, die Birkenzeisige *(Acanthis flammea),* die im Geäst auf derselben Höhe über dem Boden brüten, erlitten zwar Verluste durch Nestplünderung, aber mehrheitlich durch Kleinsäuger, wie er anhand mit Paraffin gefüllter Eier nachweisen konnte.

Anders erging es den Bergpiepern *(Anthus spinoletta)* in einem Tal in der Region Davos. Dort beurteilte Kurt Bollmann über drei Sommerhalbjahre die relative Bedeutung von Umwelteinflüssen, die den Fortpflanzungserfolg dieser bodenbrütenden Vögel beeinträchtigen. Von total 387 untersuchten Nestern wurden 123 teilweise oder ganz ausgeraubt. Spuren am und um das Nest konnte Bollmann acht verschiedenen Tätern zuordnen, nicht weniger als 40 % davon der Kreuzotter. Waren Kreuzottern am Werk, blieb das Nest vollkommen unversehrt, doch lagen tot gebissene und vereinzelt verschleimte Nestlinge im oder unmittelbar neben dem Nest. Zu grosse Nestlinge würgten die Schlangen anscheinend wieder aus. Gelegentlich fand sich eine Kreuzotter im Nest zusammengerollt auf den oft noch lebenden Nestlingen. Die genannten Werte betreffen die Sonnen- und Schattenseite des Tals. Kreuzottern kommen nur auf der Sonnenseite vor. Berücksichtigt man nur die Brutversuche auf dieser Talseite, fallen die Zahlen noch bemerkenswerter aus: 134 Brutversuche, in 49 % der Fälle mit Prädation, wovon 70 % auf Kosten der Kreuzotter gehen. Von den 39 Erstbrutversuchen fielen gar deren 56 % Nesträubern zum Opfer, die Mehrheit davon Kreuzottern. Zusammengefasst: Auf der Sonnenseite des Tals beeinträchtigt Nestraub den Fortpflanzungserfolg des Bergpiepers am stärksten – mit der Kreuzotter als Haupttäterin.

Abbildung 43 Keine zu klein, eine Mäusejägerin zu sein? Diese junge Schlingnatter aus dem Zürcher Unterland hat eine halbwüchsige Rötelmaus (*Myodes glareolus*) überwältigt, scheitert aber am Herunterwürgen der doch etwas zu grossen Beute. (Foto: Res Kielholz)

Abbildung 44 Diese Kreuzotter aus dem Urserental (UR) scheute nicht den Aufwand und kletterte einen Meter hoch auf eine Reifweide, um an die Nestlinge von Buchfinken (*Fringilla coelebs*) zu gelangen. (Foto: Christoph Angst)

Mit seiner umfassenden Analyse der Nahrungsökologie von Kreuzotter und Aspisviper im westlichen Alpenraum rückte Jean-Claude Monney das Bild wieder zurecht. 42 der 43 Beutetiere, die er anhand von Kotproben und Röntgenaufnahmen von 26 Aspisvipern aus den Freiburger Voralpen identifizieren konnte, waren Kleinsäuger, nur in einem Fall deuteten Reste von Federn auf einen Jungvogel hin. Im Untersuchungsgebiet im Berner Oberland, wo beide Giftschlangen gemeinsam vorkommen, fanden sich unter den 410 in Kotproben identifizierten Beutetieren lediglich drei Vögel, und zwar einzig im Kot der Aspisviper. Mit 62,2 % Anteil erwiesen sich Kleinsäuger, allen voran Feldmäuse, zahlenmässig klar als die Hauptbeutetiere der beiden Giftschlangen, gefolgt von Bergeidechsen (33,7 %) und Amphibien (3,4 %). Ein Blick auf die konsumierte Biomasse verdeutlicht die Bedeutung der Kleinsäuger zusätzlich: Sie beträgt 89 %, unter den über 40 cm langen Schlangen gar 92 %. Die Biomasse an konsumierten Bergeidechsen bleibt in dieser Grössenklasse lediglich bei etwa 6 % (Aspisviper) bzw. 4 % (Kreuzotter). Bedeutender sind sie für sich fortpflanzende Weibchen (19,6 % bzw. 31,5 %), 30 bis 40 cm lange (30,6 % bzw. 41,8 %) und vor allem für die unter 30 cm langen Schlangen (72,6 % bzw. 87,8 %). Jungtiere der Aspisviper sind grösser als die der Kreuzotter und daher weniger lange von Eidechsen als Beutetiere abhängig. Somit könnten sie die Kreuzotter aus eidechsenarmen Sektoren verdrängen.

Die Nahrungsspektren der beiden Arten sind sehr ähnlich, die Übereinstimmung liegt insgesamt bei 98 % und innerhalb einer Grössenklasse immer noch bei über 90 % (Abbildung 45). Die Kreuzotter frisst aber wesentlich mehr Frösche als die Aspisviper. Die Zusammensetzung der Nahrung ändert sich im Laufe der Entwicklung. Bergeidechsen sind klar die Hauptbeute der Jungschlangen – als solche definiert, wenn unter 40 cm lang –, mit zunehmender Körpergrösse erweitert sich das Nahrungsspektrum allmählich. Wahrscheinlich, weil sie im Schnitt grösser sind, ist das Nahrungsspektrum junger Aspisvipern etwas breiter als dasjenige junger Kreuzottern. Neugeborene Aspisvipern können ihren ersten Winter auch ohne Nahrungsaufnahme zwischen Geburt und Aufsuchen des Winterquartiers überstehen. Zur Kreuzotter sind sich die Forscher diesbezüglich uneinig.

Die Hauptaktivität der Nahrungssuche fällt, ausser bei reproduzierenden Weibchen, auf die Sommermonate. Die Nahrungsaufnahme beginnt bei der Aspisviper allgemein früher im Jahr und dauert länger als bei der Kreuzotter. Der späte Beginn der Nahrungsaufnahme junger Kreuzottern stimmt weitgehend mit der Geburt von Eidechsen überein. Von Jahr zu Jahr treten nur geringe Nahrungsunterschiede auf. Jahreszeitliche Differenzen lassen sich durch das jeweilige Beuteangebot erklären.

César Metzger verglich die Nahrungsspektren von Viper- und Würfelnatter im Lavaux am Genfersee. Für die Untersuchung fing er 2007 und 2008 Schlangen und untersuchte deren Mageninhalt, indem er ein Auswürgen der Beute – ein Bestandteil des natürlichen Abwehrverhaltens der Wassernattern – provozierte. Die beiden Arten unterschieden sich kaum in der Zusammensetzung ihres Menüs, die Übereinstimmung lag bei über 90 %. Sie frassen ausschliesslich Fische, und zwar dieselben Arten in derselben Grösse, vor allem Groppen (*Cottus gobio*), zudem Flussbarsche *(Perca*

fluvi-
atilis)
und

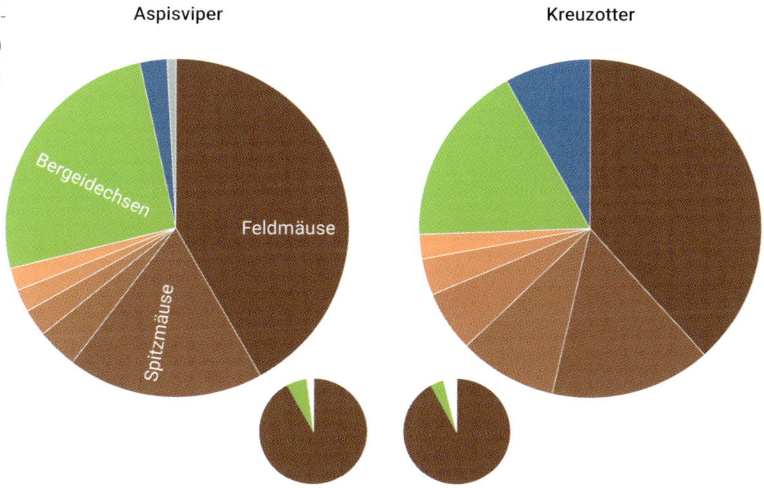

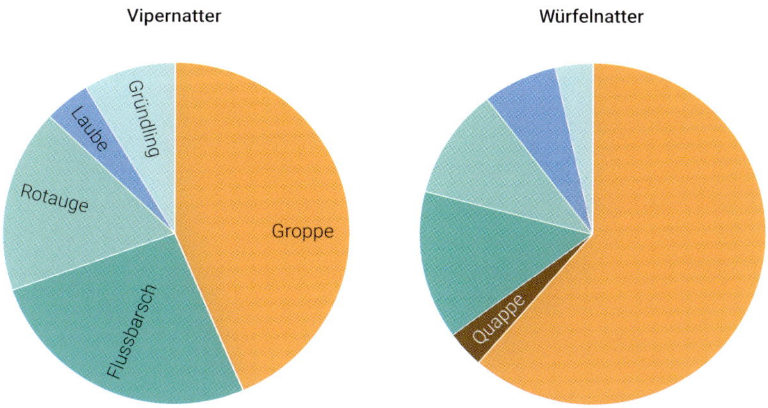

Abbildung 45 Nahrungsspektren adulter (>40 cm lang) Aspisvipern und Kreuzottern in einem Gebiet gemeinsamen Vorkommens. Die Anteile beruhen auf der Anzahl Beutetiere, aufgeschlüsselt sind die drei wichtigsten Arten. Brauntöne: Kleinsäuger; blau: Grasfrösche, grau: Vögel. Die kleinen Torten zeigen die relative Bedeutung der Kleinsäuger (braun) und Bergeidechsen, betrachtet man statt ihrer Anzahl die konsumierte Biomasse.

Abbildung 46 Zusammensetzung der Nahrung von Vipernattern (23 ausgewertete Beutetiere) und Würfelnattern (57) im Lavaux am Genfersee. Die Anteile beruhen auf der Anzahl Beutetiere in einer Kategorie. Brauntöne: nachtaktive Bodenfische, Blautöne: tagaktive, im offenen Wasser schwimmende Fische.

Weissfische wie Rotauge *(Rutilus rutilus),* Laube *(Alburnus alburnus)* und Gründling *(Gobio gobio)* (Abbildung 46), zwei Würfelnattern würgten auch eine Quappe *(Lota lota)* aus (Abbildung 47). Über 60 % der Beutetiere der Würfelnatter sind Groppen, bei der Vipernatter immerhin 44 %. Groppen leben einzeln, jagen in der Dämmerung und nachts am Gewässergrund und verbergen sich tagsüber unter Steinen, während die tagaktiven Flussbarsche und Rotaugen sich in Schwärmen im offenen Wasser bewegen. Ein Pilotversuch im Aquarium, in welchem Forscher je zwei Individuen beider Arten unterschiedliche Fische anbot, zeigte, wie die Schlangen ihre Jagdstrategien auf die gerade verfügbare Beute ausrichteten: Entweder suchten sie die Steine auf dem Aquariumboden nach Beute ab oder sie hielten sich mit dem Hinterleib an Steinen fest und schnappten nach vorbeischwimmenden Fischschwärmen. Auf Tauchgängen im Luganersee beobachteten Marco Nembrini und Alberto Conelli Würfelnattern, die zwischen Steinen und Vegetation auf der Lauer lagen, und dies in bis zu 6 m Tiefe.

Hinweise darauf, dass Viper- und Würfelnatter an unterschiedlichen Uferabschnitten oder zu unterschiedlichen Zeiten jagten, liessen sich am Genfersee nicht finden. Mit dieser hohen Übereinstimmung in der Zusammensetzung der Nahrungsspektren und im Jagdverhalten wären die Voraussetzungen für starke Konkurrenz gegeben. Amphibien als weitere Beutetiere kommen im eng begrenzten Habitat am Seeufer nicht vor, die Nahrungssuche bleibt auf den See beschränkt. Wo sie natürlicherweise gemeinsam vorkommen, zeigen Viper- und Würfelnatter Unterschiede in der Nutzung des Lebensraums. Nicht so am Genfersee, wo die eine Art eingeschleppt wurde. Eine mögliche Erklärung ist, dass die beiden Arten für eine Differenzierung ihrer ökologischen Nischen hier noch nicht lange genug gemeinsam leben, mehr dazu in Kapitel 13.2.

Haben Schlangen einen bedeutenden Einfluss auf ihre Beutepopulationen? Jean-Claude Monney ging davon aus, dass über 40 cm lange Aspisvipern und Kreuzottern in einer Saison im Schnitt das Doppelte ihres Körpergewichts fressen, kleinere Individuen etwa das Fünffache. Sein Vergleich der Gesamtbiomassen der Schlangen und ihrer Beutetiere deutet darauf hin, dass Aspisvipern und Kreuzottern zumindest lokal einen hohen Druck auf Eidechsen, Wühl- und Spitzmäuse ausüben. Mit 430 g bzw. 156 g pro Hektar räumten beide Schlangenarten auf den zwei Untersuchungsflächen im Schnitt 43 % der vorhandenen Biomasse an Bergeidechsen ab, eine Menge, die sich vor allem in vergleichsweise hohen Verlusten unter den jungen Eidechsen niederschlägt und so die Altersstruktur der Eidechsenpopulation beeinflusst. Zu den Kleinsäugern liegen Schätzungen für den Monat September vor. In diesem Monat konsumierten beide Giftschlangenarten zusammen etwa 37 % der Biomasse an Spitzmäusen und ebenfalls 37 % der Biomasse an Wühlmäusen.

Das führt uns zur Frage, ob Schlangen das Angebot an Beutetieren gar so weit ausdünnen können, dass sie sich damit schliesslich selbst einschränken. Mit Daten aus der Schweiz lässt sich die Frage nicht beantworten. Ein Experiment aus den 1990er-Jahren mit schwedischen Kreuzottern bestätigte jedoch, dass Schlangen ihre Beutepopulationen so stark dezimieren können, dass sie selbst limitiert werden. Zunächst schätzten Lars Lindell und Anders Forsman auf sechs 1 bis 12 Hektar kleinen Ostseeinseln

die Dichte an Kreuzottern, und Erdmäusen (*Microtus agrestis*), den Hauptbeutetieren der Schlangen. Die beiden Dichten standen in einem negativen Zusammenhang – je mehr Kreuzottern, desto weniger Erdmäuse. Indem sie anschliessend über einen Zeitraum von drei Jahren Kreuzottern umsiedelten, veränderten die Forscher gezielt deren Dichten auf den Inseln. Wie sich zeigen sollte, fiel das Längenwachstum der Schlangen umso geringer aus, je höher die Kreuzotterdichte auf einer Insel war, was auf intensive Konkurrenz zwischen den Schlangen um das indirekt verknappte Angebot an Erdmäusen hindeutet.

Abbildung 47 Mit bis zu anderthalb Meter Länge ist die Quappe *(Lota lota)* die grösste als Beute unserer Wassernattern nachgewiesene Fischart. Das von einer Würfelnatter in den Bolle di Magadino (TI) erwischte Exemplar ist zwar kleiner, aber immer noch ein ansehnlicher Happen. (Foto: Alberto Conelli und Marco Nembrini)

Auch die jüngste und methodisch modernste nahrungsökologische Studie zu einer Schweizer Reptilienart beschäftigte sich mit dem Einfluss auf potenzielle Beutetiere. Diesmal ging es um die Gefahr, welche von wiederangesiedelten Europäischen Sumpfschildkröten ausgehen könnte – mehr zum Projekt in Kapitel 12.2. Mit einer «fäkalgenetischen» Analyse im Naturschutzgebiet Moulin-de-Vert beurteilte Charlotte Ducotterd die mögliche Bedrohung durch die Schildkröten für andere Arten. Anhand genetischer Spuren, welche in 182 über den gesamten Aktivitätszeitraum von April bis September 2019 gesammelten Kotproben zurückblieben, vermochte sie 1153 Beutestücke zu identifizieren, 90 % liessen sich einer von 270 Arten zuordnen. 97 % der Proben enthielten Spuren von Pflanzen, 81 % Spuren von Wirbellosen und nur 15 % von Wirbeltieren (Abbildung 48). Unterteilt man die Kotproben in vor und nach der Fortpflanzungszeit gesammelte, dann zeigt sich bei den Wirbeltieren ein signifikanter Unterschied, mit 21,6 % vor und 3,8 % nach der Fortpflanzungszeit. Zwischen den Geschlechtern und zwischen Adulten und Jungtieren bestanden dagegen nur unbedeutende Unterschiede in der Zusammensetzung ihrer Nahrung. Nahezu 95 % der gefressenen Arten stehen nicht auf der Roten Liste. Die wiederangesiedelten Sumpfschildkröten üben also höchstens einen schwachen Druck auf bedrohte Arten aus.

Im Unterschied zu Schlangen ernähren sich Echsen überwiegend von Wirbellosen, Blindschleichen vor allem von Würmern und Schnecken, Eidechsen von Insekten und Spinnen (Abbildung 49), auch wenn sie sich selten mal an ein Wirbeltier wagen (Abbildung 50).

Bis heute war die Nahrungsökologie unserer Eidechsen erst einmal Gegenstand einer systematischen Untersuchung. Berit Abrahmsén analysierte die Zusammensetzung der Nahrung von Zaun- und Mauereidechsen am Villiger Geissberg (AG) anhand einer Auswertung von Kotproben. Ihr Untersuchungsgebiet setzte sich aus vier Sektoren zusammen, doch nur in einem Sektor kamen damals beide Arten gemeinsam vor. Die Eidechsen frassen am häufigsten Insekten und Spinnen. Zahlenmässig dominierten bei der Zauneidechse Käfer, Hautflügler und Zikaden, bei der Mauereidechse Blattläuse, Käfer und Spinnen (Abbildung 51), wobei der Anteil Blattläuse von der Biomasse her sicher geringer ist. Die Beutetiere der Zauneidechse waren im Schnitt grösser, während jene der Mauereidechsen häufiger zur kleinsten Grössenklasse gehörten. Über alle Sektoren gerechnet stimmten die Nahrungsspektren der beiden Arten zu etwa 70 % überein. Im einzigen Sektor, in welchem beide Arten gemeinsam vorkamen, lag die Übereinstimmung dagegen nur bei 46 %. Die Forscherin erfasste mit Becherfallen auch das Angebot an Wirbellosen im Untersuchungsgebiet. Wie sich zeigte, waren die meisten Wirbellosengruppen im Kot und in den Fallen in etwa zu gleichen Teilen vertreten.

Sind Reptilien flexibel in Sachen Speiseplan? Stellen sie beispielsweise um, wenn auf einmal ein neues Beutetier ins Angebot kommt? Etwa 2010 gelangte der Fluss-Schleimfisch (*Salaria fluviatilis*) vermutlich aus einem Labor in den Genfersee und erreichte nach kurzer Zeit hohe Dichten. Der Neue ist etwa gleich gross wie die Groppe, die bisherige Hauptbeute der Viper- und Würfelnattern, und ebenfalls ein

Bodenfisch der Uferzone. Sylvain Dubey und Kollegen analysierten den Mageninhalt von 294 zwischen 2007 und 2013 gefangenen Würfelnattern und identifizierten anhand von Beuteresten und eines genetischen Markers die in den Mägen enthaltenen Fischarten. Und tatsächlich, die Würfelnatter passte ihren Menüplan dem neuen Angebot an: Der Konsum von Groppen fiel um 68 % zugunsten des Fluss-Schleimfischs. Möglicherweise ist der Neuankömmling allein der hohen Dichte wegen einfacher zu fangen, doch fehlen ihm auch die für Groppen typischen Stacheln der Rückenflosse, womit er wohl auch etwas komfortabler hinunterzuwürgen ist. Was immer die Gründe waren – die Umstellung schien sich auszuzahlen, denn der BMI der Würfelnattern stieg gewaltig, bei Menschen hiesse es in «unvorteilhaftem» Ausmass, und das erst noch ohne gewaltige Anpassungsleistung. Das neue Angebot kann die Würfelnatter wie das bisherige nutzen, nämlich durch Jagd unter Wasser, zudem verschlingt es sich leichter und passt in den bereits bestehenden Menüplan.

Der in den kommenden Jahren womöglich interessanteste Fall zum Thema Beutetiere und Anpassungsleistung betrifft denn auch die Ringelnatter. Die in der Schweiz nächste Verwandte von Würfel- und Vipernatter ist aus vielen Landschaften des Mittellandes seit Jahrzehnten verschwunden. Amphibien als Beutetiere und Eiablageplätze sind unbestritten die für sie kritischen Ressourcen. Das Verschwinden der Ringelnatter vollzog sich im selben Zeitraum wie ein markanter Rückgang von Fröschen und Kröten; dass da ein Zusammenhang besteht, ist zumindest wahrscheinlich. Wie Viper- und Würfelnattern ist die Ringelnatter imstande, Fische zu erbeuten (Abbildung 52). Nahrungsanalysen aus verschiedenen Populationen Europas zufolge sind aber Kröten und Frösche klar ihre Hauptbeutetiere. Darüber hinaus ist die

Abbildung 48 In nur 15 % aller analysierten Kotproben von Sumpfschildkröten aus dem NSG Moulin de Vert (GE) fanden sich genetische Spuren von Wirbeltieren. Diese Probe enthält sogar noch Knochen. (Foto: Charlotte Ducotterd)

Schlange auch anderen Landwirbeltieren gegenüber nicht abgeneigt. Und anders als die Schweizer Viper- und Würfelnattern macht sie nicht nur im Wasser Beute, sondern auch draussen in der Landschaft. So ertappte Charly Henninger eine beim Verschlingen einer Kohlmeise (Abbildung 42), und in der Agrarlandschaft des Grossen Mooses fanden sich unter 13 ausgewürgten Beutetieren nebst acht Erdkröten, zwei Grasfröschen und einem Wasserfrosch auch eine Feldmaus und eine Blindschleiche. Sowohl ihre Fähigkeit, an Land wie im Wasser zu jagen, als auch die Breite ihres Nahrungsspektrums sollten der Ringelnatter eigentlich eine Verlagerung ihrer Hauptbeutetiere weg von Amphibien zu den häufigeren und weiter verbreiteten Kleinsäugern erlauben. Mäuse und Spitzmäuse sind aber wehrhafter als Amphibien, nicht von ungefähr töten Schlangen sie durch einen Giftbiss oder erdrosseln sie. Nur weder haben Ringelnattern Giftzähne, noch gehört Erdrosseln von Beutetieren bis anhin zu ihrem Verhaltensrepertoire. Einer Umstellung auf Kleinsäuger als Hauptbeutetiere müsste daher eine Anpassungsleistung der Ringelnatter vorausgehen. Schafft es die Schlange ähnlich dem Graureiher, ihre ökologische Nische den veränderten Bedingungen der Landschaft anzupassen, könnte sie im Mittelland vielleicht einige Bereiche ihres ursprünglichen Verbreitungsgebiets unabhängig von der Entwicklung der Amphibienbestände wieder zurückgewinnen.

Abbildung 49 Zaun- und Mauereidechsen ernähren sich fast ausschliesslich von wirbellosen Tieren. Diese Mauereidechse in den Reben am Bielersee hat eine Gehörnte Mauerbiene (*Osmia cornuta*) erbeutet. (Foto: Heinz Rindlisbacher)

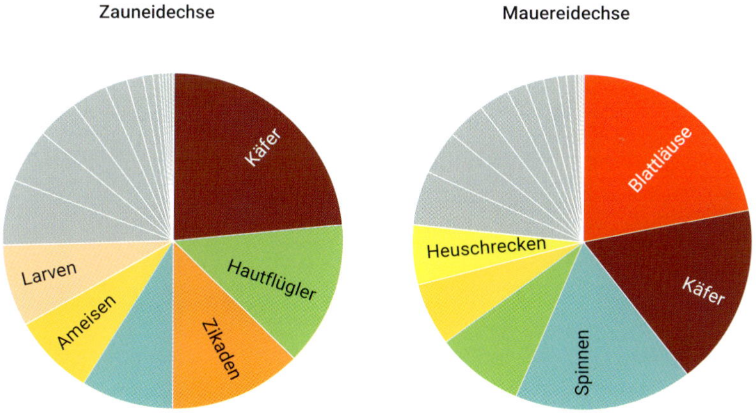

Abbildung 50 Auch Eidechsen vergreifen sich schon mal an Wirbeltieren, wenn sich die Gelegenheit bietet. Dieses Zauneidechsenmännchen am Chüechliberg bei Hettlingen (ZH) hat eine nestjunge Maus gepackt. (Foto: Andri Bryner)

Abbildung 51 Zusammensetzung der Nahrung von Zauneidechsen und Mauereidechsen am Villiger Geissberg (AG). Die Anteile beruhen auf der Anzahl Beutetiere in einer Kategorie und sind in absteigender Bedeutung sortiert. Nur die sechs wichtigsten Kategorien sind nach Farben aufgeschlüsselt.

Alle unsere Reptilien sind also auf Beutetiere angewiesen, einzig die Sumpfschildkröte ergänzt ihren Speiseplan mit pflanzlicher Kost. Bezogen auf die Systematik beschränken sich einige Arten auf wenige höhere Kategorien, verhalten sich innerhalb derselben aber durchaus opportunistisch, fressen also nicht nur bestimmte Kleinsäuger, Amphibien, Reptilien oder wirbellose Tiere. Dass gerade für Arten, die sich überwiegend oder ausschliesslich von Amphibien, Fischen oder anderen Reptilien ernähren, von denen viele selbst im Rückgang begriffen sind, die Nahrung zur kritischen Ressource werden kann, die über das Schicksal einer Population entscheidet, ist nachvollziehbar. Doch auch bei den Wirbellosen beobachtet die Forschung einen stetigen Rückgang der Biomasse. Und so dürfte die Verknappung ihrer Nahrungsgrundlage viele Reptilienpopulationen mindestens so hart treffen wie ein Mangel an Schlupfwinkeln oder dünn gesäte Eiablageplätze. Die Förderung der Beutetiere wird in der Planung von Erhaltungsmassnahmen aber noch zu selten berücksichtigt.

Abbildung 52 Am unteren Emmelauf konnte Manfred Eichele Ringelnattern beim Fischen zusehen. Mehrmals schleppte eine Schlange eine Groppe (*Cottus gobio*) ans Ufer. (Foto: Manfred Eichele)

6.2 Wer frisst in der Schweiz Reptilien?

Die Fressfeinde der Reptilien in der Schweiz sind fast ausnahmslos Opportunisten, die nicht gezielt Jagd auf Schlangen und Echsen machen, diese aber nicht verschmähen, wenn sich die Gelegenheit bietet. Der Graureiher mit einer Ringelnatter im Schnabel (Abbildung 53) bestätigt unsere Vorstellung eines angemessenen Grössen- und Kräfteverhältnisses zwischen Räuber und Beute. Aus dem Rahmen fallen eher die Amsel, die sich an eine Mauereidechse wagt (Abbildung 54), oder das Murmeltier, welches ein deutscher Urlauber 2011 im Binntal (VS) beim Verzehr einer Aspisviper fotografiert hat – der «Walliser Bote» berichtete mit Wort und Bild –, auch wenn er nicht beobachten konnte, ob die Giftschlange lebend erbeutet oder als Kadaver verwertet wurde.

Da Reptilien bei uns nahezu ausschliesslich tagaktiv sind, ergeben sich kaum Überschneidungen mit den überwiegend nachtaktiven Säugetierarten, die als ihre Fressfeinde infrage kommen. Unter den 111 von Peter Lüps im Naturhistorischen Museum der Burgergemeinde Bern ausgewerteten Dachsmägen aus dem Berner Mittelland enthielt ein einziger ein Reptil. Unter den Säugern der weitaus bedeutendste Fressfeind ist die Hauskatze, immerhin 10 % ihrer Beutetiere sind Reptilien (Abbildung 55). Einer Schätzung von 1997 zufolge erbeuteten die damals 9 Millionen Hauskatzen des Vereinigten Königreichs über einen Zeitraum von wenigen Monaten etwa 5 Millionen Reptilien und Amphibien. All diese Schätzungen beruhten auf dem, was die Katzen nach Hause brachten. Bei videoüberwachten Katzen aus den USA zeigte sich, dass das nur 23 % ihrer Beutetiere sind, der Rest wurde zurückgelassen oder am Tatort gefressen – und in dieser Studie waren 36 % der Opfer Echsen und kleine Schlangen. Reptilien als Beute konnte die Forschungs- und Beratungsgemeinschaft SWILD den 32 untersuchten Katzen in der kleinen Zuger Gemeinde Finstersee nicht nachweisen. Der Verband für Heimtierhaltung schätzte den Schweizer Katzenbestand 2022 jedoch auf 1,85 Millionen. Knapp drei Viertel von ihnen dürfen nach draussen. Und da sie drinnen gefüttert werden, sind Katzen als «subventionierte» Prädatoren unabhängig von der Verfügbarkeit von Beutetieren. Bringen sie eine Zauneidechsenpopulation an den Rand der Ausrottung, hat das keine Rückwirkung auf ihren Bestand. Stellen sie sich nicht ungeschickter an als in anderen Ländern, dann fallen ihnen in der Schweiz jährlich Millionen von Reptilien zum Opfer.

Wie in anderen Ländern laufen auch in der Schweiz Versuche, den von Katzen angerichteten Schaden in Grenzen zu halten. SWILD testete in den Jahren 2019 und 2020 in Zusammenarbeit mit der Schweizerischen Vogelwarte an 31 Katzen aus 26 Haushalten die Wirkung von bunten Halskrausen und Glöckchen auf den Jagderfolg. Und wie anderswo waren die Resultate auch in der Schweiz erfreulich: Mit Glöckchen ausgestattete Katzen erbeuteten deutlich weniger Vögel und Kleinsäuger, mit Halskrause brachten sie 37 % weniger Vögel und Reptilien nach Hause als ohne. Und die meisten schienen sich rasch an den Kragen zu gewöhnen. Auch beteuerten die meisten Katzenhalterinnen und -halter, eine positive Einstellung zur Halskrause zu haben, orteten aber Vorbehalte in ihrem sozialen Umfeld. Dort könnte das Mitleid mit einem

Büsi mit Halskrause grösser sein als mit seinen wildlebenden Opfern, was eine umfassende Ausstattung des Katzenbestands letztlich verhindern dürfte.

Reptilien fallen auch Reptilien zum Opfer, das wissen wir schon von der Studie von Jean-Claude Monney. Und dass sie die Populationsdynamik der Beutepopulation durchaus beeinflussen können, legen seine Schätzungen ebenfalls nahe. Nicht immer gehören die erbeuteten Reptilien einer anderen Art an. Zorn- und Schlingnattern wurden schon wiederholt beim Verzehr von Artgenossen ertappt, im Wallis wurde gar eine Mauereidechse in flagranti fotografiert (Abbildung 56). Kannibalismus ist eine besonders üble Gewohnheit, erst recht, wenn er sich in Populationen zuträgt, deren Überleben bereits auf der Kippe steht (Abbildung 57), doch können wir davon ausgehen, dass ihn die Evolution in der Populationsdynamik der betroffenen Arten längst eingepreist hat. Brisant wird die Frage, wenn es um den Einfluss eingeschleppter Reptilien auf die Populationen der ortsansässigen Arten geht.

Aus der in den 1980er-Jahren illegal im Kanton Waadt ausgesetzten Nominatform der Gelbgrünen Zornnatter haben sich am Fuss des Waadtländer Juras bei Yverdon zwei Populationen entwickelt, und eine dritte Population existiert heute im Chablais. Da Zornnattern nebst anderen Wirbeltieren auch Reptilien erbeuten, stellt sich die Frage, ob die erwähnten Waadtländer Populationen die heimische Reptilienfauna beeinträchtigen und zum Rückgang einiger Arten beitragen könnten. Mithilfe genetischer Methoden suchte Anne Mondino mit Kollegen im Mageninhalt von 94 Waadtländer Zornnattern nach Spuren von Beutetieren. Von den insgesamt 67 gefundenen konnte sie deren 51 fünf Kleinsäugerarten zuordnen, die restlichen 16 vier Reptilienarten. Von diesen stehen drei auf der Roten Liste, nebst Smaragdeidechse und Äskulapnatter die stark gefährdete Juraform der Aspisviper. In einem der beiden Untersuchungsgebiete am Jurasüdfuss machen Aspisvipern immerhin 20 % der erfassten Beutetiere aus. Unter der Annahme, dass eine Zornnatter pro Jahr etwa 20 Beutetiere frisst, wären das vier Vipern pro Schlange und Jahr. Vergegenwärtigen wir uns, dass ein Team unter der Leitung von Sylvain Dubey seit 2016 an den drei Orten nicht weniger als 350 Zornnattern weggefangen hat, ohne über die Jahre einen Rückgang der Fangquoten festzustellen, dürfte da ein konstanter Druck auf die Aspsiviper-Populationen bestehen, der den lokal starken Rückgang der Art erklären könnte.

Abbildung 53 Bewegen sich Ringelnattern im offenen Wasser, riskieren sie, von Prädatoren erbeutet zu werden, die aus der Luft oder wie dieser Graureiher *(Ardea cinerea)* von Stelzenbeinen aus nach Beute spähen. Jagen sie stattdessen in Mais- und Getreidefeldern, entgehen sie dieser Gefahr, drohen aber Landmaschinen zum Opfer zu fallen, mehr dazu in Kapitel 8.4. (Foto: Dean Evans)

Abbildung 54 Wenn sich bereits Vögel von der Grösse einer Amsel (*Turdus merula*) über adulte Eidechsen hermachen, wie bedeutend ist dann der Druck der Vogelwelt insgesamt auf Reptilien? (Foto: Louis Galliard)

Das Kapitel hat mit Vögel-fressenden Schlangen begonnen, enden soll es mit dem Vogel, der als Inbegriff des Fressfeindes der Reptilien die Sammelbezeichnung für seine Opfer bereits im Namen trägt: Lionel Maumary und Kollegen gelang 2012 der Erstnachweis einer erfolgreichen Brut des Schlangenadlers *(Circaetus gallicus)* in der Schweiz. Damals hat im Oberwallis ein Paar im Sommerhalbjahr erfolgreich ein Küken aufgezogen. Dieses verweilte nach dem Schlupf rund 79 Tage im Nest und wurde anschliessend noch weitere 42 Tage von den Eltern versorgt. Die Aspisviper stellte mit rund 83 % das Hauptfutter dar und trug hiermit einen wesentlichen Teil zur erfolgreichen Brut bei. Der Schlangenadler bevorzugt eigentlich grosse, auch mal über 150 cm lange Nattern. Mit der selten über 70 cm langen Aspisviper mussten die Eltern das Küken daher doppelt so häufig füttern wie etwa Eltern in Südfrankreich. Am Ende der Nestlingszeit wurden bis zu acht Fütterungen pro Tag registriert. Reptilien – Aspisviper, Ringelnatter, Äskulapnatter, Schlingnatter und Blindschleiche – machten 109 der 112 Fütterungen aus. Die verbleibenden drei Beutetiere waren ein Grasfrosch, ein junges Alpenschneehuhn und ein junges Haselhuhn.

Die Forscher berechneten schliesslich die Mindestanzahl Schlangen, die das Walliser Schlangenadler-Paar zur Selbsterhaltung und zum Aufbringen ihres Jungtiers benötigte. Die Adulttiere verzehrten zwischen April und Ende August, das Männchen noch bis Ende September je mindestens zwei Reptilien pro Tag. Das Jungtier kriegte im ersten Monat zwei, im Juli und August dann drei Reptilien pro Tag, im September noch mindestens deren drei. Das ergibt für die sechs Monate zusammengezählt 1162 Reptilien, darunter über 900 Aspisvipern. Damit befindet sich das Walliser Paar im Durchschnitt des Bedarfs von Schlangenadler-Eltern, die erfolgreich ein Küken aufgezogen haben; in Frankreich und Italien sind das je nach Grösse der Beutetiere zwischen 550 und 1500 Reptilien.

Wie sich zeigen sollte, war 2012 erst der Anfang. Gemäss Lionel Maumary brütet der Schlangenadler seit 2015 regelmässig im oberen Rhonetal, 2023 waren es hier schon sechs Paare. Zusammen mit den fünf bis sechs im Tessin wären wir heute somit bei 12 Paaren. Für Ornithologen eine frohe Botschaft, aber für Herpetologen? 1200 Schlangen pro Schlangenadlerfamilie und Saison! Immerhin trifft der Schlangenadler in der Schweiz nicht auf «naive» Beutetiere, schliesslich machten vor ihm schon andere Vögel aus der Luft Jagd auf Reptilien. Dennoch dürfte sein Auftauchen in vielen Schlangenpopulationen zunächst mal eine Delle hinterlassen und wohl auch zu einer Verschiebung in deren Altersaufbau geführt haben. Längerfristig dürfen wir aber darauf hoffen, dass sich ein Gleichgewicht zwischen Jäger und Beute einstellt,

Abbildung 55 Trifft es wie in diesem Fall eine Mauereidechse, könnte man ja noch ein Auge zudrücken – weshalb, steht in Kapitel 13.3. Der Schaden jedoch, den Hauskatzen unter den heimischen Reptilien anrichten können, ist vor allem im Siedlungsraum verheerend. (Foto: Andreas Meyer)

Abbildung 56 Diese Mauereidechse trägt nicht etwa behutsam einen Artgenossen, sondern wurde schlicht beim Kannibalismus ertappt. (Foto: Sabine und Nicolas Gard)

da der Schlangenadler auf einen Rückgang seiner praktisch ausschliesslichen Beutetiere kaum mit einem Ausweichen auf, sagen wir mal, Kleinsäuger reagiert.

Wie auch immer die Sache ausgeht, jetzt wissen wir wenigstens, wo all die Giftschlangen verschwinden, die «der Naturschutz» über Walliser Alpweiden angeblich kistenweise aus dem Helikopter abwirft. Und wären damit beim nächsten Thema.

Abbildung 57 Fachleute sind sich einig: Was René Mrazeck an der Sense in seinem Handy-Video festhielt, ist nichts weniger als der Versuch einer Schlingnatter, eine Artgenossin zu verschlingen.

Abbildung 58 Aspisvipern sind die Hautbeutetiere der Walliser Schlangenadler. (Foto: Lionel Maumary).

7

Giftschlangen – ist da ein Problem?

Auf die Frage, wann er das letzte Mal einer Schlange begegnet sei, antwortet mir ein älterer Berner Oberländer Bauer mit sichtlicher Zufriedenheit, gerade gestern habe er zwei dieser «Plitzger» erschlagen, und falls ich welche benötige – er deutete auf die Geröllhalde am Ende des kleinen Seitentals – «dert hinde berchemed ere schoo».

Die ländliche Schweiz lebt im Jura und in den Alpen seit Generationen mit Schlangen, also auch mit Aspisvipern und Kreuzottern. Selbst wenn Landwirte und Forstleute nur selten mehr als zwei, drei Schlangen pro Jahr begegnen, entsteht bei vielen Ortsansässigen der Eindruck einer Allgegenwärtigkeit. Zudem verstärken gelegentliche Bissunfälle bei Nutztieren das Gefühl einer unterschwellig stets vorhandenen Bedrohung. Da können wir noch lange argumentieren, im Alpenraum leisteten Giftschlangen, wie im vorangehenden Kapitel zu lesen war, beim Niederhalten der Mäuse auf Wiesen und Weiden einen substanziellen Beitrag.

Für die städtische Schweiz dagegen haben Giftschlangen bis heute etwas Exotisches, dem man allenfalls in einem Vivarium oder mal auf einer Bergwanderung begegnet. Viele Menschen in Stadt und Agglomeration sind empfänglich für Anliegen zur Erhaltung von Arten, die ihren unmittelbaren Alltag nicht wirklich berühren – Wolf, Bär, Luchs oder eben Giftschlangen. Vor allem diesem Umstand ist der erstaunliche Wandel zu verdanken, den die Reputation von Kreuzotter und Aspisviper in der Schweiz im letzten Jahrhundert durchlaufen hat, vom Schädling zur erhaltenswerten Kreatur. Denn anders als etwa in Frankreich galten die Schutzbestimmungen für einheimische Reptilien von Anbeginn auch für die beiden Giftschlangenarten. Ob dieser Wandel angesichts der jüngsten Ereignisse Bestand haben wird, versuchen wir in diesem Kapitel einzuschätzen.

7.1 Giftschlangen als Gefahr

Gemäss den verfügbaren Statistiken starb in der Schweiz seit 1961 noch ein Mensch an den Folgen eines Bisses einer einheimischen Giftschlange. Bei Tox Info Swiss gingen zwischen Januar 1997 und Dezember 2018 insgesamt 466 Meldungen von Bissen durch einheimische Giftschlangen ein. Der Verlauf von 243 Fällen war dokumentiert, und von diesen wiederum 219 so detailliert, dass sie mit Sicherheit auf eine einheimische Giftschlange zurückzuführen waren. Von diesen 219 Bissen erfolgten 77 durch Aspisvipern, 54 durch Kreuzottern, bei den restlichen 88 konnte die Art nicht sicher identifiziert werden. 97 % der Bisse ereigneten sich während Freizeitaktivitäten (Abbildung 59).

Abbildung 59 Ohne Fluchtmöglichkeit und umringt von Schaulustigen würde auch manch eine/r von uns so wild um sich schlagen wie diese Kreuzotter. (Foto: Christine Wisler)

155 der Betroffenen waren Erwachsene, 64 Kinder. Schwellungen (71 %) und Schmerzen (30 %) an der Bissstelle waren die häufigste Reaktion, doch reagierten immerhin 61 mit Erbrechen, 25 beklagten Bauchschmerzen. Todesfälle blieben aus, sieben (3 %) Patienten reagierten jedoch mit einem – potenziell lebensgefährlichen – anaphylaktischen Schock. Sie gehörten zu den 43 (20 %) Betroffenen, denen ein Antivenin («Gegengift») gespritzt wurde, zusätzlich zu einem Antiallergikum.

Der anaphylaktische Schock ist eine allergische Reaktion. Diese setzt einen früheren Biss durch dieselbe Schlangenart voraus, auf welchen der Körper mit der Bildung «falscher» Antikörper (IgE) reagiert, welche bei einem neuerlichen Biss den Schock auslösen. Dieser kann, je nach injizierter Giftmenge, innert Minuten zu einem Kreislaufkollaps führen. Könnte es sein, dass Menschen mit einer Allergie auf Wespen-

Abbildung 60 Wo sich, wie auf dieser Alpweide, Giftschlangen und Nutztiere den Lebensraum teilen, kann es durchaus mal zu einem Bissunfall kommen. Liegt im Krautsaum am Rande dieses Steinhaufens eine Kreuzotter, riskiert die Kuh einen Biss in Nase oder Lippe. (Foto: Andreas Meyer)

Nächste Doppelseite:
Abbildung 61 Unsere Giftschlangen wirken seit jeher inspirierend auf Künstler. Zu ihnen gehört Urs Brunner, dessen naturalistische Darstellung Aspisvipern in ihrem Berner Oberländer Lebensraum zeigt (Acryl auf Leinwand, 92 × 65 cm; Ausschnitt aus einem dreiteiligen Panorama).

Urs Brunner
1996

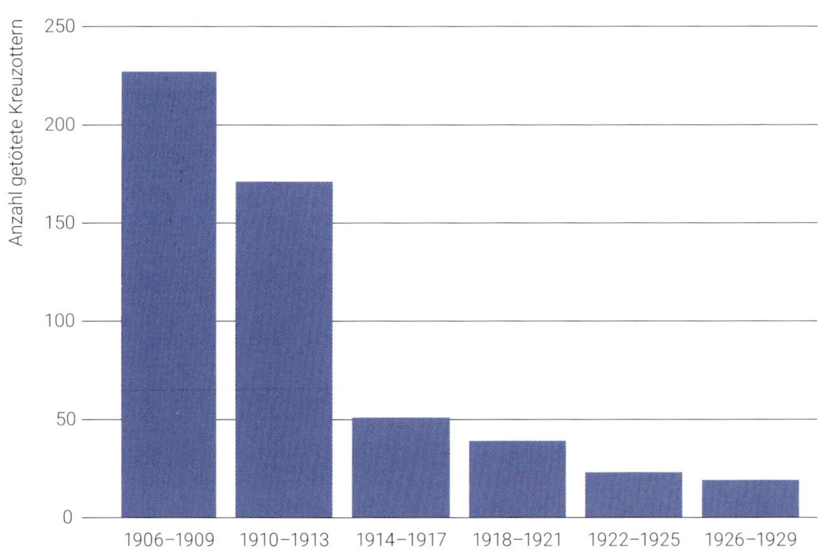

Abbildung 62 Die als Lebensraum verbleibenden Flächen (dunkelbraun) in der ursprünglichen Moorlandschaft von Les Ponts-de-Martel (hellbraun) zeigen eindrücklich, was mit «Fragmentation», der Aufsplitterung eines Lebensraums, gemeint ist. Und das Diagramm zeigt die im Moor zwischen 1906 und 1929 getöteten Schlangen, nahezu ausschliesslich Kreuzottern.

Abbildung 63 Wer im Moor von Les Ponts-de-Martel (NE) eine Kreuzotter zu finden hofft, sucht nach der sprichwörtlichen Stecknadel im Heuhaufen. (Foto: Christine Wisler)

bewirtschafteter Pufferzonen rund um die Restflächen des Moors könnten das Problem zumindest entschärfen. Ob damit zusammen mit der Moorregeneration in Les Ponts-de-Martel die Wende bereits geschafft wäre, vermag noch niemand zu sagen, denn das Ausmass der Gefährdung der Kreuzottern durch die Landwirtschaft bleibt noch zu klären. Derzeit gehen die Forscher von einem Gesamtbestand von 100 bis 200 adulten Kreuzottern aus. Der weitere Verlust an genetischer Vielfalt ist damit jedoch nicht einfach unterbunden. Und das Schicksal der übrigen drei Kreuzotterpopulationen im Schweizer Jura ist noch gar nicht angesprochen.

Die Bemühungen zur Rettung der Kreuzotter im Neuenburger und Waadtländer Jura spielen sich in einer dünn besiedelten, ländlichen Umgebung ab. Doch auch in der urbanen Schweiz laufen Bestrebungen zur Erhaltung der dort heimischen Giftschlangen, wie das Beispiel aus dem Kanton Genf veranschaulicht. Dort kündete der Staatsrat im Erlass vom 21. Juni 1904 die Entrichtung einer Prämie von einem Franken für jede tote Aspisviper an – ein Kilo Brot kostete damals 32 Rappen und ein Landarbeiter verdiente Fr. 2,25 pro Tag –, ausbezahlt nach Vorlage des Kadavers und einer Bescheinigung der Behörde der Herkunftsgemeinde der Schlange. Gemäss den Berichten kantonaler Dienststellen wurden allein zwischen 1949 und 1967, dem Jahr der Unterschutzstellung der Reptilien in der Schweiz, nicht weniger als 5942 Vipern erschlagen. Ob es sich durchweg um Genfer Tiere handelte, bleibt offen, denn die Erhöhung der Prämie nach einem tödlichen Bissunfall 1960 könnte auch die Jagd jenseits der Landesgrenze befördert haben. Joaquim Golay kommt zum Schluss, dass nebst gezielter Tötung auch die Ausdehnung und Verdichtung der Genfer Wälder und die zunehmenden Freizeitaktivitäten zum starken Rückgang der Aspisviper beigetragen haben. Er und sein Vater Philippe bemühen sich zusammen mit einem kleinen Team von Gleichgesinnten um die Erhaltung der Schlange. Denn bereits 2006 ergab eine auf 29 Quadratkilometern durchgeführte Bestandserfassung, dass die Art an 93 % der kontrollierten Orte verschwunden ist.

Wolle ich mir ansehen, was vom Lebensraum der bisher grössten Population von Aspisvipern im Kanton noch übriggeblieben ist, habe ich mich auf einen «site apocalyptique» einzustellen (Abbildung 64). Wie sich zeigen sollte, hatte Philippe Golay nicht untertrieben: Begleitet vom anhaltenden Getöse der A1 und der Start- und Landemanöver des nahen Flughafens, bewegten wir uns durch Niemandsland, überkletterten Abschrankungen, zwängten uns durch Zaunlücken, hangelten uns entlang steiler Böschungen. Die Euphorie urbaner Raumentwicklung wird hier tatsächlich zur Apokalypse engagierter Reptilienschützer: Neue Wohnüberbauungen, neue Hotels, eine

Abbildung 64 Kaum vorstellbar, dass sich auf einigen unversiegelten Flächen entlang der A1 die Reste der ehemals grössten Genfer Population von Aspisvipern halten sollen. Dieses trächtige Weibchen und seinen Nachwuchs erwartet eine ungewisse Zukunft. (Foto: Philippe Golay)

Holc

zusätzliche Autobahnspur, eine neue Brücke für die Bahnverbindung zum Flughafen, drei zusätzliche Querungen für Radfahrer ... Von den 18 Hektaren Lebensraum, auf welchem Lucien Guignet den Bestand 2012 auf noch 82 (67 bis 124, ±35 %) Adulte geschätzt hatte, würde nach Abschluss aller derzeit geplanten Bauvorhaben noch etwa ein Hektar übrigbleiben. Daran ändern auch die vom Département du territoire (DT) verhängten Bussen nichts, welche zwei Immobiliengesellschaften drohen, die im Projektgebiet 2020 eine von Vipern besiedelte Böschung ohne Bewilligung roden liessen.

Unterwegs wendet Golay grosse Dachpappenstücke, welche er und seine Kollegen als künstliche Schlupfwinkel ausgelegt hatten; einerseits zur Schätzung der Populationsgrösse der Aspisviper, andererseits, um möglichst viele Schlangen aus der Kampfzone wegfangen und umsiedeln zu können. Ursprünglich stand die Idee im Raum, das Problem vor Ort durch die räumliche Vernetzung der Restflächen mit Kleintierdurchlässen zu entschärfen – angesichts der absehbaren technischen Hürden und voraussichtlichen Kosten wohl ein aussichtsloser Vorschlag. Inzwischen haben die Kollegen etwa 6 km vom site apocalyptique entfernt eine Fläche gefunden, die nach einer Instandsetzung als neuer Lebensraum für umgesiedelte Vipern infrage käme. Immerhin.

Abbildung 65 Braucht es künftig Warntafeln wie diese? Dass sie direkt gegenüber dem Robidog auf der anderen Seite des Spazierwegs angebracht wurde, zeigt, welche Zielgruppe die Verantwortlichen ansprechen wollen. (Foto: Max Dähler)

Die beiden Beispiele illustrieren das Dilemma, in welches der Artenschutz nur allzu oft gerät: Versuchen wir es wie in Les Ponts-de-Martel mit der Erhaltung vor Ort, oder wie in Genf – nach Abwägung aller Alternativen – mit einer Umsiedlung? In beiden Fällen steht noch nicht fest, wie gut die Massnahmen greifen. Wie aufwendig die Umsiedlungsaktionen sind, mit denen Fachkollegen im Oberengadin und am Genfersee Giftschlangenpopulationen vor der Vernichtung zu bewahren hoffen, ist in Kapitel 12.1 zu lesen.

Auch wenn sie gleichermassen von Bemühungen um ihre Erhaltung profitieren, unter dem Strich sitzen unsere beiden Giftschlangen nicht im selben Boot. Dass der Klimawandel dabei eine tragende Rolle spielt, deuten Modellrechnungen (Kapitel 10.3) und über die letzten 20 Jahre beobachtete Veränderungen in den Verbreitungsmustern der beiden Arten (Kapitel 13.1) an.

Im Juni 2023 wird in der Nähe von Balsthal ein achtjähriges Mädchen auf der Schulreise von einer Aspisviper gebissen und wegen starker Vergiftungssymptome von der Rega ins Inselspital geflogen – der «Blick» berichtet. Erst Kühe und Hunde, nun auch noch Kinder. Versuchen wir uns lieber nicht vorzustellen, was das mit unserem derzeitigen Umweltminister macht, selbst im Berner Oberland sozusagen unter Giftschlangen aufgewachsen. Reichen ihm Warntafeln (Abbildung 65)? Oder sollte man nicht nur Wolfsrudel zum Abschuss freigeben, sondern auch das Totschlagen von Giftschlangen wieder für straffrei erklären?

8

Wie Reptilien die Schweizer Landschaften nutzen – was zeigt uns die Radiotelemetrie?

Als Christine Wisler an einem Morgen Ende Mai die Frequenz der Nummer drei aufschaltet und die Antenne hochhält, kommt das Signal aus einem Getreidefeld – nicht unbedingt dem Ort, wo wir spontan nach Ringelnattern suchen würden. Wie sich im Lauf der Studie zeigt, bleibt die Nummer drei kein Einzelfall. Nicht weniger als 16 der 22 in dieser Studie besenderten Weibchen werden mindestens einmal auf einer Fruchtfolgefläche geortet. Ein Weibchen verbringt gar 27 Tage ohne Unterbruch im selben Maisfeld (Abbildung 66), eines verweilt 12 Tage in einem Kartoffelacker, ein weiteres 10 Tage in einem Getreidefeld. Und eines durchschwimmt den Hagneckkanal, an dieser Stelle 65 m breit und mit einer Strömungsgeschwindigkeit von 1 bis 1,25 m pro Sekunde, um auf der anderen Seite zu jagen, und kehrt dann wieder zurück. Ob es sich bei diesem Weibchen buchstäblich um einen Ausreisser oder doch eher die Norm handelte, lässt sich mit den wenigen mit Sendern ausgestatteten Tieren nicht beurteilen.

Blenden wir zwei Jahrzehnte zurück: Als Erster setzt Andreas Moser 1984 in der Schweiz Radiotelemetrie bei Reptilien ein. Ein Hauch von Sputnik durchzieht den Hörsaal an der Uni Basel, als er im Juli 1986 vor versammelter Reptiliengemeinde die «neue» Technologie in Szene setzt. Er schaltet den Empfänger ein, das Publikum hält den Atem an und horcht ehrfürchtig in den Raum. Ein unüberhörbares Piepsen aus dem Innern der Kreuzotter, in einem transparenten Kunststoffbehälter am gegenüberliegenden Ende des Katheders platziert, löst nach Sekunden die Spannung – und verheisst neue Einsichten ins geheime Leben der Schweizer Reptilien. Tatsächlich bietet uns die Radiotelemetrie die Möglichkeit, den nicht sichtbaren Teil des Raumverhaltens von Reptilien zu erfassen: Nur 53 % von Mosers mittels Telemetrie lokalisierten Kreuzottern waren auch sichtbar, in den übrigen Fällen blieb die Schlange verborgen.

Inzwischen blicken wir auf ein knappes Dutzend Arbeiten zurück, welche das Raumverhalten von Reptilien in Schweizer Landschaften mittels Radiotelemetrie untersuchten. Den Nimbus des Sensationellen hat die radiotelemetrische Überwachung von Reptilien in der Schweiz längst verloren. Dennoch kann bis heute jede Studie mit einzigartigen Erkenntnissen aufwarten, deren wichtigste wir in diesem Kapitel zusammenstellen. Dabei folgen wir einer methodischen Entwicklung, die sich im Design der Studien erkennen lässt: Sie beginnt mit der einfachen Erfassung einer Population in einem Habitat und reicht dann von Vergleichen der Raumnutzung von zwei Arten im selben Lebensraum über einen Vergleich der Raumnutzung einer Art in unterschiedlichen Lebensräumen bis zur Nutzung der Radiotelemetrie zur Überprüfung, wie Reptilien auf spezifische Eingriffe in die Landschaft oder in ihre Populationen ansprechen.

Die meisten Studien berechneten für jedes besenderte Reptil die Grösse seines Wohngebiets, Aktionsraums oder Heimbereichs (*home range*). Die einfachste Möglichkeit besteht in einer Umgrenzung der Gesamtheit der Ortungen mit dem kleinstmöglichen Vieleck, einem konvexen Polygon bzw. «Minimum-Konvex-Polygon» (MCP in der englischen Abkürzung). Ein MCP können wir für alle Ortungen zeichnen (100 % MCP) oder zum Beispiel diejenigen 10 % der Fundpunkte weglassen, die am weitesten vom Mittelpunkt eines 100 % MCP entfernt sind. Das so erhaltene 90 % MCP ist eines von vielen Verfahren zum Ausschluss von grösseren Flächen ohne Ortungen aus einem Heimbereich, mit dem Ziel, diesen möglichst realitätsnah einzugrenzen. Was sich im Innern eines Heimbereichs abspielt, wo die Kernzonen der Aktivität liegen, erfahren wir zum Beispiel anhand der Kernel-Methode oder Kerndichteschätzung. 50 %-Kernzonen umgrenzen die Bereiche, in welcher weitere Ortungen mit 50 % Wahrscheinlichkeit zu erwarten sind, und so lassen sich für jede beliebige Wahrscheinlichkeit Kernzonen schätzen. Die in diesem Kapitel genannten Grössen von Heimbereichen lassen sich vielleicht besser einordnen, wenn wir sie in Bezug zu einem Fussballfeld setzen. Dieses ist üblicherweise 68 x 105 m gross, umfasst also 7140 Quadratmeter oder 0,714 Hektar.

8.1 Wann sind sie wo? Der saisonale Aktivitätszyklus von Reptilien

Andreas Moser verwendete Schlucksender, die er den Kreuzottern zwangsfütterte und kurz vor dem Ende der Batterielaufzeit von 30 Tagen wieder ausmassierte. Durch wiederholtes Ersetzen des Senders gelang ihm die kontinuierliche Überwachung einer Schlange während bis zu 8 Monaten, oftmals dauerte sie aber nur Tage oder wenige Wochen. Von den mit Sendern ausgestatteten 14 Männchen und 17 Weibchen verfügte

Abbildung 66 Die Radiotelemetrie macht das geheime Leben der Reptilien sichtbar, so auch dieses Ringelnatterweibchens in einem Maisfeld im Grossen Moos (BE). (Foto: Christine Wisler)

er schliesslich zu je vier pro Geschlecht über mehr als 90 Ortungen. Diese acht Tiere unterzog er einer detaillierten Analyse der Raumnutzung.

Mit den kombinierten Daten aus 1569 telemetrischen Ortungen und etwa 600 weiteren Sichtungen, die insgesamt 419 verschiedenen Fundpunkten zuzuordnen waren, beschrieb Moser den saisonalen Aktivitätszyklus einer Kreuzotterpopulation im Engadin. Dabei unterschied er zwischen Überwinterungsgebieten, Paarungsstellen, Trächtigkeitsdomänen, Rastplätzen und Jagdgebiet (Abbildung 67). Die Schlangen überwinterten über der Talsohle im Hang auf der Sonnenseite, am oberen Rand einer Geröllhalde unterhalb von Felsabbrüchen. Hier erschienen Mitte April die ersten Tiere an ausgeaperten, gut besonnten Stellen. Nach der ersten Häutung der Männchen um Mitte Mai erfolgten unweit der Winterquartiere bis in die erste Junihälfte die Paarungen. Anschliessend bewegten sich die Tiere hangabwärts zu ihren Sommerlebensräumen, offene Flächen im Talgrund, die Lesesteinhaufen in Wiesen und Rasen nutzten sie als «Rastplätze» auf dem Weg dorthin. Etwa Ende Juni häuteten sich die Weibchen erstmals. Im Juli und August blieb das Verhalten der Schlangen sehr diskret. Die Rückwanderung hangaufwärts begann im September. Die trächtigen Weibchen gebaren in der zweiten Septemberhälfte in der Nähe der Winterquartiere. Die oberirdische Aktivität der Schlangen endete mit dem Einsetzen von Kälteperioden oder Nachtfrösten.

Die 419 Fundpunkte ordnete Moser sieben Zonen zu: Geröllhalde, Wald, Waldrand, Rasen und Wiesen, Siedlung, Sumpf und schliesslich Flussufer in Talsohle. Ein Drittel der Beobachtungen entfiel auf die Geröllhalde, ein weiteres Drittel auf Rasen und Wiesen, der Rest verteilte sich auf die übrigen fünf Zonen. Bei Ortswechseln durchquerten die Schlangen offene Flächen anscheinend ziemlich geradlinig. Ein Weibchen legte in vier Stunden 1200 Meter zurück.

Die Heimbereiche umfassten als 100 % MCP bei den Männchen 5,8 bis 7,8 Hektar, bei den Weibchen 4,8 bis 8,5 Hektar. Bei den Männchen enthielten sie 35 bis 42 individuelle Fundorte, bei den Weibchen 23 bis 43. Die von Moser auf 80 Adulttiere geschätzte Kreuzotterpopulation bewegte sich innerhalb einer Fläche von etwa 33 Hektar (100 % MCP).

Bis zum Aufkommen der Radiotelemetrie beruhten Studien zum Raumverhalten von Tieren auf Sichtungen individuell markierter Tiere und der Hoffnung auf gelegentliches Wiedersehen. Drei Jahre vor Moser analysierte Rainer Neumeyer auf dieser Grundlage das Raumverhalten von Kreuzottern im Raum Davos. Von insgesamt 149 markierten Schlangen, 47 davon ausserhalb des 23 Hektar umfassenden Areals, das als Untersuchungsgebiet abgesteckt wurde, erfüllten im Lauf des Jahres 1981 neun reproduzierende Weibchen und sieben Männchen seine Kriterien für die Berechnung eines Heimbereichs: Sie wurden an mindestens fünf unterschiedlichen Orten gefunden, und den ersten und letzten Fundort trennten weniger als 200 m Luftlinie. Die Berechnungen eines 100 % MCP beruhten schliesslich auf fünf bis elf Fundorten pro Tier. Die sieben adulten Männchen beanspruchten einen Heimbereich von 0,2 bis 3 ha, die neun reproduzierenden Weibchen 0,01 bis 0,61 ha. Die Treue zum Heimbereich der Schlangen überprüfte der Forscher, indem er nach Zusammenhängen zwischen Zeit-

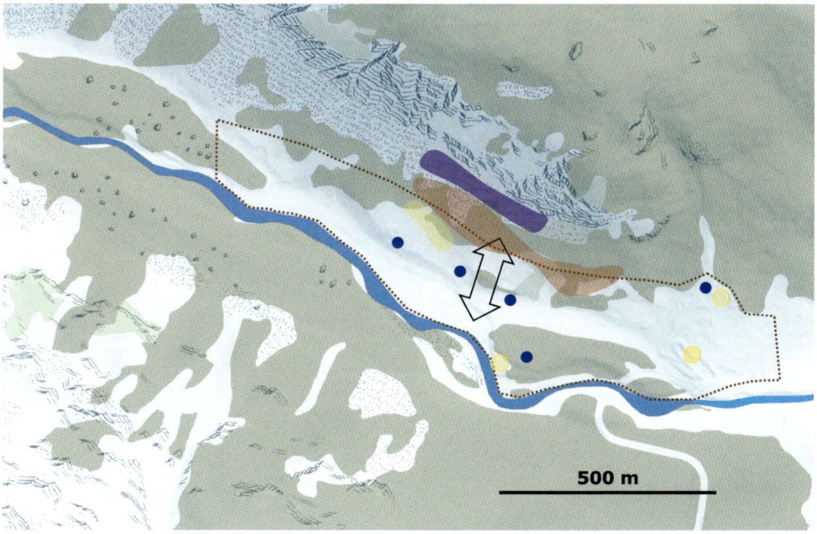

räumen und zurückgelegten Distanzen suchte. Erfolgen Ortswechsel zufällig, sollte der Aktionsraumdurchmesser, der Abstand zwischen den zwei entferntesten Fundorten, mit der wachsenden Zeitspanne zwischen erster und letzter Beobachtung zunehmen. Ein solcher Zusammenhang liess sich in den Daten der 78 diesbezüglich auswertbaren Kreuzottern nicht finden. Auch verschoben die Tiere ihren Aufenthaltsort innerhalb von zwei Aktivitätsperioden um weniger als 200 m, was als weiterer Hinweis auf Ortstreue gelten kann.

Jean-Claude Monneys erste Berechnungen der Heimbereiche von Aspisvipern in den Freiburger Voralpen beruhten ebenfalls auf Direktbeobachtungen. Berechnet als 100 % MCP beanspruchten fünf trächtige Weibchen hier zwischen 0,1 bis 1,4 ha, vier nicht trächtige 0,05 bis 1,4 ha, sieben Männchen 0,6 bis 2,9 ha.

Auch die ersten Daten aus der Schweiz zur Raumnutzung von Eidechsen verdanken wir der Direktbeobachtung. Auf der Allmend Brunau in Zürich (Kapitel 4.1, Seite 62) nutzte Peter Müller seine Wiederfänge individuell markierter Zauneidechsen zur Beschreibung von Bewegungsmustern und Umgrenzung von Heimbereichen. Hierfür unterschied er rund 600 Fundorte. An über 80 % derselben beobachtete er nur ein Individuum. 91 % aller Distanzen zwischen zwei zeitlich aufeinanderfolgenden

Abbildung 67 Saisonale Aktivität einer Kreuzotterpopulation im Engadin: Überwintern (violette Zone) oben im Hang, Paaren (rot) meist nicht weit davon, zum Jungtiere austragen (gelb) und Jagen (Jagdgebiet gepunktet umgrenzt) weiter den Hang runter bis ins Tal, im Herbst dann wieder rauf, Gebären unweit der Winterquartiere. Blaue Punkte: Rastplätze.

Beobachtungen desselben Tiers betrugen 20 m oder weniger. Innerhalb eines Tages blieben über 80 % dieser Distanzen bei unter 10 m, die Maximalwerte lagen bei 54 m. Über die gesamte Saison betrachtet bewegten sich die Weibchen über signifikant kürzere Distanzen als die Männchen, selbst dann noch, wenn zwischen zwei aufeinanderfolgenden Beobachtungen über fünf Tage verstrichen. Die Grösse der Heimbereiche berechnete Müller nur für Männchen, die er an mindestens 11 Orten und für Weibchen, die er an mindestens 9 Orten gefunden hatte. Gemäss den Erkenntnissen des schwedischen Forschers Mats Olsson erhält man damit im Schnitt bereits 90 % des effektiven Heimbereichs der Eidechsen. Beim einzigen Weibchen, welches das Kriterium erfüllte, kam Müller so mit einem 100 % MCP auf 82 m^2, bei fünf Männchen lagen die Werte zwischen 161 m^2 und 527 m^2, also bei maximal 5 Aren oder 0,05 ha.

Nathalie-Anne Burgers Angaben zum Raumverhalten der Zauneidechsen in ihrem Untersuchungsgebiet, einem Truppenübungsplatz bei Planeyse oberhalb von Colombier (NE) (Kapitel 4.1, Seite 63), beruhen auf Wiederfängen mit Fotos identifizierter Tiere. Als 100 % MCP beanspruchten die sieben ausgewerteten Männchen, für welche sie Heimbereiche berechnete, im Mittel 105 m^2 (35 bis 211 m^2), die ebenfalls sieben Weibchen im Mittel 69 m^2 (32 bis 107 m^2). Die Anzahl Fundorte, auf denen die Berechnungen beruhten, werden nicht genannt. 12 von 19 Männchen galten als «sesshaft», d. h. die Forscherin konnte sie an über 10 % der Untersuchungstage sichten, bei den Weibchen waren es immerhin 7 von 8.

Lionel Cavin fing im Rahmen seiner in Kapitel 4.1 vorgestellten Studie einer Population von Bergeidechsen je sieben Männchen und sieben Weibchen mindestens dreimal. Für jedes Individuum bildete er den kleinstmöglichen Kreis, der alle Fundorte enthält. So gerechnet beanspruchte ein Männchen im Mittel eine Fläche von 306 m^2, ein Weibchen 85 m^2.

Der unterschiedlichen Methodik wegen sind direkte Vergleiche zwischen radiotelemetrischen und auf Direktbeobachtungen beruhenden Resultaten heikel. Allgemein steigt die Grösse von Heimbereichen zunächst mit jedem neu hinzukommenden Fundort stark an und stabilisiert sich erst ab einer grösseren Anzahl Fundorte. Nicht von ungefähr gibt es Versuche, ausgehend von den verfügbaren Fundorten mit statistischen Methoden mittels Extrapolation, die tatsächliche Grösse eines Heimbereichs zu schätzen. In der in Kapitel 8.4 besprochenen Studie zur Ringelnatter haben wir ein solches Verfahren angewandt. Im Fall der Kreuzottern im Bündnerland sind die deutlich kleineren Heimbereiche in der alpinen Zwergstrauchheide sicher auch der geringeren Anzahl Fundorte geschuldet, mit denen sie berechnet wurden. Neumeyers und Mosers Untersuchungsgebiete sind aber strukturell derart verschieden, dass die Kreuzottern ihren Ressourcenbedarf kaum auf jeweils ähnlich grossen Flächen decken können.

Eiablageplätze gelten als kritische Ressource für die Wiederansiedlung und Erhaltung der Europäischen Sumpfschildkröte in der Schweiz. Die Radiotelemetrie von Weibchen könnte helfen, potenzielle Eiablageplätze zu finden und zu sichern sowie allenfalls neue anzulegen. Zwei Studien, die eine im Tessin, die andere in Genf im Rahmen eines Wiederansiedlungsprogramms, verfolgten diesen Ansatz. Die Genfer Studie von

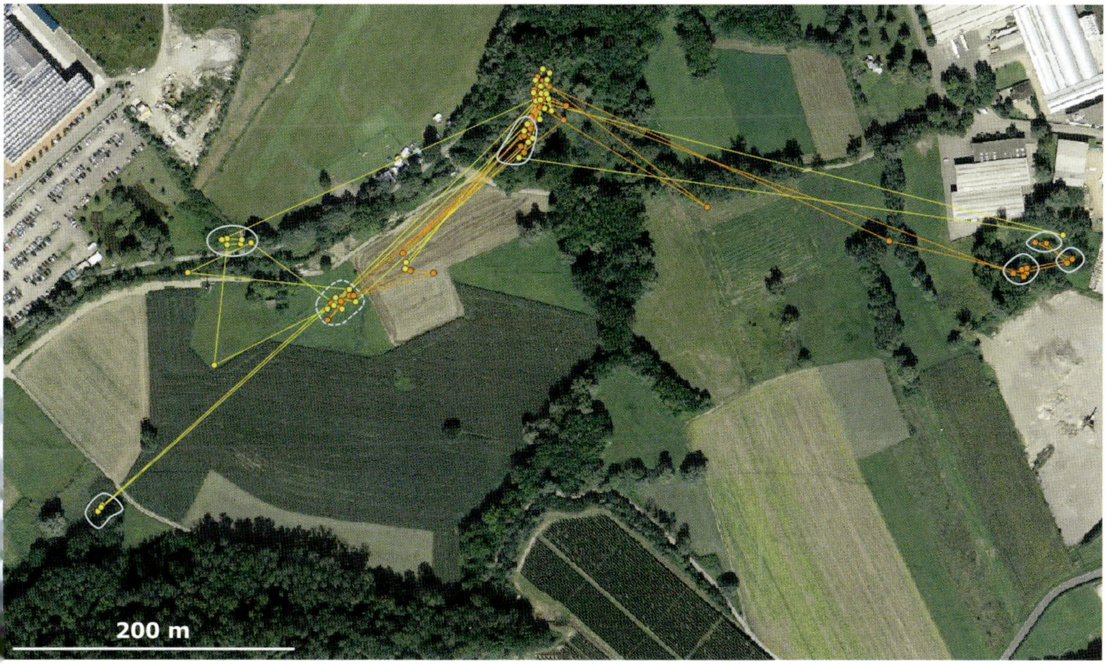

Romain Martinuzzi bespreche ich weiter unten in Kapitel 8.4, da er auch die Nutzung neu angelegter Eiablageplätze überprüfte. In der Tessiner Studie ging es zusätzlich um die Erfassung des Lebensraums einer Population von damals mindestens 16 Schildkröten und der von ihr beanspruchten Landschaftselemente.

Im Naturschutzgebiet Colombera (Stabio TI) in der Umgebung des Flusses Laveggio überwachte Marco Nembrini von Mai bis Ende Dezember 2008 je zwei adulte Weibchen und Männchen (Abbildung 68). Der Laveggio fliesst dort durch Landwirtschaftsland, das von Verkehrswegen und Siedlungen umgeben ist. Im Gebiet befinden sich ein Auenwald, Gehölze und Hecken sowie ein grosser und mehrere kleine Weiher. Die vier Schildkröten ortete er zwischen Mai und Mitte Juli einmal pro Tag, anschliessend bis zum Beginn der Überwinterung einmal wöchentlich.

Die Schildkröten legten binnen zweier Tage bis zu 350 m zurück, die maximale Distanz zum Aussetzungsort betrug aber nur 440 m. Die Heimbereiche (100 % MCP) der beiden Männchen umfassten 0,1 und 9,5 ha, die der beiden Weibchen 2,9 ha und 4,5 ha. Die Tiere haben sich hauptsächlich während der Fortpflanzungszeit zwischen Ende Mai und Anfang Juli fortbewegt. Für Ortswechsel nutzten die Schildkröten nach Starkregen wassergefüllte Gräben und überflutete Wiesen, die ihnen erlaubten, Teile

Abbildung 68 Ortungen und Ortswechsel eines Männchens (gelb, Nr. 3) und eines Weibchens (orange, Nr. 2) der Europäischen Sumpfschildkröte im Naturschutzgebiet Colombera (TI). Die Weiher sind mit hellen Linien umgrenzt (durchgezogen: permanent, gestrichelt: temporär)

einer Strecke schwimmend zurückzulegen. Beide Weibchen suchten wiederholt temporär überflutete Flächen im Landwirtschaftsland auf, aber auch die kleinen Weiher und mögliche Eiablageplätze. Eine Eiablage konnte Nembrini nicht beobachten. Ab Anfang August befanden sich alle Schildkröten wieder im Weiher, wo sie gefangen worden sind. Ortswechsel fanden kaum noch statt. Die Schildkröten nutzten im Gebiet praktisch alle verfügbaren Landschaftselemente, speziell die Teiche, das Röhricht, die Hecken und Pfützen, welche gemeinsam ein ökologisches Netzwerk bilden.

8.2 Wie teilen sich zwei einander ähnliche Arten denselben Lebensraum – falls überhaupt?

Drei Studien versuchten Unterschiede in der Raumnutzung von jeweils zwei Arten herauszuarbeiten, die in einem Gebiet gemeinsam vorkommen. In einem Fall ging es um Grundlagenforschung, in den anderen beiden um angewandte Fragestellungen im Zusammenhang mit der Erhaltung der Arten.

Jean-Claude Monney verglich die Raumnutzung von Aspisvipern und Kreuzottern in einem der wenigen Gebiete gemeinsamen Vorkommens im Berner Oberland. Hierzu teilte er die etwa 70 Hektar grosse Untersuchungsfläche (näher beschrieben in Kapitel 4.1, Seite 52) in 5x5 m grosse Quadrate und erfasste für jedes Quadrat die Anzahl Beobachtungen jeder Art. Um die Ortswechsel einzelner Schlangen detaillierter erfassen zu können, stattete Monney ausgewachsene und nicht trächtige Tiere mit Schlucksendern mit einer Lebensdauer von maximal anderthalb Monaten aus. Die Schlangen ortete er, wenn möglich, je einmal tagsüber und abends. In den Jahren 1989, 1990 und 1991 gelang ihm die Überwachung von insgesamt 17 Aspisvipern (9 Männchen und 8 Weibchen) und 15 Kreuzottern (8 und 7), aber nie von mehr als 12 Tieren im selben Zeitraum. Nur wenige Tiere liessen sich über einen längeren Zeitraum ohne Unterbruch verfolgen, denn die meisten würgten den Sender wieder aus und verschwanden anschliessend während Tagen oder Wochen.

Die insgesamt 3830 zwischen 1988 und 1993 protokollierten Beobachtungen verteilten sich auf 345 verschiedene Fundpunkte. An 106 derselben fand Monney beide Arten, an 118 nur Aspisvipern, an 121 nur Kreuzottern (Abbildung 69). Für jede adulte Schlange, für welche mindestens 4 Beobachtungen zu verschiedenen Jahreszeiten vorlagen, also nicht nur für die radiotelemetrisch überwachten, hat Monney den Heimbereich mit einem MCP beschrieben. Mit durchschnittlich 2,5 Hektar (Mittelwert aus 18 Tieren, Spanne 1,04 bis 7,61 ha) beanspruchten die Kreuzottern deutlich grössere Flächen als die Aspisvipern mit 0,87 Hektar (Mittelwert aus 46 Tieren, 0,12 bis 2,82 ha). Die Bewegungsmuster der beiden Arten ähnelten sich jedoch stark, die geringen Abweichungen beruhten auf Unterschieden der jeweiligen Lebensräume. Die Verteilung der Ortungen der beiden Arten ist «parapatrisch», am ausgeprägtesten bei den Winterquartieren und den Aufenthaltsorten trächtiger Weibchen. In der etwa

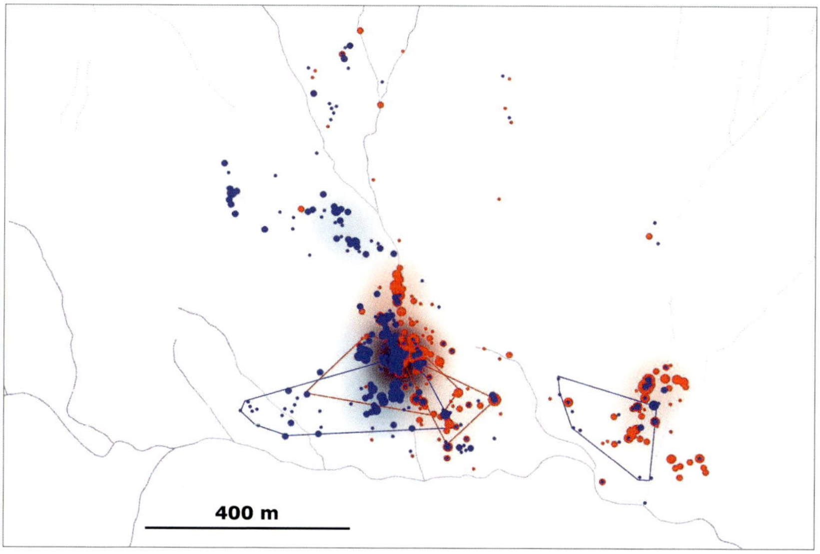

900 m breiten Überlappungszone bilden Exposition, Besonnungsdauer und Beutedichte je einen Gradienten aus. Nur den strukturell vielfältigsten und beutereichsten Bereich teilten sich die beiden Arten. Wo sie nicht gemeinsam vorkommen, besiedeln sie sehr ähnliche Habitate, die sich nur in der Höhenlage unterscheiden; die Kreuzotter steigt höher hinauf. In der Kontaktzone teilen die Arten das Habitat auf. Die Aspisviper scheint dort die Kreuzotter aus den wärmsten Bereichen zu verdrängen. Pfeifengras- und Fichtenbestände besiedelt vor allem die in Bezug auf den Lebensraum weniger anspruchsvolle Kreuzotter. Die saisonale Aktivitätsperiode der Kreuzottern ist kürzer als diejenige der Aspisvipern, mit 148 gegenüber 200 Tagen bei reproduzierenden Weibchen und 191 gegenüber 209 Tagen bei den Männchen. Die Paarungszeit beginnt bei Aspisvipern früher im Jahr und überschneidet sich nur selten mit jener der Kreuzottern. Herbstpaarungen wurden nur bei Aspisvipern beobachtet.

Der Forscher geht auf zwei schwarze Kreuzottermännchen näher ein, die er 1990 und 1991 gelegentlich telemetrisch überwachen konnte. Die beiden teilten sich den Sektor A weitgehend. Ihre Heimbereiche lagen in der Umgebung der zwei wichtigsten Winterquartiere des Sektors und deckten den grössten Teil der Heimbereiche der

Abbildung 69 Fundorte von Kreuzottern (blau) und Aspisvipern (rot) in einem Gebiet gemeinsamen Vorkommens. Je grösser ein Punkt, umso mehr Individuen wurden hier gesichtet. Die als 100 % MCP dargestellten Heimbereiche von zwei Weibchen beider Arten zeigen das Verhältnis des individuellen Flächenanspruchs zur Überlappungszone insgesamt.

übrigen Kreuzottern im Sektor ab, überschnitten sich aber nur im Frühjahr minimal. Im Zeitraum 1988–1991 kamen für Männchen Nr. 2 96 Ortungen an 35 Fundpunkten zusammen, für Nr. 5 im Zeitraum 1988–1992 124 Ortungen an 24 Fundpunkten. Die 35 Fundpunkte ergaben für Nr. 2 einen Heimbereich von insgesamt 7,6 ha, die beiden entferntesten Punkte trennten 540 m Luftlinie. Nur auf ein Jahr bezogen lag der Heimbereich 1990 bei 6,3 ha, 1991 bei nur 3,9 ha. Der Heimbereich von Nr. 5 umfasste insgesamt 2,0 ha, 1990 0,7 ha und 1991 1,3 ha, die Distanz zwischen den am weitesten voneinander entfernten Fundpunkten betrug 235 m.

Die Radiotelemetrie half auch, den Landlebensraum der beiden Wassernattern am Ort des bereits mehrfach erwähnten gemeinsamen Vorkommens am Genfersee differenzierter zu erfassen und Unterschiede in der Raumnutzung zwischen der heimischen Vipernatter und der eingeschleppten Würfelnatter herauszuarbeiten. Fünf Würfel- und drei Vipernattern wurden Sender implantiert, Luc Rebetez ortete die Schlangen im Mai/Juni 2011 über einen Zeitraum von 38 Tagen.

In der Nutzung des Landlebensraums zeigten sich geringfügige Unterschiede. Die Vipernatter fand sich eher in schwach geneigten, strukturreichen und feuchten Uferabschnitten mit ausgeprägter Krautschicht und zahlreichen Spalten als Unterschlupfmöglichkeit. Die Würfelnatter nutzte vor allem steile, südexponierte und bestockte Uferböschungen, wo Rebetez sie selbst auf versiegelten Flächen ortete. Beobachtungen aus früheren Jahren bestätigten bereits, dass die Schlangen die Bahnlinie regelmässig überqueren und bis zur Kantonsstrasse hinaufgelangen. Wenige Funde erfolgten gar oberhalb der Kantonsstrasse (Abbildung 70, Tier rechts). Trotz des kurzen Erfassungszeitraums ergaben sich vor allem bei der Vipernatter Hinweise auf eine Nutzung der Rebkulturen als Eiablageplätze. Auch Luc Rebetez berechnete Grössen von Heimbereichen, doch sind die Werte des kurzen Erfassungszeitraums und der Beschränkung der Ortungen auf den Landlebensraum wegen nicht aussagekräftig. Zwar jagen die Schlangen im Wasser wohl überwiegend in maximal 30 bis 50 Meter Entfernung vom Ufer, doch beobachten Fischer sie angeblich nicht selten mehrere Hundert Meter vom Ufer entfernt.

Die bislang einzige radiotelemetrische Studie zu Äskulap- und Zornnattern in der Schweiz lief im Südtessin in den «Boschi» von Stabio, wo ein in Planung befindliches Nationalstrassenstück (A395) direkt einen national bedeutenden Reptilienlebensraum bedrohte. Die radiotelemetrische Erfassung der Raumnutzung der beiden im Gebiet häufigsten Schlangenarten sollte uns helfen, artgerechte Massnahmen zum Ausgleich der Verluste an Lebensraum und dessen Zerschneidung zu definieren.

Abbildung 70 Ortungen einer Vipernatter (gelb) und einer Würfelnatter (rosa) im Lavaux (VD) am Genfersee im Zeitraum Mitte Mai bis Ende Juni 2011. Beide Tiere überquerten die Bahnlinie, die Würfelnatter überwand auch die Kantonsstrasse.

Abbildung 71 Fundpunkte einer weiblichen Äskulapnatter in den Boschi von Stabio (TI) in den Monaten Mai und Juni 2000. Mindestens einen Meter über dem Boden liegende sind rot markiert. Das Polygon umgrenzt den Heimbereich als 100 % MCP, die blassgelben Flächen kennzeichnen die 75 %- und 50 %-Kernzonen.

100 m

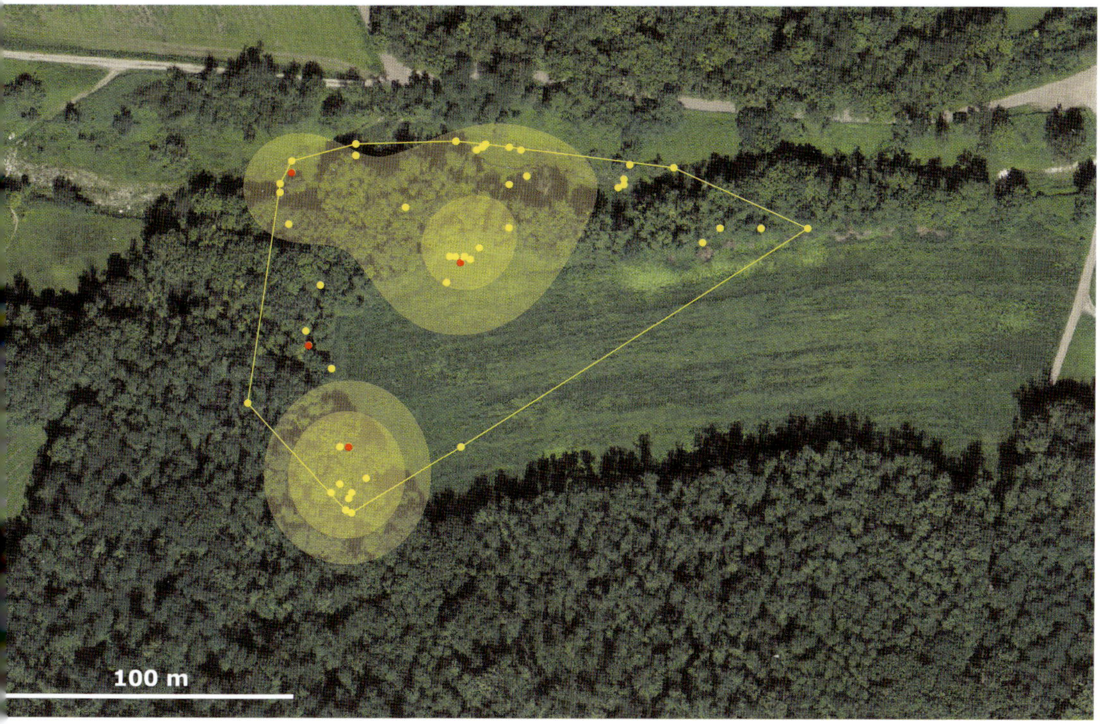
100 m

Die beiden an der Datenerhebung beteiligten Universitäten wünschten aus administrativen Gründen eine Aufteilung der Arbeiten auf drei Diplomandinnen und zwei Zeitfenster, eines von fünf Wochen im Mai/Juni und eines von zwei Wochen im September 2000. Besendert haben wir je 9 Äskulapnattern (5 Männchen und 4 Weibchen) und 9 Zornnattern (4 und 5), je sechs pro Art im Mai/Juni und je drei im September. Sämtliche Schlangen wurden möglichst zweimal täglich geortet.

Lieferengpässe zwangen uns, Sender von zwei Herstellern einzusetzen. Das Implantat des einen erwies sich als undicht, was letztlich den Tod von fünf Schlangen zur Folge hatte und zu enormen Unterschieden in der Anzahl Ortungen pro Schlange führte – zwischen sechs und 72, verteilt auf zwei bis 63 Tage. Zudem reichten die vorgegebenen Zeitfenster nicht, um den gesamten Jahreszyklus der Schlangen zu erfassen. Von den insgesamt 503 Ortungen entfielen schliesslich 324 auf Äskulap- und 179 auf Zornnattern. Ihrer beschränkten Aussagekraft zum Trotz nahmen einige der Resultate vorweg, was zehn Jahre später in ähnlichen Studien in Frankreich bestätigt wurde.

Äskulapnattern sind unbestreitbar sehr klettergewandt, was Fotografen immer wieder dazu animiert, sie dekorativ im Geäst zu drapieren. Die Aufnahmen erwecken den Eindruck, es handle sich bei dieser Art um eine Baumschlange, die nur gelegentlich den Boden aufsucht. In den Boschi di Stabio, mit Wald und Baumbeständen üppig ausgestattet, lag die Anzahl Ortungen von Äskulapnattern ab einem Meter oder höher über dem Boden je nach Individuum zwischen 0 und 17 %. Sie ist also eher eine Bodenschlange, die gelegentlich das Geäst aufsucht (Abbildung 72), was auch Studien aus Frankreich und Österreich bestätigen. Und doch verschieden von der Zornnatter, die wir in den Boschi niemals über dem Boden geortet haben, dafür öfter als die Äskulapnatter in den offenen und sonnenexponierten Bereichen des Untersuchungsgebiets.

Nahezu drei Viertel (72 %) der Ortungen entfielen auf Saumbiotope wie Waldränder und die Uferböschungen des Gaggiolo. Zumindest in den beiden erfassten Zeitfenstern konnten die Schlangen anscheinend einen Grossteil ihres Ressourcenbedarfs in den Randlagen des Untersuchungsgebiets decken.

Ein aktives Individuum legte an einem Tag Distanzen zwischen 4 und 176 m zurück, im Frühjahr durchschnittlich 50 m pro Tag. Im Herbst zeigte sich ein ausgeprägter Unterschied zwischen den Arten, mit durchschnittlich 84 m bei der Zorn- und nur 16 m bei der Äskulapnatter. Der Heimbereich der Schlange mit den meisten Ortungen, einer weiblichen Äskulapnatter (71 Ortungen, Abbildung 71), umfasste 1,4 Hektar, doch umgrenzte er einzig deren Aktivität im Frühjahr. Nur eine Schlange, ein Zornnattermännchen, vollzog einen Ortswechsel, den die geplante Nationalstrasse verunmöglicht hätte.

Abbildung 72 Auch wenn radiotelemetrische Studien gezeigt haben, dass sie sich überwiegend am Boden aufhält, ist die Äskulapnatter doch die Schlange, die wir in der Schweiz am ehesten auf einem Baum sehen, hier in den Bolle di Magadino (TI) anderthalb Meter über dem Boden. (Foto: Nicolas Joudrier)

8.3 Wie passen sich Reptilien dynamischen Lebensräumen an?

Den Tessiner Kollegen gibt die Verbreitung der Würfelnatter in ihrem Kanton bis heute Rätsel auf. Warum erreicht sie in der Leventina Faido und im Bleniotal Olivone auf jeweils etwa 800 m, während an der Moesa die Vorkommen bereits auf 400 m enden? Warum fehlen Würfelnattern im gesamten Mendrisiotto, obwohl der Laveggio das ganze Jahr über Wasser führt und über einen intakten Fischbestand und mehrere Kilometer naturnahe Ufer verfügt?

Die Würfelnatter ist an Gewässer gebunden, denn gemäss unserem Kenntnisstand jagt sie ausschliesslich im Wasser und frisst nahezu ausschliesslich Fische. Fallen grosse Teile des Fischbestands eines Gewässers einer Katastrophe zum Opfer, etwa einer langen Trockenperiode oder einem Hochwasser, welches das Schotterbett des Flusses mitreisst und die darin verborgenen Fische zermalmt, dann muss die Schlange kurzfristig auf andere Beutetiere ausweichen können oder ihre Raumnutzung der Dynamik des Wasserhaushalts ihres Lebensraums anpassen. Lassen sich Hinweise auf eine solche Anpassung finden? Und gibt es unabhängig vom jeweiligen Lebensraumtyp bestimmte Muster der Raumnutzung?

Um Antworten auf solche Fragen zu finden, statteten Alberto Conelli und Marco Nembrini an drei verschiedenen Orten insgesamt neun Würfelnattern mit Sendern aus und überwachten sie von September 2004 bis September 2005, vier an einem Seeufer im Naturschutzgebiet Bolle die Magadino, drei Tiere am Wildbach Traversagna bei Arbedo und weitere zwei am vom Menschen gestalteten Ufer des Luganersees bei Riva San Vitale. Wie am Genfersee ging es um die Erfassung der Landlebensräume und der Lage kritischer Ressourcen wie Eiablagestätten und Winterquartiere. Mit den thermosensitiven Sendern zeichneten die Forscher die Körpertemperatur der Schlangen auf und glichen sie mit der Umgebungstemperatur ab. Die Resultate dieser Aufzeichnungen kamen bereits in Kapitel 3.1 zur Sprache.

Die Bolle di Magadino und damit die Sommerlebensräume der Schlangen stehen im Winter vollständig unter Wasser. Alle vier besenderten Würfelnattern suchten über dieselbe Route ein über 500 m von den Sommerlebensräumen entferntes Winterquartier auf (Abbildungen 73 und 83), welches auch andere Reptilienarten nutzen. Das Winterquartier liegt in der Böschung einer Kantonsstrasse auf einem Privatgrundstück, inzwischen aber immerhin knapp innerhalb der Reservatsgrenzen.

Die Würfelnattern haben sich nie weit vom Wasser entfernt. Die beiden Schlangen vom Luganersee bewegten sich über maximal 90 m dem Seeufer entlang und nutzten zur Thermoregulation und zur Überwinterung vor allem anthropogene Strukturen. An der Traversagna bewegten sich die Würfelnattern über bis zu 400 m entlang des Bachlaufs, hielten sich aber nie mehr als 5 bis 10 m vom Wasser entfernt auf. Rund 90 % aller Ortungen erfolgten hier am südexponierten, also sonnseitigen Ufer. Vor der Mündung in den Ticino liegen flussaufwärts mehrere Staustufen, welche leider verhindern, dass Fische aus dem Ticino die Traversagna aufwärts wandern können. Um den Fischbestand oberhalb der Staustufen zu erhalten, setzen die Behörden

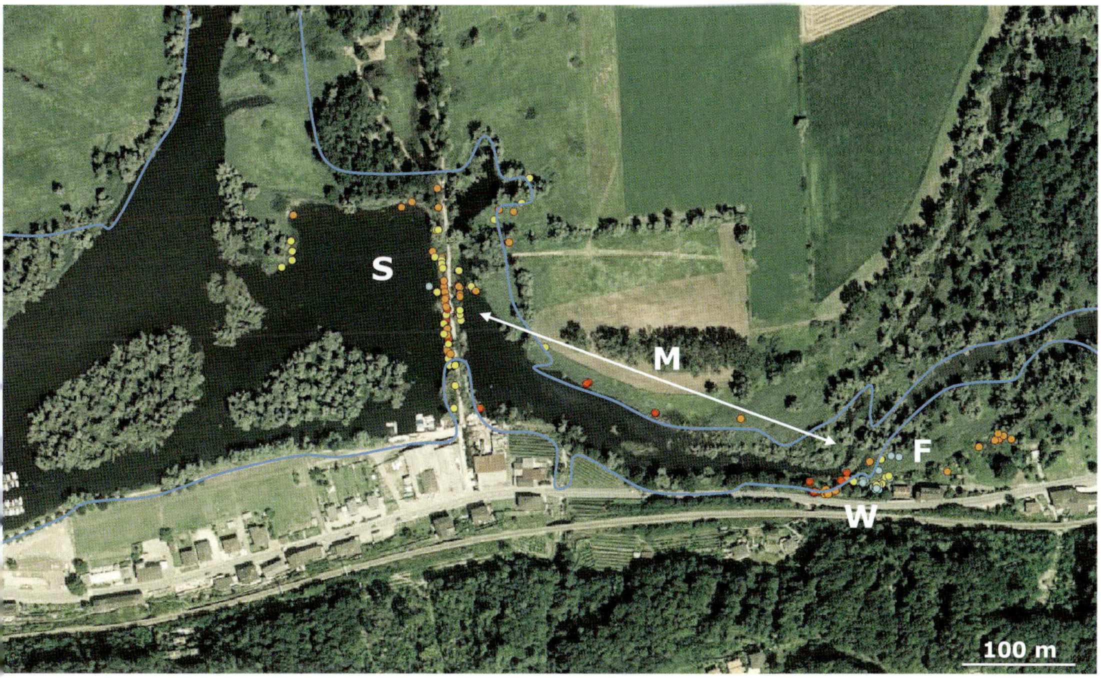

regelmässig Brütlinge frei. Einzig dieser Massnahme ist es zu verdanken, dass die Würfelnattern auch nach extremen Hochwassern wieder genug Beute finden und so an der Traversagna bis heute überleben.

In den Bolle di Magadino starb eine der besenderten Würfelnattern während der Überwinterung. Vier weitere Tiere fielen kurz nach dem Ende der Winterruhe nicht näher identifizierten Prädatoren zum Opfer, was darauf hindeutet, dass diese Periode ein erhöhtes Prädationsrisiko mit sich bringen könnte.

Abbildung 73 Radiotelemetrische Ortungen vier weiblicher Würfelnattern (rot, orange, gelb, blau) in den Bolle di Magadino (TI). F: Aufenthaltsorte im Frühjahr nach Verlassen des Winterquartiers (Mitte März bis Mitte April), S: Sommerlebensraum, M: Wanderroute vom und zum Winterquartier, W: Winterquartier (November bis Mitte März). Die hellblaue Linie umgrenzt den Hochwasserstand im Winter.

8.4 Wie sprechen Reptilien auf Eingriffe in ihre Lebensräume und Populationen an?

Die Radiotelemetrie wurde schliesslich auch eingesetzt, um zu überprüfen, wie Europäische Sumpfschildkröten und Ringelnattern auf spezifische Fördermassnahmen ansprechen, wie sich umgesiedelte Kreuzottern zurechtfinden und wie Zauneidechsen auf kurzzeitig extreme Veränderungen ihres Lebensraums reagieren.

Ein Angebot an Eiablageplätzen, die einen für überlebensfähige Populationen ausreichend hohen Fortpflanzungserfolg gewähren, ist mit entscheidend für die erfolgreiche Wiederansiedlung der Europäischen Sumpfschildkröte im Schweizer Mittelland. Der Kanton Genf hat im Naturschutzgebiet «Prés-de-Villette» im Rahmen seines Wiederansiedlungsprogramms zwischen 2010 und 2018 insgesamt 52 Individuen des einheimischen Genotyps freigelassen und zwei Sandflächen als mögliche Eiablageplätze angelegt. Der Fang etwa zwei Jahre alter Jungtiere 2017 bestätigte, dass die Sumpfschildkröten sich im Wiederansiedlungsgebiet fortpflanzen. Daher suchte Romain Martinuzzi 2021 mit der radiotelemetrischen Überwachung von fünf Weibchen herauszufinden, ob sie die ihnen angebotenen Eiablageplätze nutzen und wo sonst im Untersuchungsgebiet sie ihre Eier legen. Mit einer detaillierten Beschreibung der Lage und Struktur der zur Eiablage genutzten Böden sollte sich diese kritische Ressource weiter optimieren lassen.

Der Forscher setzte ein System des rumänischen Herstellers Milsar Technologies ein, das die automatische Aufzeichnung und Übermittlung der Daten ermöglicht und dessen Sender mit Strom eines integrierten Solarmoduls versorgt wird. Da einer Schildkröte so insgesamt 16 g Material auf den Rückenpanzer geklebt werden (Abbildung 87), wählte Martinuzzi nur grosse und schwere Weibchen, damit das Sendergewicht unter den empfohlenen maximal 5 % des Körpergewichts blieb. Da Sumpfschildkrötenweibchen ihre Eier zwischen Abend- und Morgendämmerung ablegen, erfolgte die Datenaufzeichnung zwischen 18 h und 6 h alle 15 Minuten.

Das so programmierte System lieferte in den Monaten Juni bis August 12 478 Datensätze, ein Vielfaches der Anzahl manuell erhobener Ortungen der übrigen Studien. Allerdings enthielten nur 22 % dieser Datensätze verwertbare GPS-Koordinaten. Potenzielle Eiablagestätten wurden als solche festgehalten, wenn während 20 Minuten alle Ortungen ausserhalb des Wassers und in einem Umkreis von maximal fünf Metern lagen. Auf diese Weise liessen sich 128 Orte als potenzielle Eiablagestätten eingrenzen und diese sechs Zonen innerhalb des Naturschutzgebiets zuordnen. Zwei davon liegen im Überschwemmungsbereich des Sektors «Pré-Bordon» (Abbildung 74), die übrigen vier im Sektor «Rappes». Nur im erstgenannten Sektor fand der Forscher Gelege von Sumpfschildkröten. Die entdeckten Eihüllen liessen auf drei bis fünf Gelege schliessen, darunter drei von Nesträubern geplünderte (Abbildung 75). Nur im Sektor Rappes suchten die Weibchen die als Ablagesubstrat angebotene Sandfläche auf, doch fanden sich weder dort noch anderswo in diesem Sektor Hinweise auf eine Eiablage.

Abbildung 74 Anhand der radiotelemetrischen Überwachung dreier Weibchen eingegrenzte Eiablagezonen der Sumpfschildkröte (gelb) im Sektor Pré-Bordon des Naturschutzgebiets Prés-de-Villette (GE). Später in der Saison bestätigten Funde geplünderter Gelege (blau), dass die vermuteten Bereiche den Schildkröten effektiv Ablagemöglichkeiten boten.

Abbildung 75 Von einem Nesträuber geplündertes Gelege einer Sumpfschildkröte. (Foto: Jacques Binggeli)

Das Grosse Moos, die ehemals ausgedehnte Sumpflandschaft östlich des Bielersees, wurde im Zug der beiden Juragewässerkorrektionen entwässert, grossflächig trockengelegt und zu einer intensiv bewirtschafteten Agrarlandschaft umgestaltet (Abbildung 76). Reste der ursprünglichen Landschaft finden sich heute noch in Naturschutzgebieten (NSG). Zusammen mit ökologischen Ausgleichsflächen (ÖAf), Windschutzstreifen und den Waldstücken auf den Moränenhügeln am Rand der Ebene bilden sie die Grundlage zur Erhaltung für das Grosse Moos typischer Arten, so auch der Ringelnatter. Uns interessierte, wie sich die Schlange an die veränderte Landschaft angepasst hat und ob sie Fruchtfolgeflächen (FF) als Teil ihres Lebensraums erschlossen hat.

Um diese Frage zu klären, stattete Christine Wisler 2005 in der Umgebung eines Waldstücks am rechten Ufer des Hagneckkanals 10 Weibchen mit Sendern aus. Und wie am Anfang des Kapitels zu lesen war, musste sie nicht lange auf eine Antwort warten. Bis Ende 2005 ortete die Forscherin alle sieben überlebenden Weibchen in Fruchtfolgeflächen, eines davon nur einmal, bei vier lag mehr als ein Drittel der Fundorte in Mais-, Getreide-, Chinaschilf-, Zuckerrüben- oder Kartoffelfeldern. Mindestens fünf Weibchen nutzten denselben Eiablageplatz, der mehrere Hundert Meter von den Kernzonen ihrer Aktivität entfernt lag (Abbildung 77). Handelt es sich bei diesen Tieren

Abbildung 76 Ein Ausschnitt aus dem Grossen Moos, in welchem sich im Jahr 2005 Feldhasen und Ringelnattern begegneten. (Foto: Christine Wisler)

um einen Sonderfall, oder verhielten sich Ringelnatterweibchen andernorts im Moos ähnlich? Dies untersuchten wir in den Jahren 2006 bis 2010 mit der radiotelemetrischen Überwachung weiterer 12 Weibchen. Diese fingen wir gezielt in der Umgebung von Naturschutzgebieten und Ausgleichsflächen. Nebst einem kleinräumigen Angebot an Feuchtwiesen, Feldgehölzen, Hecken und Kleinstrukturen enthalten diese Inseln auch Laichgewässer für Amphibien, im Grossen Moos die Hauptbeutetiere der Ringelnatter. Halten sich da die Schlangen überhaupt noch in Fruchtfolgeflächen auf?

Die insgesamt 22 Weibchen konnten wir über Zeiträume von 21 bis 400 Tagen radiotelemetrisch überwachen. Acht Schlangen starben im Zeitraum der Datenaufnahme, und zwar deren vier durch Landmaschinen im Jagdgebiet, drei durch Prädation im Jagdgebiet und eines durch Landmaschinen im Winterquartier. Die aus diesen Verlusten geschätzte Überlebensrate lag nach einem Jahr bei 61 % (30–91 %).

Von den 511 Ortungen der insgesamt 13 für die Analyse der Raumnutzung zurückbehaltenen Tiere entfielen 55 % auf Randlagen, namentlich Uferzonen, Waldränder und Böschungen, 26 % auf Inselelemente (Naturschutzgebiete, ökologische Ausgleichsflächen, bestockte Flächen) und 19 % auf Fruchtfolgeflächen. Letztere wurden ausschliesslich für den Nahrungserwerb und für Ortswechsel genutzt. Wo Teiche und

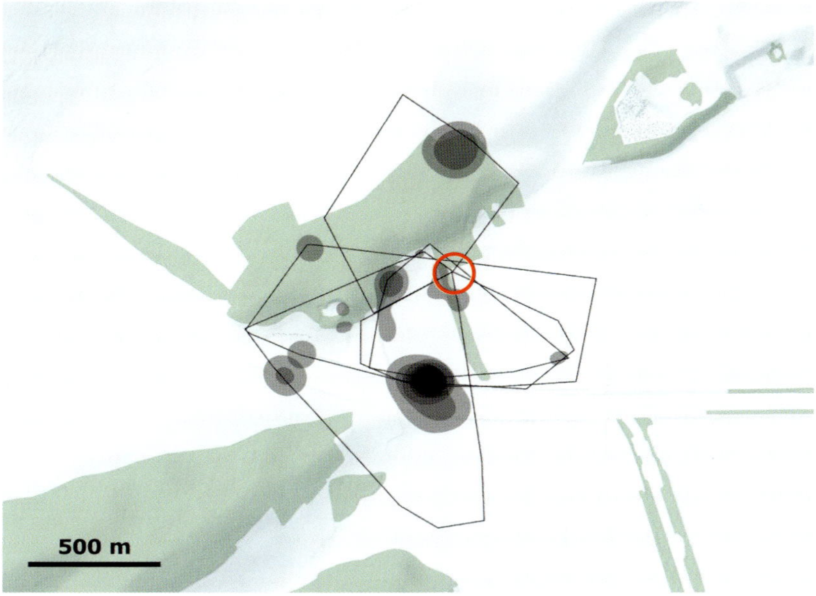

Abbildung 77 Heimbereiche (100 % MCP, schwarze Linien), 50 %-Kernzonen (dunkelgraue Flecken) und 75 %-Kernzonen (hellgraue Flecken) der Aktivitäten von fünf Ringelnatterweibchen im Grossen Moos (BE). Der rote Kreis markiert den gemeinsam genutzten Eiablageplatz.

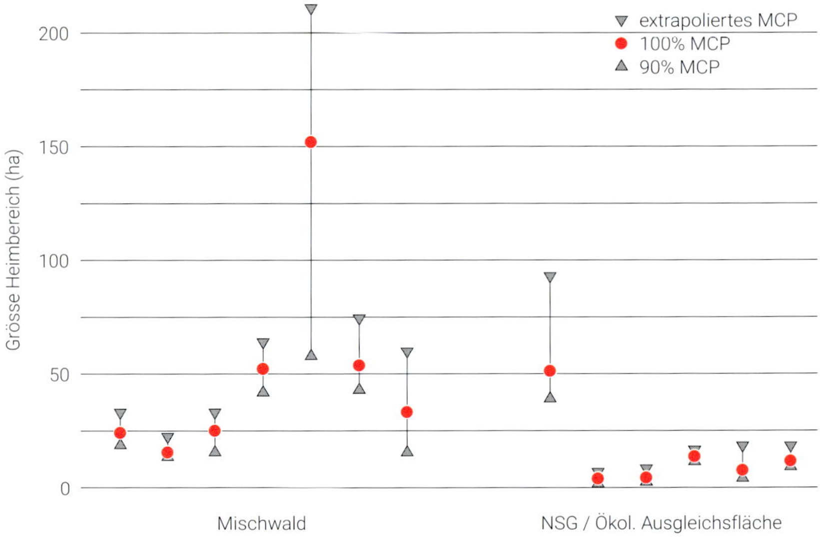

stehende oder strömungsarme Kanäle mit Amphibienbesatz verfügbar waren, orteten wir die Schlangen nur noch selten in Fruchtfolgeflächen, drei Tiere nur ein einziges Mal.

Ein Vergleich der Verfügbarkeit fünf relativ klar abgrenzbarer Landschaftstypen – nebst Fruchtfolgeflächen extensives Wies- oder Weideland, bestockte Flächen (Wald, Windschutzstreifen, Gehölze), trockene Randlagen und feuchte Randlagen – mit der Anzahl Ortungen in ihnen ergab, dass Randlagen, insbesondere von Uferzonen von Kanälen und Teichen, unter den Ortungen deutlich – sprich: statistisch signifikant – übervertreten sind.

Vergleichen wir unter Verwendung von zwei Berechnungs- (MCP 100 %, MCP 90 %) und einem Schätzverfahren (extrapoliertes MCP) die Grössen der Heimbereiche aller 13 Weibchen mit mindestens 20 Fundorten (Abbildung 78), zeigen sich enorme Unterschiede. Selbst wenn wir in beiden Gruppen den Ausreisser weglassen, sind die im Mittel 25 oder 34 Hektar (90 % oder 100 % MCP) grossen Heimbereiche der Tiere aus der Umgebung des Waldstücks um durchschnittlich 19 Hektar (90 % MCP) oder gar 25 Hektar (100 % MCP) grösser. Und mit der mittels Extrapolation geschätzten maximalen Ausdehnung eines Heimbereichs wäre der Unterschied noch ausgeprägter.

Abbildung 78 Grössen der Heimbereiche (MCP) 13 radiotelemetrisch überwachter Ringelnatterweibchen, getrennt nach der Umgebung, in welcher sie für die Besenderung gefangen wurden. Innerhalb der Gruppen sind die Tiere aufsteigend nach der Anzahl Fundpunkte sortiert.

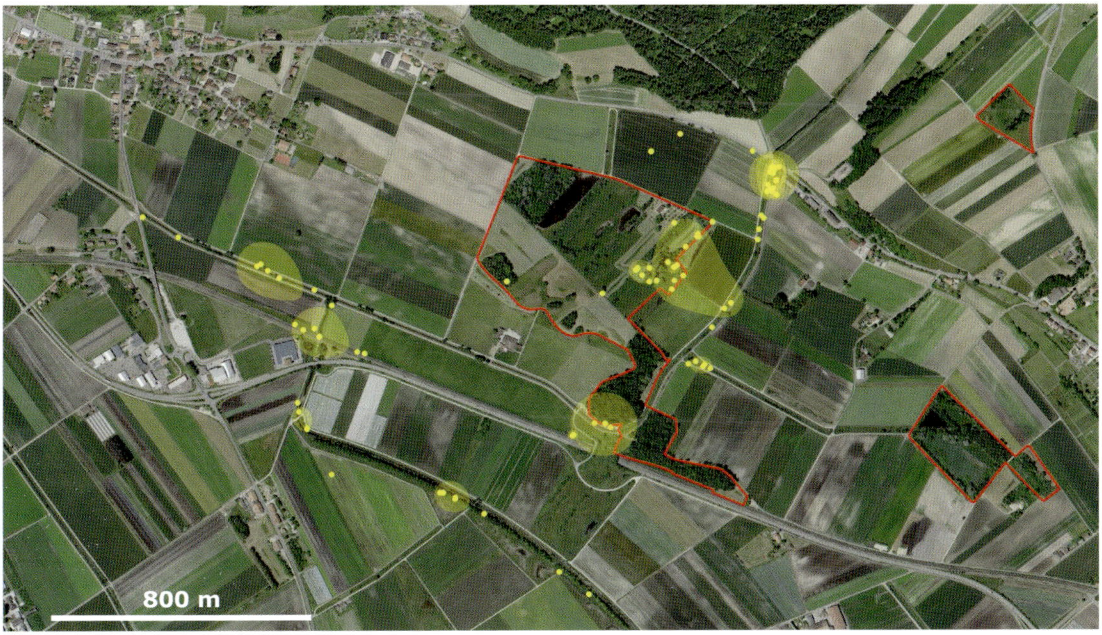

Deutlich kleinere Heimbereiche in der Umgebung von Naturschutzgebieten und ökologischen Ausgleichsflächen, weniger Ortungen auf landwirtschaftlichen Nutzflächen als in der Umgebung eines Waldstücks: Können die Schlangen ihren Bedarf auf artgerecht gepflegten Ökoflächen also auf engerem Raum decken als in den übrigen Bereichen der Agrarlandschaft? Und meiden sie Fruchtfolgeflächen, wenn sich Alternativen anbieten? Da könnte etwas dran sein, das räumliche Zusammenrücken der Ressourcen bei gleichzeitiger Erhöhung des Angebots erspart den Schlangen doch Bewegungs- und damit Energieaufwand. Aber ganz so einfach ist es nicht, einmal mehr. Das Untersuchungsjahr als Einflussgrösse können wir aufgrund der Geschichte des Projekts nicht «herausrechnen». Der gemeinsame Eiablageplatz beim Waldstück befand sich zwar am Rand der Heimbereiche der Weibchen. Ob sie den Weg dorthin mangels Alternativen, die näher an den Kernzonen ihrer Aktivitäten liegen, oder aufgrund einer Prägung auf sich nahmen, wissen wir nicht, mehr dazu steht in Kapitel 5.2. Und dann kommt noch das Verhalten der Schlangen im östlichen Moos hinzu. Die Ringelnattern jagten dort nicht in den sorgfältig gepflegten Teichen und Feuchtwiesen

Abbildung 79 Das mit Weihern und Feuchtwiesen üppig ausgestattete Naturschutzgebiet Ziegelmoos-Islerendünen (rot umgrenzt) und die südlich angrenzende Grünbrücke schienen nicht sonderlich attraktiv für vier Ringelnatterweibchen. Ihre Aktivität spielte sich weitgehend ausserhalb der Flächen ab, in denen sie im Frühjahr gefangen wurden. Die gelben Punkte zeigen die mittels Radiotelemetrie erfassten Ortungen, die blassgelben Flecken die 50 %-Kernzonen der Aktivität der Schlangen.

des Naturschutzgebiets und der Ausgleichsflächen, in denen wir sie im Frühjahr zwecks Besenderung gefangen hatten, sondern suchten in eindimensionalen Bewegungsmustern die – für unser Auge eher trostlosen – Kanal- und Grabenböschungen ausserhalb ab, in denen sich die Wasserfrösche drängten (Abbildung 79). Vielleicht werden sie dort halt einfacher satt als im Naturschutzgebiet, all unseren Bemühungen zum Trotz.

Goran Dusejs radiotelemetrische Überwachung dreier Ringelnatterweibchen in einer Zürcher Moorlandschaft in den Jahren 1999 und 2000 lieferte vergleichbare Ergebnisse. Die Tiere nutzten vor allem Randlagen wie Uferböschungen an Gräben und einem Moorweiher und Brachstreifen mit dichtem, horstartig wachsendem Grasfilz als Lebensraum und für Ortswechsel. Obwohl die drei Weibchen weit voneinander entfernt lebten, legten sie ihre Eier in derselben Deponie aus Grünabfällen ab. Die Überwinterung erfolgte individuell, aber durchweg in Mauselöchern in lichtem Wald oder etwas erhöht auf einem Torfdamm.

Die im Oberengadin bereits vor 1960 erstellten Hochwasserschutzdämme entlang des Inns sind Lebensraum von Kreuzottern und Bergeidechsen. Da die Dämme sanierungsbedürftig geworden sind, beschloss die Gemeinde Bever, in einer ersten Etappe den von der natürlichen Dynamik abgeschnittenen Auwald zu revitalisieren und die

Abbildung 80 Der Kreativität der Forschenden, was das Anbringen eines Senders an einem Reptil anbelangt, setzt die Tierschutzgesetzgebung klare Grenzen. Zauneidechsen einen Sender zu implantieren ist verboten, die externe Befestigung ist als weniger belastende Alternative aber zulässig. (Foto: Christian Mayer)

neuen Schutzdämme hinter den Auwaldperimeter zu verlegen. Dazu liess sie die bestehenden linksseitigen Dämme des Inns und des Beverins abtragen und den Hochwasserschutz durch hinter dem Auwald neu angelegte niedrigere Dämme sicherstellen. Mit dem Abbruch der bestehenden Bauwerke geriet eine Population von möglicherweise über 200 Kreuzottern in Gefahr, welche die Dämme des Inns als Teil ihres Lebensraums nutzen. Die erste Etappe der Bauarbeiten begann im Mai 2012. In den Wochen davor haben Jürg Cambensy und Peter Mischler 23 Kreuzottern unmittelbar nach Verlassen des Winterquartiers gefangen und umgesiedelt.

Vor der Umsetzung der zweiten Etappe untersuchten Tobias Süess und Kollegen 2016 mittels Radiotelemetrie, wie sich die Umsiedlung von Kreuzottern auf deren Bewegungsmuster und Heimbereiche auswirkt. Zunächst wurden 35 mit einem 3 bis 5 Gramm schweren Schlucksender ausgestattete Kreuzottern radiotelemetrisch so lange überwacht, bis für alle mindestens sieben Ortungen vorlagen. Anschliessend haben sie die Forscher in die zwei Gruppen «umgesiedelt» und «resident» (nicht umgesiedelt) geteilt. Die Gruppe «umgesiedelt» setzte sich aus Tieren

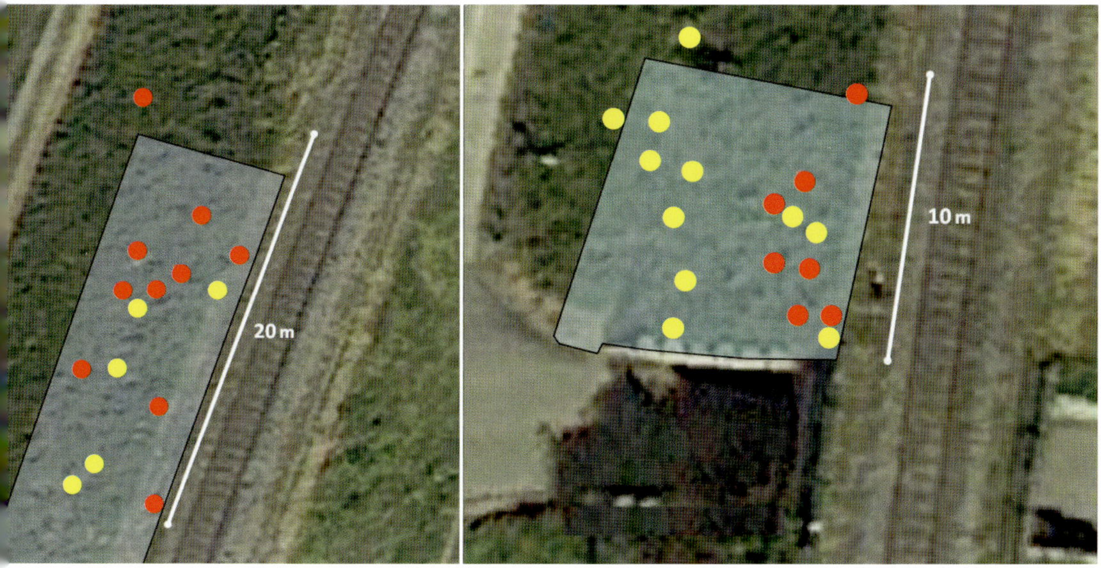

Abbildung 81 Fundorte von zwei Zauneidechsenmännchen vor und nach der extremen Entwertung eines Teils ihres Heimbereichs (blassblaue Flächen) an einer Bahnböschung. Die räumliche Durchmischung der radiotelemetrischen Ortungen vor (rote Punkte) und bis zu vier Tage nach dem Eingriff (gelbe Punkte) lässt keine Anzeichen einer Abwanderung erkennen.

von beiden Ufern des Inns zusammen, und zwar sowohl aus eher sesshaften als auch bewegungsfreudigen Individuen. Sie wurden 1 km flussaufwärts von ihrem Fangort freigelassen.

Die meisten Tiere würgten den Sender wenige Tage oder Wochen nach der Zwangsfütterung wieder aus. Im April besenderte behielten ihn im Schnitt etwas mehr als zwei Monate, im Mai und Juli besenderte etwas mehr als einen Monat, im Juni besenderte 41 Tage. Letztlich konnten nur fünf umgesiedelte und sieben residente Kreuzottern miteinander verglichen werden.

Die Heimbereiche der residenten Schlangen umfassten im Schnitt 0,26 ha (100 % MCP), die der umgesiedelten waren mehr als doppelt so gross. Auch bewegten sich die umgesiedelten Schlangen im Schnitt 18 m pro Tag, residente dagegen nur 7,5 m. Der Hauptgrund für die höhere Bewegungsaktivität dürften die fehlenden Ortskenntnisse der in eine unbekannte Umgebung verbrachten Kreuzottern sein, die ihnen einen zusätzlichen Aufwand für das Auffinden der benötigten Ressourcen abverlangten. Keine der radiotelemetrisch überwachten umgesiedelten Schlangen kehrte in ihren ursprünglichen Heimbereich zurück. Und von den insgesamt 72 in den Jahren 2016 und 2018 mit Mikrochips markierten und umgesiedelten Tieren kehrten nur drei innerhalb eines, vier bzw. fünf Monaten zurück. Alle drei wurden 880 m vom Fangort freigelassen.

Eine Fortsetzung der Radiotelemetrie in den Jahren 2018 und 2019 durch Stella Lucia Monteiro Devito ermöglichte schliesslich den Vergleich von 13 umgesiedelten mit 23 residenten Kreuzottern. Ein Effekt der Umsiedlung auf die Grösse der Heimbereiche liess sich nun nicht mehr erkennen, dagegen blieb der Unterschied in der Bewegungsaktivität bestehen: Umgesiedelte legten im Schnitt 7,7 m pro Tag zurück, residente dagegen nur 5,3 m.

Anders als bei Schlangen befindet sich die Radiotelemetrie einheimischer Eidechsen immer noch im Pionierstadium. Die Tierschutzgesetzgebung verbietet die Implantation von Sendern, deren externe Befestigung gilt als weniger belastend und ist daher zulässig. Ab hier ist Kreativität gefragt.

Christian Mayer vom Büro Fornat untersuchte 2014, wie Zauneidechsen auf kurzzeitig extreme Veränderungen ihres Lebensraums reagieren, wie sie bei Bauvorbereitungen entstehen. An einem von der Art bewohnten Bahndamm im Naturschutzgebiet Mettmenhaslisee (ZH) liess er auf 10 bis 20 m langen Abschnitten die Vegetation mit einem Balkenmäher bodennah schneiden und das Schnittgut und aufliegendes Material mit einer Harke entfernen. Der völlig kahle Boden ohne irgendwelche Kleinstrukturen, Schatten und Sichtschutz liess den Reptilien noch einzig Mauslöcher als Schlupfwinkel, und mit dem Abtransport des Schnittguts wurde ohne Zweifel auch das Nahrungsangebot eingeschränkt. Unmittelbar an die komplett geräumten Abschnitte grenzte aber immer noch unberührtes Gelände, in das die Eidechsen ohne grossen Bewegungsaufwand hätten ausweichen können.

Die Reaktion der Zauneidechsen auf diese extreme Entwertung ihres Lebensraums erfasste der Forscher anhand sieben mit Sendern ausgestatteter Tiere. Die verwendeten Sender waren etwa 1 cm lang und wogen je nach Batterielaufzeit

0,32 bis 0,48 g, also weniger als die maximal empfohlenen 5 % des mittleren Körpergewichts der Eidechsen von 10 g. Mayer befestigte sie mithilfe einer Nylon-Membran so am Hinterleib, dass sie seitlich frei schwingen konnten und vom Hinterbein verdeckt wurden (Abbildung 80). Die schlängelnde Fortbewegung der Tiere sollte so nicht behindert werden und der Sender nirgendwo hängen bleiben.

Zwei Eidechsen verloren ihren Sender bereits vor der Datenerhebung. Die übrigen fünf konnte Mayer vor dem Eingriff während drei Tagen orten und so die Bereiche eingrenzen, in denen Mahd und Entfernung des Schnittguts zu erfolgen hatten, damit deren Wirkung überhaupt überprüft werden konnte. Die radiotelemetrische Überwachung der Tiere während des Schnitts selbst zeigte, dass keines verletzt wurde. Nur eines flüchtete vor dem Balkenmäher etwa 10 m weit, ehe es sich verbarg. Nach dem Eingriff konnte der Forscher die Eidechsen noch bis zu vier Tage orten, dann hatten alle ihren Sender verloren. Wie sich zeigte, blieben vier Tiere trotz der extremen Veränderung ihres Lebensraums im ursprünglichen Heimbereich (Abbildung 81). Einzig ein Weibchen bewegte sich zwei Tage nach dem Eingriff über mehr als 60 m zunächst der Böschung entlang und anschliessend in eine Wiese des Naturschutzgebiets, wo es den Sender mit der Häutung abstreifte.

Von der Anzahl besenderter Tiere und der kurzen Erfassungszeit her ist dies klar eine Pilotstudie. Die Ergebnisse deuten dennoch an, dass ein Ausharren vor Ort, selbst wenn nur in den ersten Tagen nach einem derartigen Eingriff, besonders bei Bauvorhaben mit schweren Maschinen und Materiallagern, die den Boden stark komprimieren, eine grössere Anzahl Reptilien das Leben kostet. Wir müssen davon ausgehen, dass viele Echsen und Schlangen selbst auf starke Störungen nicht mit Abwanderung reagieren. Die Bereitstellung einer Ersatzfläche, auf welche die bedrängten Tiere ohne Nachhilfe durch eine «Baufeldfreimachung» – was damit gemeint ist, steht in Kapitel 12.1– gelangen können, bleibt so von beschränktem Nutzen.

8.5 Was lehren uns all die radiotelemetrischen Studien?

In der Paarungszeit können Reptilienmännchen in Kommentkämpfen aneinandergeraten (Abbildung 82) oder auch versuchen, Konkurrenten vom Weibchen, mit welchem sie sich soeben gepaart haben, fernzuhalten. Anders als viele Säugetiere und Vögel verteidigen Schlangen jedoch keine Reviere. Bei vielen Echsenarten halten Artgenossen zwar ausserhalb der Paarungszeit Abstand voneinander, was sich am ehesten bei Zaun- und Smaragdeidechsen beobachten lässt, Revierverteidigung findet aber unterschiedlich intensiv und meist zeitlich begrenzt statt. Im Unterschied zu den in Kapitel 4.1 besprochenen Dichtewerten können wir die Grössen der Heimbereiche von Reptilien daher nicht für Schätzungen verwenden, wie viele Tiere einer Art sich in einen bestimmten Lebensraumtyp gegebener Grösse «packen» lassen. Die Bedeutung mittels Radiotelemetrie gewonnener Erkenntnisse liegt woanders.

Radiotelemetrisch überwachte Tiere verhalten sich selten bis nie erwartungsgemäss, Reptilien sind da keine Ausnahme. Manchmal «verlassen» sie das von uns vermutete oder ihnen zugedachte Habitat und begeben sich an Orte, an denen wir spontan nicht nach ihnen suchen oder sie kaum finden würden. Ringelnattern verschwanden wochenlang in Fruchtfolgeflächen, Würfel- und Vipernattern bewegten sich weg vom Seeufer hangaufwärts zu Rebmauern und überquerten dabei eine Bahnlinie, andernorts suchten Würfelnattern ein Winterquartier ausserhalb des Naturschutzgebiets auf. Egal, ob es sich bei solchen Beobachtungen um Ausreisser oder die Norm handelt, die Radiotelemetrie zeigt eindrücklich, dass unsere Expertensicht eines optimalen Habitats nicht mit der Wahrnehmung der Schlangen selbst übereinstimmen muss.

Wir können naturnahe Flächen noch so aufwendig mit Kleinstrukturen möblieren, zumindest bei Schlangen prägen Dichte, Verteilung und Zugänglichkeit der Beutetiere die Bewegungsmuster entscheidend mit. Ob Pirschgänger, die ihre Umgebung aktiv nach Beutetieren absuchen, oder Ansitzjäger, die bewegungslos auf der Lauer liegen – entscheidend ist der Aufwand, den die Schlange erbringen muss, um auf ein Beutetier zu treffen bzw. eines vorgesetzt zu bekommen. Im Grossen Moos schien der Aufwand an den Kanal- und Grabenböschungen der Umgebung geringer zu sein als in den

Abbildung 82 Schlangen verteidigen keine Reviere. In der Paarungszeit aber machen die Männchen einiger Arten in Kommentkämpfen aus, wer sich mit der Auserwählten paaren darf, so auch diese beiden Zornnattern in Magadino (TI). (Foto: Heinz Rindlisbacher)

Naturschutzgebieten und Ausgleichsflächen, in welchen wir die Tiere für die Besenderung gefangen hatten.

Und wie reagieren Schlangen mit ihrer Raumnutzung auf Veränderungen des Beuteangebots? Mit Daten aus der Schweiz lässt sich die Frage nicht beantworten. Andernorts jedoch hat die Radiotelemetrie gezeigt, dass in Feldexperimenten zugefütterte Westliche Diamant-Klapperschlangen (*Crotalus atrox*) und Terciopelo-Lanzenottern (*Bothrops asper*), beides Ansitzjäger, auf die zusätzliche Nahrung nicht mit einer Verkleinerung ihrer Heimbereiche reagieren, sondern sich einfach weniger oft auf die Lauer legen und länger in ihren Schlupfwinkeln bleiben. Braune Nachtbaumnattern (*Boiga irregularis*) dagegen, nachtaktive Pirschgänger, verkleinerten ihre Heimbereiche und bewegten sich über kürzere Distanzen, nachdem Forscher durch gezielten Wegfang von Schlangen dafür gesorgt hatten, dass den verbleibenden Artgenossen mehr Beutetiere pro Individuum zur Verfügung standen.

Ein wiederkehrendes Muster ist die gemeinsame Nutzung von Winterquartieren und Eiablageplätzen. In den Bolle di Magadino überwinterten nicht nur alle vier besenderten Würfelnattern am selben Ort (Abbildung 83), sondern auch weitere Reptilienarten. Auch im Oberengadin suchten alle Kreuzottern zumindest denselben Bereich in der Geröllhalde zur Überwinterung auf. Im Grossen Moos bei Walperswil (BE) überwinterten die Ringelnatterweibchen zwar getrennt, mindestens fünf von acht nutzten

Abbildung 83 Diese Würfelnatter sonnt sich im Oktober 2005 noch einmal vor der Stützmauer, in welcher sie anschliessend überwintert. (Foto: Alberto Conelli und Marco Nembrini)

aber denselben Eiablageplatz. Dasselbe in einer Zürcher Moorlandschaft: Die drei besenderten Ringelnatterweibchen überwinterten getrennt, nutzten aber denselben Eiablageplatz. Wie bereits im Kapitel 5.3 besprochen, kann die gemeinsame Nutzung eines Eiablageplatzes für die Tiere vorteilhaft sein, ist also nicht zwingend ein Hinweis auf einen Mangel. Und die gemeinsame Nutzung von Winterquartieren erspart Reptilienmännchen im Frühjahr die aufwendige Suche nach paarungsbereiten Weibchen.

In einigen Habitaten liegen die beanspruchten Ressourcen räumlich weit auseinander und zwingen Schlangen zu Wanderbewegungen, die je nach Verlauf der Route riskant sein können, etwa, wenn Verkehrsachsen zu überqueren sind. Haben wir die Möglichkeit, durch gezielte Eingriffe Ressourcen näher zusammenzurücken, können wir den Tieren vielleicht riskante Ortswechsel ersparen und so ihre Überlebenswahrscheinlichkeit erhöhen.

Die beiden Studien, welche die Nutzung eines Lebensraums mit dem Angebot verglichen, fanden eine überproportionale Nutzung von Randlagen, und zwar sowohl im Verhältnis zur Gesamtheit aller Ortungen eines Individuums als auch relativ zum Angebot an Randlagen im Untersuchungsgebiet. Das Abschreiten von Böschungen und Waldrändern im Rahmen von Reptilienerhebungen ist somit nicht nur praktisch, sondern auch wissenschaftlich begründet, indem sich der Grossteil einer Schlangenpopulation zumindest gelegentlich in Randlagen aufhält und somit die Wahrscheinlichkeit eines Artnachweises erhöht.

Ringelnattern krochen weit in eintönige Fruchtfolgeflächen hinein und fanden anscheinend problemlos wieder heraus. An welchen Hinweisen sich die Schlangen dabei orientierten, lässt sich aus der Abfolge der Ortungen nicht ableiten. Dass wir jedoch intensiv bewirtschaftetes Agrarland nicht a priori als reptilienfeindliches Territorium abschreiben sollten, zeigt im Übrigen nicht nur diese Studie, sondern auch Celine Geisers landschaftsgenetische Arbeit über Blindschleichen in der Region La Côte (VD), wo landwirtschaftliche Nutzflächen für die Echsen kein erkennbares Ausbreitungshindernis sind (Kapitel 11.2).

Abbildung 84 Einer Kreuzotter wird mithilfe einer Spritze ein Schlucksender zwangsgefüttert. (Foto: Bildarchiv von Sylvain Ursenbacher)

Die Studien an Würfelnattern und Sumpfschildkröten im Tessin zeigten, wie Reptilien auf die durch wechselnde Wasserstände verursachte Dynamik ihres Lebensraums ansprechen. In den Bolle di Magadino zwingt der im Winter künstlich erhöhte Wasserstand die Schlangen zum Aufsuchen von Winterquartieren, die nicht überflutet werden. Im Blockwurf entlang des Dammes überwinternde Schlangen riskieren zu ertrinken. Am Laveggio im Mendrisiotto nutzten die Sumpfschildkröten temporäre Überflutungen für Ortswechsel über grössere Distanzen.

Und methodisch? Die zunächst von Moser, dann von Monney und fast 30 Jahre später von Süess für Aspisvipern und Kreuzottern verwendeten Schlucksender (Abbildung 84) wiegen 3 bis 5 Gramm und erreichen eine Lebensdauer von 30 bis 40 Tagen. Vorzeitiges Auswürgen des Senders war in allen drei Studien ein Problem. Moser verlor fünf Schlangen infolge der Besenderung. Aktives Ausmassieren der Senderkapsel zwecks Batteriewechsel führte bei einigen Tieren zu tödlichen Lungenrissen, nachdem sie sich durch Aufblähen dagegen wehrten, bei einer durchstiess die Kapsel gar

Abbildung 85 «Gott gebe, dass er klebe», doch er klebte nicht: Die Kreuzottern streiften den in orange Kabelvergussmasse verpackten Sender spätestens mit der nächsten Häutung ab (Bild unten). (Fotos: Jürg Cambensy)

Abbildung 86 Während andere dem Eintrudeln der Daten am Bildschirm zusehen können, orten wir Schlangen nach wie vor mit umgehängtem Empfänger und hochgehaltener Antenne – und höchstens zu Beginn der Suche vom Fahrrad aus. (Foto: Petra Graf)

Abbildung 87 Romain Martinuzzi klebte Sumpfschildkröten Sender auf, deren Signal über Satelliten empfangen werden kann. Ein Photovoltaik-Modul versorgt den Sender mit Strom. (Foto: Romain Martinuzzi)

die Speiseröhrenwand. Bei chirurgisch unter Narkose implantierten Sendern (Abbildung 2) verbessert sich zwar das Verhältnis zwischen Grösse und Lebensdauer laufend, doch sind die Sender nicht dicht, können Reptilien ebenfalls sterben.

Um die Risiken von Schlucksendern und Implantaten zu umgehen, suchen Forscher schon länger nach Möglichkeiten, Sender extern zu befestigen. Halsbänder und Manschetten eignen sich nicht für Schlangen, es bleibt Anheften, sei es durch Nähen oder Kleben. Für seine radiotelemetrische Untersuchung möglicher Auswirkungen der Revitalisierung des Inns bei Bever (GR) versuchte es Jürg Cambensy mit Kleben. Mitte September 2007 montierte er fünf Kreuzottern zunächst mit Sekundenkleber und, nachdem sich dieser als zu spröde erwiesen hatte, mit Kabelvergussmasse, Miniatursender der Vogelwarte Sempach auf das hintere Körperdrittel (Abbildung 85). Vier Schlangen streiften den Sender in kürzester Zeit in der Vegetation, unter Steinen oder in einem Mausloch ab. Und ausgerechnet das einzige Tier, das sich über längere Zeit telemetrisch überwachen liess, verharrte über den gesamten Untersuchungszeitraum am Ort.

Und der Empfang des Signals? Die Möglichkeiten zur automatischen Aufzeichnung der Bewegungen von Reptilien bleiben beschränkt. Zur Ortung der Europäischen Sumpfschildkröten im Genfer Becken klebten Forscher den Tieren Sender auf den Rückenpanzer, deren Signal über Satelliten empfangen und automatisch aufgezeichnet werden kann (Abbildung 87). Bei Eidechsen und Schlangen stehen wir nach wie vor mit umgehängtem Empfänger im Gelände und halten eine Antenne hoch (Abbildung 86), auch wenn inzwischen erste Versuche mit Systemen zur automatischen Aufzeichnung laufen.

Sender chirurgisch implantieren, zwangsfüttern, annähen oder aufkleben: Allem technischen Fortschritt zum Trotz ist die Radiotelemetrie eine invasive Forschungsmethode und bleibt es auf absehbare Zeit. Auch ohne Todesfolge ist ein Sender, egal welcher Bauart und Grösse, eine Belastung für das Reptil, kann dessen Verhalten verändern oder negative Auswirkungen auf Wachstum und Fortpflanzung haben. Eine radiotelemetrische Studie zwingt uns stets zu einer ethischen Kosten-Nutzen-Abwägung. Die Information, die wir aus der Überwachung weniger Tiere gewinnen, sollte einen Erkenntnisgewinn bringen, der die Belastung der Versuchstiere rechtfertigt. Dabei sind vor allem zwei Aspekte zu gewichten: Die Erkenntnisse zum Winterquartier der Reptilien in den Bolle di Magadino (TI) unterstreichen, wie wichtig es ist, jeweils den gesamten Jahreszyklus der untersuchten Population radiotelemetrisch zu erfassen. Und dann wäre da noch die Frage des Stichprobenumfangs: Haben die über 2500 verwertbaren Ortungen der fünf Schildkrötenweibchen mehr Aussagekraft als die – nach Abzug aller vorzeitig Verschollenen oder Verstorbenen – noch etwas über 500 von 13 Ringelnatterweibchen im Grossen Moos? Zwar hängt die Antwort auch von der Fragestellung ab. Doch für die meisten Studien gilt in der Radiotelemetrie «klotzen statt kleckern», und das heisst hier: mehr Tiere mit allenfalls weniger Ortungen pro Tier statt umgekehrt, auch wenn das den Behörden, die den Tierversuch bewilligen müssen, nicht gefällt. Selbst mit den ursprünglich 22 besenderten Ringelnattern bewegten wir uns noch am unteren Rand dessen, was für statistisch abgesicherte Aussagen wünschenswert wäre.

9

Abgrenzungsprobleme – was macht einen Reptilienlebensraum aus?

Was antworten wir dem hypothetischen Schlangenphobiker, wenn er uns fragt, wo er sich einigermassen sicher vor Heimsuchungen bewegen kann? Bei den Amphibien ist es vergleichsweise einfach: Der Lebensraum beginnt im Laichgewässer und endet irgendwo in dessen Umgebung, denn ohne diese Schlüsselressource geht gar nichts. Sumpfschildkröten, Würfel- und Vipernattern suchen im offenen Wasser nach Nahrung, also muss auch ihr Landlebensraum an ein Gewässer grenzen. Aber bereits bei der Ringelnatter können wir da nicht mehr so sicher sein. Und bei den übrigen Reptilien? Wo beginnt, wo endet ihr Lebensraum? An welchen Eigenschaften machen wir die Ansprüche von Schlangen und Echsen an die Landschaft fest? Die einschlägige Literatur behilft sich bisweilen mit langen Aufzählungen und ausgedehnter Prosa. Wir nähern uns dem Thema, indem wir einen Reptilienlebensraum von Grund auf entwerfen.

9.1 Ein Reptilienlebensraum im Bausatz – wo was aufstellen?

Wo aufstellen? Um ihren Wärmebedarf über die ganze Saison decken zu können, sind Reptilien auf Geländebereiche mit geeigneter Topografie angewiesen. Eine der Kenngrössen ist die Anzahl Sonnenstunden, welche eine Fläche erhält. Sie hat mit dem Aufkommen der Photovoltaik derart an Bedeutung gewonnen, dass inzwischen mehrere Anbieter für jeden Ort in der Schweiz die Anzahl unter Berücksichtigung der Topografie und der Wetterverhältnisse gegebener Sonnenstunden pro Monat und für das ganze Jahr berechnen. Mit der Anzahl Sonnenstunden ist es allerdings nicht getan, denn es kommt noch auf die Hanglage an, zusammengesetzt aus Ausrichtung und Neigung (Abbildung 89). Als «sonnseitige» Ausrichtung können auf der Nordhalbkugel etwa 140° bis 240° gelten. Treffen die Sonnenstrahlen in einem rechten Winkel auf eine Fläche, am ehesten möglich an sonnseitigen Lagen, erhält diese den maximalen Energieeintrag. Vergleichen wir fünf Hanglagen im Sustengebiet allein anhand der Ausrichtung und Anzahl Sonnenstunden, scheint offensichtlich, wo sich unser Schlangenphobiker sicher sein kann (Abbildung 88) – oder doch eher sicher sein könnte. Inzwischen häufen sich Schlangenfunde, die uns lehren, wie wenig in Zeiten der Klimaerwärmung alte Gesetzmässigkeiten, so sie denn je bestanden, noch gelten – mehr dazu im ersten Abschnitt von Kapitel 10.3.

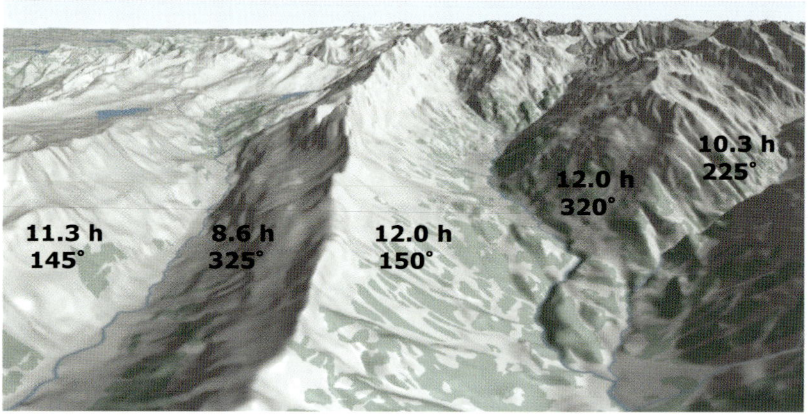

Abbildung 88 Mittlere Anzahl Sonnenstunden an einem Junitag (h) und Ausrichtung (°) fünf benachbarter Hanglagen im Sustengebiet. Auf den ersten Blick scheint klar, wo wir hier nach Schlangen suchen sollten, doch stellt der Klimawandel alte Gewissheiten infrage.

Abbildung 89 Die Hanglage entscheidet massgeblich, wie früh im Jahr und wie rasch die Umgebung von Winterquartieren ausapert und für Reptilien – im Bild eine Kreuzotter – die Saison beginnt. (Foto: Andreas Meyer)

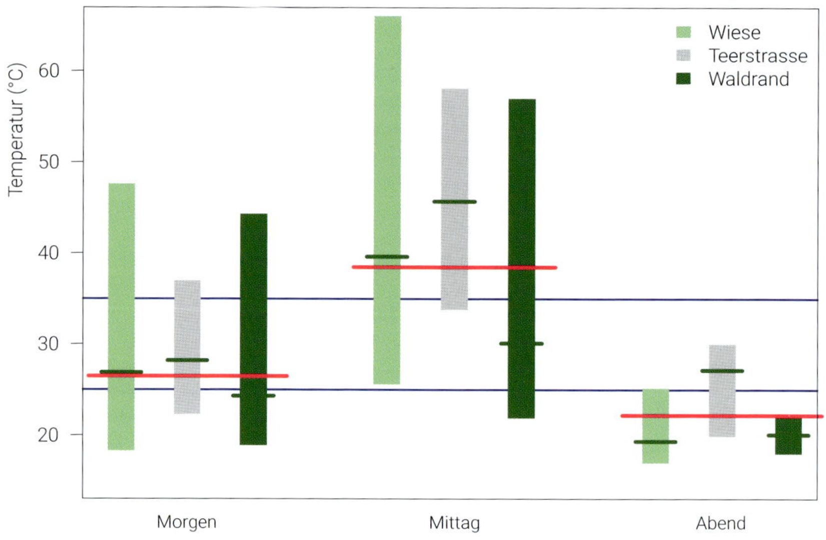

Von der Anzahl Sonnenstunden müssten wir dann je nach Lebensraum noch den Schattenwurf von Bäumen und Gebäuden in Abzug bringen. Den durch ihn bedingten Verlust können wir vor Ort mit einem Horizontoskop – Forstleute nennen das Gerät «Sonnenkompass» – grob beziffern.

Als weiteres Messinstrument liefern Wärmebildkameras Momentaufnahmen, mit denen wir den Beitrag einzelner Elemente zum Wärmeprofil eines Lebensraums abschätzen können. 2014 überprüften Lea Amacher und Michaela Amherd, inwieweit sich in Reptilienhabitaten mit Wärmebildern Temperaturgradienten darstellen und der Beitrag bestimmter Bereiche zum lokal verfügbaren Temperaturbereich abschätzen lassen. Abbildung 90 zeigt das Wärmeprofil eines von Schlingnattern bewohnten Waldrandes mit vorgelagerter Teerstrasse und angrenzender Wiese. Da die Extremwerte allein einen einzelnen Bildpunkt eines Wärmebildes repräsentieren können, sind die Mittelwerte in dieser Darstellung aussagekräftiger. Ihnen entnehmen wir, dass

Abbildung 90 Mit einer Wärmebildkamera erstelltes Wärmeprofil eines Waldrandes mit vorgelagerter Teerstrasse und angrenzender Wiese an einem Tag im September 2014. Die Balken zeigen den verfügbaren Temperaturbereich pro Tageszeit. Mittelwert zu einer Tageszeit (rot), Mittelwert pro Tageszeit innerhalb einer Zone (schwarz). Nehmen wir 25 bis 35 °C als optimalen Bereich (blau), dann müssen sich Reptilien über Mittag in den Schatten des Waldrandes zurückziehen, während am Abend die Teerstrasse noch Durchschnittstemperaturen im Vorzugsbereich bietet.

die Teerstrasse den am Waldrand verfügbaren Temperaturbereich mittags und abends deutlich erweitert. Die zugrunde liegende Wärmebildserie wurde aus logistischen Gründen an einem Spätsommertag erstellt, während sich die effektive Bedeutung der Strasse vor allem in den Randzeiten der Saison, insbesondere im Frühjahr, zeigen dürfte.

Was aufstellen? Haben wir einmal eine Fläche gefunden, die sich topografisch als Reptilienlebensraum eignet, stellt sich die Frage nach der Möblierung. Da braucht es mal der Sonne ausgesetzte Stellen für die Wärmegewinnung, seien es Lücken in der Vegetationsdecke oder seien es die Krautschicht überragende Strukturen, dann Schlupfwinkel zum Schutz vor Fressfeinden, frostsichere Überwinterungsstätten und für einige Arten auch Eiablageplätze. Bauanleitungen für all diese «Kleinstrukturen» finden sich in einer Vielzahl von Broschüren und Merkblättern. Bauten aus Holz, Schnittgut und anderen organischen Materialien müssen wir schon nach kurzer Zeit erneuern oder wiederherstellen (Abbildung 91). Steinhaufen überdauern als «nicht erneuerbare» Ressource die Zeit und sind ihrer Sichtbarkeit und Dauerhaftigkeit wegen beliebte Objekte für Fördergelder (Abbildung 139). Auf Bahnfahrten überzeugen sie uns beim Blick durchs Fenster vom Ernst, mit welchem die SBB ihren Verpflichtungen zum ökologischen Ausgleich nachkommen.

Abbildung 91 In diesem vor einer Hecke angelegten Totholzhaufen finden Reptilien Schlupfwinkel, auf dem Haufen selbst der Sonne ausgesetzte Stellen für die Wärmegewinnung. (Foto: Christine Wisler)

Dann müssen wir den Teppich bedenken. Einerseits sollte die Vegetationsdecke den Reptilien ausserhalb ihrer Schlupfwinkel Sichtschutz gewähren, andererseits unterschiedlich stark besonnte Bereiche bereithalten, welche den Tieren die Thermoregulation erleichtern. Also eher nicht englischer Rasen, aber dennoch pflegebedürftig, soll unser im Aufbau begriffener Lebensraum längerfristig seinen Zweck erfüllen.

Topografie, variabler Untergrund, artgerechte Kleinstrukturen – eine «erneuerbare» Ressource fehlt noch: Beutetiere. In Kapitel 6.1 war zu lesen, was je nach Reptilienart gefragt ist. Die Bereitstellung eines passenden Angebots zwingt uns, die Bedürfnisse anderer Artengruppen im Auge zu behalten. Da der Artenschutz nach höheren systematischen Kategorien organisiert ist, müssen wir unweigerlich mit den Anwältinnen anderer Artengruppen zusammenarbeiten (Abbildung 92). Und die haben, wie wir ja auch, zunächst mal die am stärksten gefährdeten ihrer Lieblinge im Fokus. Nach heutigem Kenntnisstand ist für Reptilien aber weniger die Vielfalt als die schiere Biomasse des Beuteangebots entscheidend. Ringelnattern zum Beispiel dürfte die Aufstockung mit Grasfröschen und Erdkröten mehr bringen als eine Erweiterung der Speisekarte mit Laubfröschen, Gelbbauchunken und Kreuzkröten. Dass es oftmals bereits mit der Förderung ohnehin schon häufiger Arten getan ist, erleichtert uns die Angebotsplanung.

Abbildung 92 Dieser Nistkasten in Cumiasca im Bleniotal (TI) wurde nicht zur Förderung von Reptilien installiert, für klettergewandte Schlangen wie diese Äskulapnatter sind Vögel aber eine willkommene Beute. Die jungen Kohlmeisen sind aber einen Tag vor Entstehung der Aufnahme ausgeflogen. (Foto: Iris Gerber)

Die auf einer Fläche vorhandene Menge an Ressourcen, erneuerbaren und dauerhaften, summiert sich zur «Kapazität» des Lebensraums, zu dessen Fassungsvermögen in Bezug auf eine Art. Wieviel Fläche müssen wir für unseren Reptilienlebensraum einplanen? Die in Kapitel 4.1 besprochenen Dichten, also die Anzahl Tiere pro Flächeneinheit, geben für einige Arten Anhaltspunkte für das Fassungsvermögen bestimmter Lebensraumtypen und somit Richtwerte für eine überlebensfähige Population. Ähnelt der fragliche Lebensraum jedoch eher einem linienförmigen Landschaftsabschnitt als einer Fläche und verlassen wir uns einzig auf Streckenzählungen der Reptilien, riskieren wir seine Kapazität zu überschätzen, wenn wir die unmittelbare Umgebung unberücksichtigt lassen. In der Schweiz kommen derart viele Reptilienbeobachtungen aus solchen Schnittstellen der Landschaft, dass sich die Forschergilde unweigerlich mal dazu aufmachen musste, diese – auf den ersten Blick eindimensionalen – Saumbiotope einer näheren Betrachtung zu unterziehen.

9.2 Saumbiotope – Chance oder Gefahr?

In den1980er-Jahren begannen viele Kantone, ihre Tier- und Pflanzenbestände in «Inventaren» zu erfassen. Priorität hatten die bundesrechtlich geschützten Arten und Lebensräume. Artenspezialistinnen schwärmten in die Landschaft aus und suchten sie nach einer bestimmten Artengruppe ab. Wer im Mittelland Reptilien suchte, bewegte sich nicht kreuz und quer durch geschlossene Wälder, Mähwiesen und Fruchtfolgeflächen, sondern hielt sich meist an Grenzlinien, schritt also Wald- und Heckenränder, Gewässerufer, Strassen-, Flurweg- und Bahnböschungen ab (Abbildung 93). Dies ist sicher mit ein Grund, weshalb von den 12 000 in der Schweiz bis 1999 als Reptilienhabitat erfassten Objekten deren 42 % Saumbiotope sind. Ein weiterer Grund könnte der Landschaftswandel und Änderungen in der Bewirtschaftung des Kulturlandes sein, welche Reptilien aus vielen Flächen verdrängten, die diese noch vor wenigen Jahrzehnten besiedeln konnten, und damit Saumbiotope anteilsmässig an Bedeutung gewannen. Aber ist damit bereits alles gesagt? Könnte es nicht auch sein, dass Saumbiotope Reptilien Vorteile bringen?

Viele Saumbiotope verfügen auf engem Raum über eine große strukturelle Vielfalt und einen steilen Temperaturgradienten. Eine 2000 publizierte Studie von Richard Davies-Colley und Kollegen aus Neuseeland zeigte die mikroklimatischen Veränderungen im Bereich des Übergangs von Weide zu Wald an einem südexponierten Waldrand (Abbildung 94), wo sich an einem Sommertag die bodennahe Temperatur bereits über eine Distanz von 5 bis 10 Metern um 5 °C oder mehr ändern kann. Reptilien können ihre Körpertemperatur hier mit minimalem Bewegungsaufwand regulieren. Die kanadischen Biologen Gabriel Blouin-Demers und Patrick Weatherhead statteten in offenem Gelände und im Wald gefangene Erdnattern (*Pantherophis obsoletus*) mit Telemetriesendern aus und setzten ihnen ein Beutetier vor. Wie sich zeigen

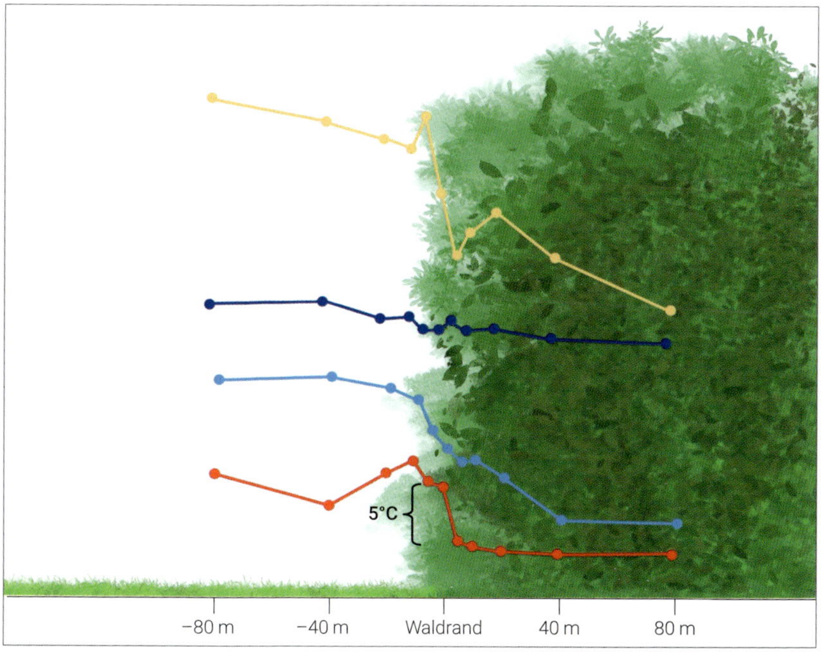

sollte, blieben die in offenem Gelände zugefütterten Schlangen zum Verdauen am Ort, während die im Waldesinneren zugefütterten zum Waldrand wechselten, wo ihnen die höheren Temperaturen eine effiziente Verdauung ermöglichen. Unter den radiotelemetrischen Ortungen von Ringelnattern in der Agrarlandschaft des Grossen Mooses (BE) sind Grenzlinien überproportional vertreten, wobei wir vermuten, dass sie ihnen hier vor allem den Nahrungserwerb erleichtern.

So viel zu den Vorteilen. Dass Saumbiotope je nach Struktur für Reptilien auch Nachteile mit sich bringen, legt eine Arbeit von Thomas Duchesne und Olivier Lourdais nahe. Die beiden untersuchten im belgischen Wallonien den Druck von Fressfeinden auf Kreuzottern und dabei auch, ob diesbezüglich ein Unterschied zwischen geradlinig und eher wellenförmig verlaufenden Saumbiotopen auszumachen ist. Hierzu platzierten sie an 12 Orten 2400 Kunststoffattrappen von Kreuzottern. Die entlang geradlinig verlaufender Saumbiotope ausgelegten Attrappen wurden von Säugern

Abbildung 93 Die Randzonen von Bahnlinien, ob geneigt als Damm oder wie auf diesem Bild als flacher Randstreifen, sind für Reptilien wichtige und im ausgeräumten Kulturland oft die einzigen Lebensräume, so auch für diese Schlingnatter (Foto: Thomas Reich)

Abbildung 94 Bodentemperatur (rot), Sättigungsdefizit (hellblau, je höher, desto trockener die Luft), Lufttemperatur (dunkelblau) und Windstärke Richtung Waldrand (gelb) an einem sonnigen Sommertag entlang eines 160 m-Transekts, welcher die Grenzlinie von Weide zu Wald einschliesst. Zusammengestellt aus einer Studie aus Neuseeland. (Eigene Darstellung nach Davies-Colley et al. 2000)

Abbildung 95 Sind die Resultate einer Studie aus dem belgischen Wallonien auf die Schweiz übertragbar, dann dürfte die diesem Waldrand im Chablais (VD) vorgelagerte Staudenschicht Vögeln den Zugriff auf Reptilien erschweren, nicht aber den Säugetieren. (Foto: Mathilde Rausis)

und Vögeln deutlich öfter attackiert als die an den wellenförmigen. Zwar vermochte unabhängig von der Form eines Saumbiotops eine strukturreiche Vegetation die Wahrscheinlichkeit von Attacken durch Vögel zu reduzieren, blieb aber auf Säugetiere wirkungslos (Abbildung 95). Es könnte also sein, dass die für Reptilien offensichtlichen Vorteile vieler Saumbiotope durch ein erhöhtes Risiko, erbeutet zu werden, wettgemacht werden.

Welche Eigenschaften von Saumbiotopen und darin befindlichen Kleinstrukturen entscheiden, ob sie überhaupt von Reptilien besiedelt werden? Inzwischen liegen zur Schweiz sechs Studien zu Waldrändern, Hecken und Bahnböschungen vor, die sich mit einheitlicher Methodik speziell mit dieser Frage beschäftigten. Alle schätzten den Besatz (Anteil besiedelter der erfassten Saumbiotope oder der Objekte in Saumbiotopen, zum Beispiel Steinhaufen) und die Häufigkeit (Anzahl Tiere in jedem erfassten Saumbiotop oder Objekt) der jeweiligen Zielart in Abhängigkeit zu einer Vielzahl von Eigenschaften («Variablen») der erfassten Saumbiotope oder Objekte. Die Variablen fütterten die Forschenden multivariaten Modellen, welche auf statistischer Grundlage diejenige Kombination an Eigenschaften des untersuchten Typs von Saumbiotop finden sollten, welche das Besiedlungsmuster der untersuchten Reptilienart am besten erklärt. Dabei berücksichtigten die Modelle die Entdeckungswahrscheinlichkeit (mehr dazu in Kapitel 4.3), also die Möglichkeit, dass die Art an einigen Orten übersehen wurde und allein auf der Grundlage der verfügbaren Beobachtungen ein verzerrtes Bild der tatsächlichen Zusammenhänge entstehen könnte.

Bereits die kurze radiotelemetrische Studie in den Boschi von Stabio (TI) aus dem Jahr 2000 ergab für Äskulapnattern vergleichsweise viele Ortungen an Waldrändern, im Fall des Weibchens in Abbildung 71 nahezu 50 %, gegenüber nur einem Viertel im Waldesinneren. Anhand einer Studie in der Ebene des Chablais (VD) versuchte Mathilde Rausis herauszufinden, ob Äskulapnattern bestimmte Waldränder bevorzugt nutzen, und falls ja, auf welche Eigenschaften sie besonders ansprechen. Hierzu wählte sie 2023 insgesamt 30 im Minimum 200 m lange Waldränder so aus, dass nach Norden, Westen, Osten oder Süden ausgerichtete und flache oder geneigte etwa ausgeglichen vertreten waren. An jedem Waldrand legte sie Platten als künstliche Schlupfwinkel aus und suchte diese von Mai bis Oktober 12- bis 16-mal nach Reptilien ab. Zudem beschrieb sie jeden Waldrand mit etwas über 20 Variablen.

Insgesamt machte die Forscherin 57 Beobachtungen von Äskulapnattern, und zwar an 11 der 30 untersuchten Waldränder. Den statistischen Modellen zufolge sind 39 % der Waldränder von Äskulapnattern besiedelt, also dürfte Rausis die Schlange nur an ein bis zwei Orten übersehen haben. Die mit den Modellen geschätzte Entdeckungswahrscheinlichkeit betrug 20 %. An einem Waldrand, wo die Äskulapnatter vorkommt, wurde sie somit etwa bei einer von fünf Probenahmen entdeckt.

Für die Wahrscheinlichkeit einer Besiedlung durch Äskulapnattern war unerheblich, ob ein Waldrand nach Süden oder Norden ausgerichtet war; ebenso war es unerheblich, ob er in einer eher offenen oder bewaldeten, eher trockenen oder feuchten Umgebung lag und eher nah oder weit entfernt von einem Gewässer. Die Schlange

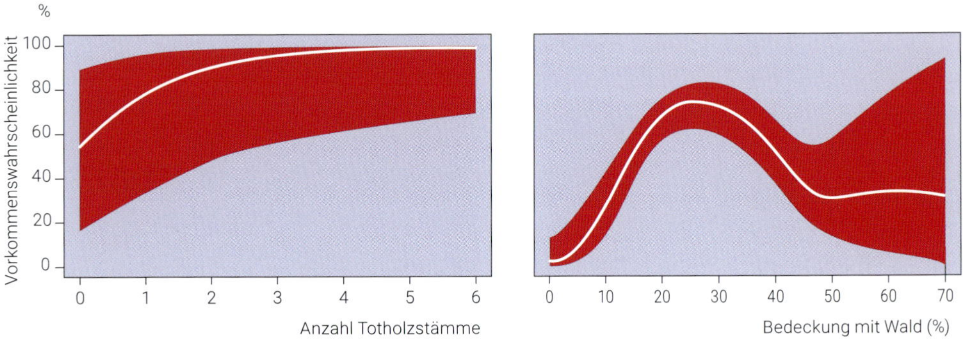

erwies sich diesbezüglich als toleranter als erwartet. Am ehesten von Äskulapnattern bewohnt waren Waldränder mit einem vorgelagerten Krautsaum von über einem Meter Höhe, viel Totholz (Abbildung 96 links, Abbildung 97), einer breiten Pufferzone zwischen Wald und angrenzendem Kulturland und – auch das ein mögliches Ergebnis multivariater Analysen – überraschend geringer Distanz zu stark befahrenen Strassen.

Ergänzend zu ihrer detaillierten Betrachtung von Waldrändern hat Mathilde Rausis die Nutzung der Ebene des Chablais durch Äskulapnattern auf Stufe Hektar untersucht, indem sie Eigenschaften der 130 Hektarflächen mit mindestens einem Nachweis der Schlange mit denen 130 zufällig ausgewählter ohne Nachweis verglich. Dabei kam – vereinfacht ausgedrückt – heraus, dass mit einem bisschen, aber nicht zu viel Wald (Abbildung 96 rechts) und einem bisschen naturnaher Fläche auf dem untersuchten Hektar die Wahrscheinlichkeit eines Vorkommens der Äskulapnatter zunimmt.

Im Kanton Basel-Landschaft wählte Timo Reissner 2005 aus 345 Hecken, die als ökologische Ausgleichsflächen subventioniert wurden, deren 89 aus und suchte sie in vier bis fünf Kontrollgängen nach Reptilien ab. Von den vier Arten Zauneidechse, Mauereidechse, Blindschleiche und Ringelnatter fand er am häufigsten die Zauneidechse, welche 9 der 89 untersuchten Hecken besiedelt. Um herauszufinden, worauf es vor allem ankommt, ob die Art eine Hecke besiedelt, erfasste der Forscher Eigenschaften sowohl der Hecke selbst als auch der weiteren Umgebung, die er in dieser Studie als Umkreis von 500 m um die Hecke definierte.

Abbildung 96 Je mehr Totholz, umso besser (links), und ein bisschen Wald, aber nicht zu viel (rechts): Eigenschaften, die das Vorkommen der Äskulapnatter in der Ebene des Chablais (VD) an Waldrändern (links) und auf Flächen von einem Hektar (rechts) beeinflussen. Die roten Flächen umgrenzen das 95 %-Vertrauensintervall der Schätzung.

Ob Zauneidechsen eine Hecke besiedelten, hing sowohl von Eigenschaften der Hecke selbst als auch von solchen der weiteren Umgebung ab. Ein besonders starker Zusammenhang bestand zwischen der Wahrscheinlichkeit eines Vorkommens und der Distanz (Luftlinie) zur nächsten Population – je näher diese, desto wahrscheinlicher ein Vorkommen – und dem Vorhandensein von Altgras – je mehr, desto wahrscheinlicher. Im besten Modell als bedeutend zurückbehalten wurden auch das Alter der Hecke, die Anteile an Wald und Pufferzone sowie die Gesamtlänge an Klasse 1-Strassen in der Umgebung.

Abbildung 97 Je mehr Totholz an einem Waldrand, desto wahrscheinlicher ein Vorkommen der Äskulapnatter, so zumindest in der Ebene des Chablais (VD). (Foto: Mathilde Rausis)

Denselben Ansatz wandte Reissner 2007 auf Bahnböschungen an. Hier ging es einerseits um die Frage, wie viele der Steinlinsen und Steinhaufen entlang von Bahnlinien Reptilien tatsächlich nutzen, andererseits um Eigenschaften der Steinbauten selbst und solche der näheren Umgebung, welche als Variablen in multivariaten Modellen die Besiedlungsmuster am besten erklären. Reptilien fanden sich auf 57 der 80 untersuchten Steinbauten, und zwar dieselben vier Arten wie in den Hecken. Eine Art besiedelte jeweils ein bis zwei Drittel der Anlagen. Von Bedeutung waren Steinlinsen und Steinhaufen insbesondere dort, wo Bahnlinien durch ausgeräumtes und intensiv bewirtschaftetes Kulturland verlaufen. Die verbauten Steine sollten nicht zu klein und nicht zu gross – der Forscher empfiehlt Durchmesser von 20 bis 60 cm –, und die Ränder neu angelegter Strukturen möglichst unregelmässig gestaltet sein.

Cristina Colucci überprüfte 2013 nochmals die von Timo Reissner 2007 untersuchten Steinlinsen und Steinhaufen und zählte anlässlich von vier Probenahmen die Zaun- und Mauereidechsen. Zusätzlich zum Alter und den Merkmalen der Steinstrukturen erfasste sie die Verbindung zu benachbarten Populationen und die Anwesenheit der jeweils anderen Eidechsenart als möglichen Einfluss auf Vorkommen und Häufigkeit der beiden Arten.

Reissner hat Zauneidechsen 2007 auf 46 % der 76 von Colucci untersuchten Anlagen gefunden, Colucci sechs Jahre später auf 35 %. Neu nachgewiesen wurde die Art an 11 Orten, nicht mehr gefunden an 20 Orten. Bei der Mauereidechse gab es keine Neunachweise, aber drei erloschene Vorkommen.

Der Anteil besetzter Steinstrukturen hatte sich gegenüber 2007 kaum verändert und lag bei der Mauereidechse geschätzt bei einem Drittel, bei der Zauneidechse bei etwa der Hälfte. Unter den Strukturmerkmalen hatte einzig die Dimension einer Anlage einen statistisch erkennbaren Einfluss und auch das nur bei einer Art – je länger und höher der Steinhaufen, desto mehr Mauereidechsen. Von überragender Bedeutung war die Konnektivität zu benachbarten Populationen, also die Vernetzung, in dieser Studie errechnet aus Sichtungen im Umkreis von zwei Kilometern um einen Haufen. Je näher die nächstgelegene Population, desto wahrscheinlicher ein Vorkommen und desto mehr Tiere. Bei der Zauneidechse wurde dieser Effekt aber stark gedämpft, wenn auch Mauereidechsen die Anlage nutzten.

Simona Stoll beschäftigte sich bereits im Jahr zuvor mit Zauneidechsen an Bahnböschungen. Dabei interessierten sie nicht bestimmte Kleinstrukturen an den Böschungen, sondern ganz allgemein die Eigenschaften, welche massgeblich über die Anwesenheit und Häufigkeit der Art entscheiden. Im Umkreis von 30 km um die Stadt Bern wählte sie aus 116 Fundorten an Bahnböschungen deren 50 zufällig aus. An denen zählte sie entlang eines 100 m langen Abschnitts während einer Saison dreimal die Zauneidechsen und erfasste Exposition, Pflegeregime, Bodeneigenschaften, Vegetationszusammensetzung und die Deckung verschiedener Strukturen. In der multivariaten Analyse berücksichtigte sie auch die Entdeckungswahrscheinlichkeit der Zauneidechse und Variablen, welche diese beeinflussen könnten, zum Beispiel Tageszeit und Witterung.

Abbildung 98 Brauchen Zauneidechsen Steinhaufen und Totholz, oder reichen ihnen viele Mauselöcher für eine dauerhafte Besiedlung von Bahn- und Strassenböschungen? Dieses Männchen nutzt den Auswurfhügel eines Kleinsäugers zur Beobachtung der näheren Umgebung. (Foto: Andreas Meyer)

9.3 Wo beginnt, wo endet ein Reptilienlebensraum?

Mit demselben Ansatz, den seine Kolleginnen und Kollegen auf Saumbiotope anwandten, versuchte Luis Lietha die Eigenschaften herauszuarbeiten, welche entscheidend für ein Vorkommen der Schlingnatter sind. Ihm stand ein Satz von 74 Probeflächen aus dem Mittelland der Kantone BE, FR und VD zur Verfügung, die im Zeitraum 2008 bis 2014 in unterschiedlichen Projekten nach Schlingnattern abgesucht wurden, mit einheitlicher Methodik unter Verwendung als künstliche Verstecke ausgelegter Platten. Für 21 der 74 Flächen lagen Nachweise der Schlingnatter vor. Lietha erfasste jede Probefläche als Landschaftseinheit, die sich strukturell und topografisch klar von ihrer Umgebung unterscheiden liess, für Saumbiotope machte er dies mit Kreisen mit 25 m Radius um jede Platte und anschliessender Verbindung derselben zu einem 50 m breiten Streifen. Die so begrenzten Flächen umfassten zwischen 2 Aren und 6 Hektar.

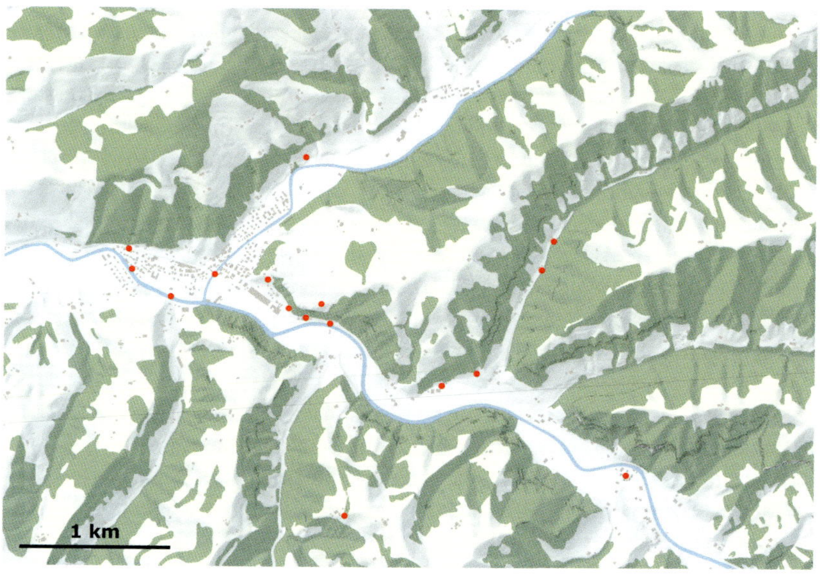

Abbildung 99 Die Verteilung der Schlingnatterfunde in und um Trubschachen (BE) zeigt, wie schwierig die Abgrenzung des Lebensraums dieser Schlangenpopulation tatsächlich ist. Und die eingetragenen Funde sind keine Momentaufnahme, sondern kamen über einen Zeitraum von 35 Jahren zusammen. Wo aktuell Schlingnattern leben, ist der Karte nicht zu entnehmen.

Jede Fläche hat der Forscher mit 19 Eigenschaften beschrieben, darunter Ausrichtung und Neigung des Geländes, Anzahl Sonnenstunden, Bodenbedeckung sowie Veränderungen der Waldbedeckung in den vergangenen 50 Jahren.

In statistischen Modellen ragte keine der erfassten Variablen so weit aus dem Grundrauschen heraus, dass sich mit ihr auch nur ansatzweise die Wahrscheinlichkeit eines Vorkommens der Schlingnatter hätte vorhersagen lassen, nicht einmal anhand der Distanz zur nächstgelegenen Population von Artgenossen.

Für die meisten der 21 Flächen mit Nachweisen musste sich Lietha mit wenigen Funden der Schlange, in sechs Fällen mit einem einzigen begnügen. Wie wirklichkeitsnah sind da die Abgrenzungen der Probeflächen als potenzielle Lebensräume einer Population überhaupt noch? Zur Schlingnatter im Kanton Zürich schrieben Eugen Kramer und Othmar Stemmler 1986: «Es gibt Populationen, die sich über Jahrzehnte halten können, obschon vermutlich nur zwei Pärchen adulter Exemplare den Bestand sichern». Die kantonalen Reptilieninventare der 1980er-Jahre schienen den beiden Veteranen

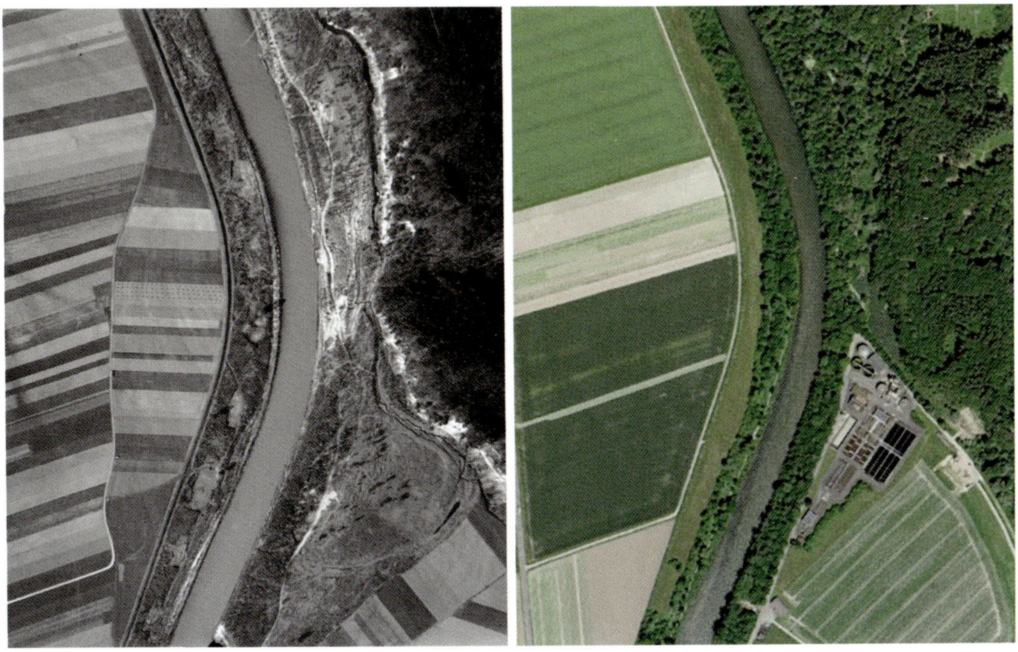

Abbildung 100 Vergleichen wir die Luftaufnahmen dieses Abschnitts der Saane aus den Jahren 1931 (links) und 2018 (rechts), können wir erahnen, wie ausgedehnt der Lebensraum der Schlingnatter insbesondere am rechten Saaneufer mal war.

zumindest für das Mittelland recht zu geben. Doch zwei Beispiele aus dem Kanton Bern erzählen inzwischen eine andere Geschichte. In Trubschachen und Laupen umfassten die von Lietha im Jahr 2015 abgegrenzten Lebensräume nur wenige Aren. Seit Beginn der Monitorings durch Freiwillige vor 16 bzw. 7 Jahren erfahren beide Lebensräume jedoch eine kontinuierliche «Ausdehnung», und mit Bekanntwerden der Projekte kommen Jahr für Jahr Beobachtungen von Dritten hinzu.

Anstelle der befürchteten letzten Mohikaner sehen wir heute immerhin die Konturen von Populationen, die diese Bezeichnung verdienen. Schlingnattern an Strassenböschungen, Waldrändern, Bahndämmen, in Privatgärten, im Kompost einer Gärtnerei, in einer Garage, am Rande des Wendeplatzes eines Werkhofs, zuletzt von der anderen Seite der Saane bzw. Ilfis ... ein Ende ist nicht abzusehen (Abbildung 99). Auch die im Naturnetz Pfannenstil (ZH) organisierten Freiwilligen beschäftigen sich mit der Erfassung der Schlingnatter in ihrem Vereinsgebiet. In Stäfa gelang ihnen 2005 letztmals ein Nachweis der Art. Weiter östlich dagegen konnten sie Schlingnattern beidseits der Kantonsgrenze ZH–SG an insgesamt sechs Orten finden, welche maximal zwei Kilometer voneinander entfernt liegen. Auch hier ist nicht auszuschliessen, dass der Lebensraum der Population in den kommenden Jahren eine ähnliche Ausdehnung erfährt wie in Laupen und Trubschachen.

Wo also beginnt, wo endet der Lebensraum dieser Populationen? Ohne Anhaltspunkte wie ein Laichgewässer fällt bereits die Suche nach dem «Beginn» schwer. Vergleiche aktueller mit historischen Luftaufnahmen zeigen, dass mindestens die Hälfte der erwähnten 21 Flächen mit Nachweisen in den letzten Jahrzehnten bedeutende strukturelle Veränderungen erfahren haben, so auch in Laupen. Was von ihnen in Liethas Analyse eingeflossen ist, sind vermutlich nur Überbleibsel vormals ausgedehnter und strukturreicher Schlingnatter-Lebensräume (Abbildung 100). Der zurückliegende Schrumpfungsprozess ist offensichtlich. Aber gehört die heute in Laupen und Trubschachen beobachtete «Ausdehnung» der Lebensräume wirklich in Anführungszeichen, haben wir die Schlange einfach Jahrzehnte übersehen? Oder haben sich die Rahmenbedingungen durch den Klimawandel bereits derart verändert, dass Schlingnattern allmählich Terrain zurückgewinnen, wenn auch nicht zwingend dort, wo sie es zuvor verloren haben? Vielleicht müssen wir etwas herauszoomen, um besser zu verstehen, was sich da gerade abspielt. Lässt sich in der Verteilung der Fundorte ein Verbreitungsmuster erkennen, könnten wir die Frage nach den Lebensräumen aus einer anderen Perspektive angehen.

10

Die Suche nach Verbreitungsmustern – mehr als blosse Spekulation?

Als letzte Stufe der Integration können wir die Fundorte einer Reptilienart und unsere Erkenntnisse zu deren Ansprüchen an die Landschaft so zusammenführen, dass sich daraus ein Verbreitungsmuster ableiten lässt. Im Fall der Schlingnatter sind diese Erkenntnisse immer noch eher bescheiden, doch bei ihr, wie bei allen anderen Arten auch, ist das Vorgehen stets dasselbe: Ausgehend von dem, was wir über die Verhältnisse an den Fundorten einer Art wissen, schliessen wir, wie wahrscheinlich ihr Vorkommen an denjenigen Orten ist, wo wir sie bisher nicht finden konnten. Diese Orte können ein bestimmtes Landschaftselement sein, Kiesgruben oder Waldränder etwa, oder auch einfach die Rasterzellen eines Gitters, das wir über die Landschaft legen. Je höher ihre Ähnlichkeit mit den Verhältnissen an den tatsächlichen Fundorten ist, desto wahrscheinlicher ein Vorkommen der gesuchten Art, so die einfache Gleichung.

Und was bringt uns diese Übung? Im besten Fall erhalten wir damit für eine Art ein plausibel scheinendes Verbreitungsmuster. Das zeigt uns zum Beispiel, wo wir am ehesten nach der heimlichen Schlingnatter suchen sollten, und führt uns vielleicht zu bislang unentdeckten Vorkommen, oder wir erahnen, welche Geländebereiche für die kleine Schlange von besonderer Bedeutung sein könnten und damit unbedingt zu erhalten sind. Vielleicht können wir auch abschätzen, wie wahrscheinlich sich Smaragdeidechsen, Äskulap- und Zornnattern von Orten, wo sie illegal ausgesetzt wurden und sich seit Jahrzehnten halten, weiter ins Mittelland ausbreiten. Und umgekehrt, wo in der Schweiz die Wiederansiedlung der Sumpfschildkröte am ehesten gelingen könnte. Oder wir spekulieren, wie angesichts des Klimawandels die Verbreitungsgebiete unserer Reptilienarten in 20, 50 oder 100 Jahren aussehen. Aber zunächst mal weiter mit der Schlingnatter.

10.1 Gefühlte Verbreitungsmuster – Fundorte auf Karten einzeichnen

Die bereits zitierten Kramer und Stemmler hielten 1986 zur Schlingnatter im Kanton Zürich fest: «Es wäre noch vor 50 Jahren kaum jemandem eingefallen, spezielle Fundorte aufzuschreiben.» Bis heute jedoch verfügen wir für das gesamte Schweizer Mittelland nur über wenige, zeitlich und räumlich weit verstreute Beobachtungen, von denen wir die meisten trotz erheblichen Suchaufwands nicht mehr bestätigen konnten. Wo also könnte sich die Suche nach bislang unentdeckten Vorkommen am ehesten auszahlen?

Kramer und Stemmler erstellten auf der Grundlage ihrer Fundortlisten noch ohne Rechner schematische Verbreitungskarten für alle Schweizer Reptilienarten. Dabei entschieden die Distanz zwischen zwei Fundorten, die Topografie und Beschaffenheit des Raums dazwischen sowie die unterstellte Mobilität einer Art, ob sie Fundorte flächenhaft verbanden oder getrennt liessen. Im Fall der Schlingnatter schlossen die Autoren mit diesem halt sehr willkürlichen Vorgehen auf grössere Verbreitungslücken, aber ein ansonsten flächendeckendes Vorkommen im Mittelland (Abbildung 101 oben).

Auch ich suchte für die Schlingnatter nach einem Verbreitungsmuster, ebenfalls ohne statistische Hilfsmittel, aber wenigstens computergestützt. Denn heute ermöglichen uns Geografische Informationssysteme (GIS) und eine Vielzahl digital erfasster Landschaftseigenschaften, die Fundorte einer Art auf verschiedene Kartendarstellungen zu projizieren und so nach Auffälligkeiten zu suchen. Im Fall der Schlingnatter zeigte sich, dass die Funde im Untersuchungsgebiet, einem Ausschnitt des westlichen Schweizer Mittellandes, nahezu ausnahmslos im Uferbereich von Seen und Flussläufen, auf oder am Rand von Schwemmböden oder an Bahnlinien liegen (Abbildung 101 unten). In den Hügellandschaften abseits von Bahnlinien fehlen bis heute Nachweise. Ein weiteres Merkmal vieler Fundorte ist ihre unmittelbare Nähe zu Felsfluren («Flühen») oder zu Ansammlungen aus Lockergestein, seien es Schotterfelder und Kiesbänke in Flusslandschaften, die Schotterunterlage von Bahngeleisen oder Lesesteinhaufen auf Weideflächen der Voralpen. Und an den Flüssen Saane und Sense wurde die Schlingnatter bisher nie an einem Gleithang gefunden, sondern ausschließlich an Prallhängen (Abbildung 102). Immerhin verhalf uns ein GIS hier bereits zu einem etwas differenzierteren Verbreitungsmuster, doch schöpfen wir damit die Möglichkeiten digital verfügbarer Daten noch nicht aus.

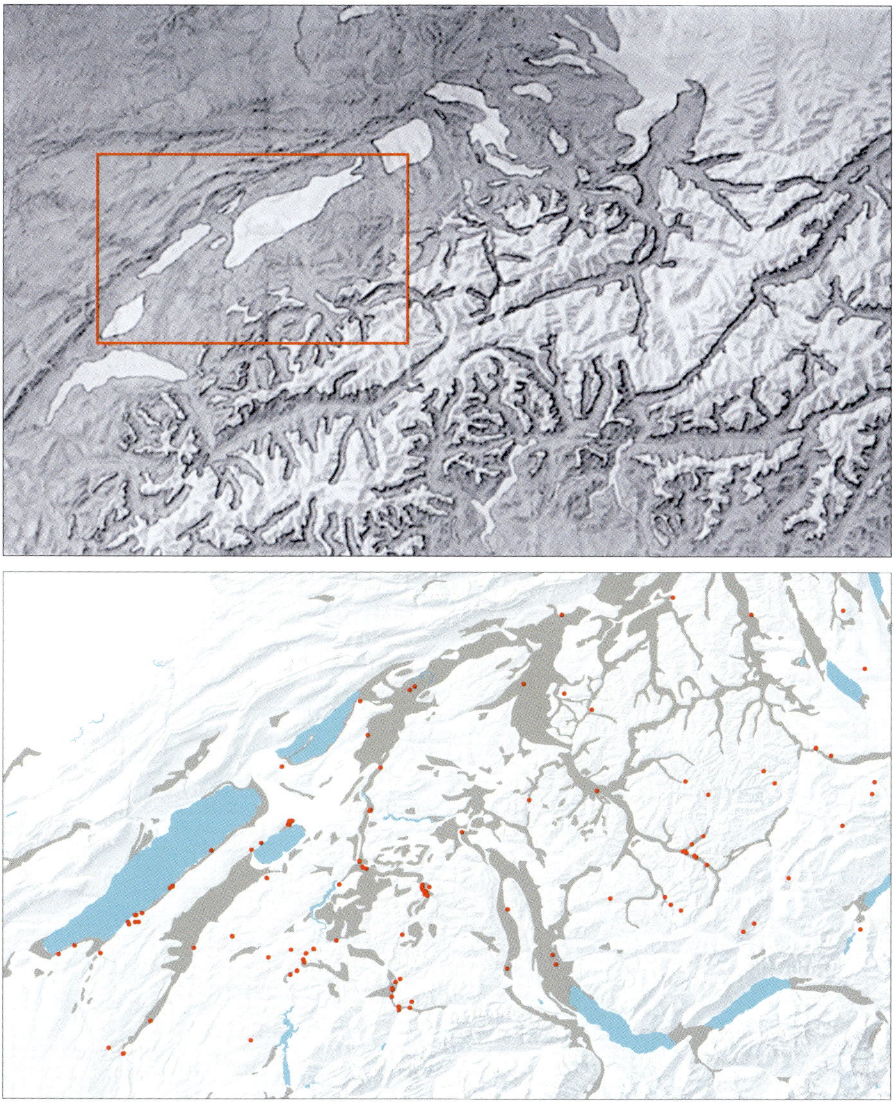

Abbildung 101 Oben: Die von Eugen Kramer und Othmar Stemmler 1986 publizierte schematische Verbreitungskarte der Schlingnatter. Unten: In den vergangenen 100 Jahren zusammengekommene Fundorte (Punkte) in einem Ausschnitt des westlichen Mittellandes; von nahezu allen fehlen seit Jahrzehnten Schlingnatternachweise. Dunkelgrau: Schwemmböden (Alluvionen und fluvioglaziale Schotter).

Abbildung 102 Werden und Vergehen von Schlingnatter-Lebensräumen an einem Prallhang der Sense. In der grasbewachsenen Uferböschung links im Bild leben bis heute Schlingnattern. Die ebenfalls besiedelten Bereiche unter- und oberhalb wurden im Zeitraum 2013–2015 von Hochwassern bis an den Rand des Auwaldes abgetragen. (Foto: Ueli Hofer)

10.2 Berechnete Verbreitungsmuster – Spekulieren im multivariaten Raum

Mit einem GIS lässt sich ein potenzielles Verbreitungsgebiet auch berechnen und darstellen. Erneut nutzen wir digital erfasste Landschaftseigenschaften, diesmal jedoch zur Schätzung der Wahrscheinlichkeit eines Vorkommens der Zielart auf zuvor festgelegten Flächeneinheiten. Das sind meist quadratische Rasterzellen, heute in einer Auflösung von 25x25 m. Dabei lassen wir uns nicht von theoretischen Überlegungen lenken, sondern von in Zahlen fassbaren Verhältnissen an den bisher bekannten Fundorten einer Art. Was wir an sogenannten «Variablen» in ein «multivariates» Modell einbeziehen – bei unseren Reptilien bisher ausschliesslich Temperatur, Niederschlag und Topografie –, bestimmt die Grenzen, in welchen sich unsere Voraussagen bewegen. Doch selbst wenn wir uns bemühen, ja nichts zu vergessen und Dutzende Variablen in die Berechnungen einbeziehen, fehlt schon nur eine für eine Art entscheidende Eigenschaft, steigt das Risiko, dass wir mit unseren Voraussagen daneben liegen. Ohne Zweifel sind die Temperatur und die sie beeinflussenden topografischen Eigenschaften für Reptilien relevant. Doch wie wirken sich die Form der Landnutzung und das Beuteangebot aus?

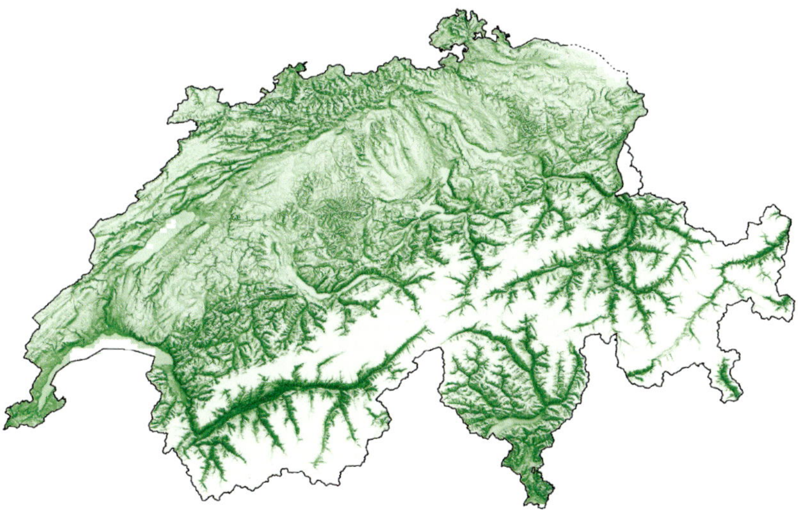

Abbildung 103 Das potenzielle Verbreitungsgebiet der Schlingnatter, ausgehend von klimatischen Eigenschaften an den tatsächlichen Fundorten der Art. Je dunkler die grün eingefärbten 100×100 m grossen Rasterzellen, desto wahrscheinlicher ist ein Vorkommen der Art gemäss dem zugrunde liegenden statistischen Modell.

Jeder multivariate Ansatz ist nur so gut wie die Auswahl, Qualität und Auflösung der Daten, die wir den Modellen füttern. Den 2001 im Reptilienatlas publizierten Karten der potenziellen Verbreitungsgebiete lagen noch Rasterzellen von einem Quadratkilometer Grösse zugrunde. Angesichts der damals bestehenden Datenlücken war es den Versuch wert, anhand der bekannten Fundorte die tatsächliche Verbreitung einer Art mit statistischen Modellen abzuschätzen. Für Arten wie die Schlingnatter, mit wenigen und räumlich weit verstreuten Fundorten, ist ein 1000×1000 m-Raster klar zu grob für eine aussagekräftige Karte. In der aktuellen Karte mit einer Auflösung von 100×100 m ist allein aufgrund von Klima und Topografie ein Vorkommen der Schlingnatter auf grossen Flächen des Mittellandes zwar eher unwahrscheinlich, aber eben doch nicht ausgeschlossen (Abbildung 103). Für den Schlangenphobiker eine nicht wirklich beruhigende Nachricht, aber auch für die Biologin kein besonders hilfreicher Befund.

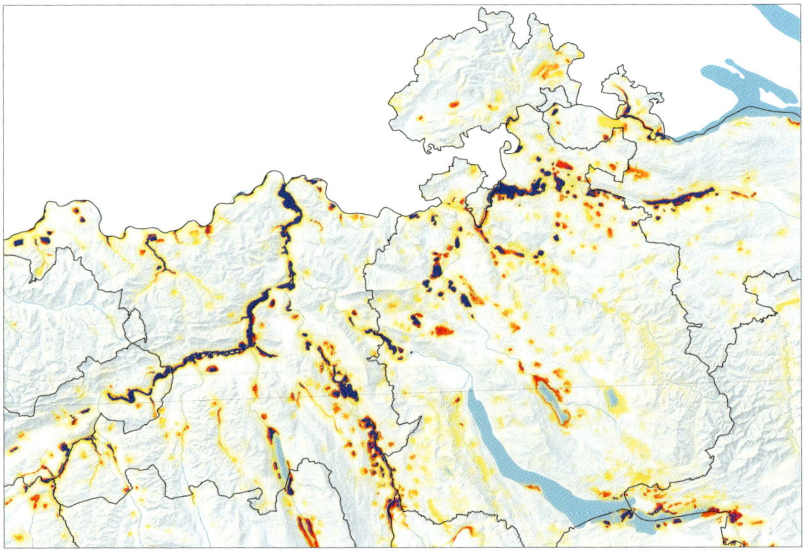

Abbildung 104 Der Kartenausschnitt zeigt, wo im Raum Aargau und Zürich die Wiederansiedlung der Europäischen Sumpfschildkröte am ehesten gelingen könnte. Am aussichtsreichsten sind die violetten Bereiche, in den gelben und roten gelingt der Aufbau einer stabilen Population längerfristig wohl nicht, die übrige Landschaft eignet sich nicht für Ansiedlungsversuche.

Mehr Aussagekraft entsteht, wenn wir die Berechnungen für eine Art anstellen, die in der Schweiz bereits aufgrund ihrer Ansprüche an den Lebensraum ein sehr eingeschränktes Verbreitungsgebiet hat. So geschehen für die Planung der Wiederansiedlung der Europäischen Sumpfschildkröte mit ihrer engen Bindung an Gewässer. Um Flächen abzugrenzen, die sich für die Ansiedlung der Art am besten eignen, bezog Charlotte Ducotterd in die multivariaten Modelle nicht nur Klima und Topografie ein, sondern auch das Vorhandensein geeigneter Gewässer und für die Eientwicklung geeigneter Böden (Abbildung 104).

10.3 Simulieren und spekulieren – wer sind die Profiteure des Klimawandels, wer die Verlierer?

Der karch werden zunehmend Reptilienbeobachtungen aus Höhen- und Hanglagen gemeldet, wo bisher niemand auf die Idee gekommen wäre, nach Reptilien zu suchen. Den vorläufigen Höhenrekord hält eine mit Foto belegte Kreuzotter zuoberst auf dem Mazzaspitz (GR) auf 3164 m ü. M. Aus der Zentralschweiz trudeln laufend verbürgte Funde von Ringelnattern auf über 2000 m ü. M. ein, und jüngst wurden am nordostexponierten Schattenhang oberhalb Brione (TI) Aspisvipern gesichtet, ebenso an einem nordwestexponierten Hang in der Sustenregion (BE). Sorgte die Voreingenommenheit der Reptilienexperten dafür, dass derartige Funde bis vor wenigen Jahren ausblieben? Kam schlicht niemand auf die Idee, dort nach Reptilien zu suchen, oder ermöglicht der Klimawandel auf einmal einigen Reptilienarten die Ausdehnung ihrer Verbreitungsgebiete in höhere Lagen und an Schattenhänge?

Diese Frage lässt sich nie abschliessend beantworten, doch zumindest könnten wir ja, statt wie im vorangehenden Kapitel nur ein im Hier und Jetzt gültiges Verbreitungsmuster zu erstellen, das Verbreitungsgebiet einer Art in 50 oder 100 Jahren vorhersagen. Dann führt der Weg unweigerlich über ein Durchspielen verschiedener Szenarien, die den möglichen Verlauf einer Ausbreitung simulieren. Die Klimaerwärmung ist dabei nur eine von mehreren Einflussgrössen, denn schliesslich trifft eine Art in der Landschaft auch auf natürliche und menschgemachte Hindernisse, die ihre Ausbreitung verlangsamen oder komplett unterbinden können, etwa einen grossen Flusslauf oder eine Autobahn.

Vor dem Hintergrund der erwarteten Veränderung der Temperaturen und Niederschlagsmuster versuchte Marc Pittet die Verbreitung von 12 Reptilienarten im Chablais (VD) im Jahr 2035, 2060 und 2085 vorherzusagen. Hierfür simulierte er unterschiedliche Ausbreitungsszenarien. Ein Szenario ging davon aus, dass die Art sich gar nicht ausbreitet, also nur Verluste erleiden kann, ein weiteres, dass die Art jede für sie geeignete Fläche besiedelt, unabhängig von deren Distanz zum nächstgelegenen Vorkommen. Die übrigen Szenarien bezogen einerseits landschaftliche Hindernisse mit ein, andererseits ein vermutetes Ausbreitungsverhalten einer Art und die Lage der Kernzonen ihrer aktuellen Verbreitung im 700 km^2 grossen Untersuchungsgebiet.

Die Resultate bestätigen im Kleinen, was viele Fachleute im Grossen als Auswirkung des Klimawandels auf die Reptilien erwarten: «Kälteadaptierte» Arten wie die Kreuzotter und Bergeidechse, deren Verbreitungsschwerpunkt im nördlichen Eurasien liegt, dürften in der Schweiz grosse Teile ihres heutigen Verbreitungsgebiets verlieren, während sich jenes «wärmeadaptierter» Arten wie der Zornnatter, die unser Land von Süden und Südwesten her besiedelt hat, ausdehnt (Abbildung 105). Wärmeadaptierte Arten würden selbst in einem Szenario ohne Ausbreitung ihre Verbreitungsgebiete halten können, während kälteadaptierte in der Schweiz nur noch höhere Lagen besiedelten und beträchtliche Flächenverluste hinnehmen müssten. Die Zauneidechse, die keiner der beiden Gruppen zuzuordnen ist, würde ihr heutiges Verbreitungsgebiet im Chablais verlieren, aber Flächen in höheren Lagen hinzugewinnen, die bisher zu kühl für eine Besiedlung sind.

Auch wenn die Vorhersagen sich nicht bis ins Detail bewahrheiten dürften, rufen uns die simulierten Ausbreitungsszenarien in Erinnerung, dass Verbreitungsgebiete einem steten Wandel unterliegen. Womöglich bemühen wir uns heute an Orten um die Erhaltung von Reptilienpopulationen, wo diese sich vielleicht bereits in naher Zukunft allein aus klimatischen Gründen nicht mehr halten können.

Abbildung 105 Verbreitung der Gelbgrünen Zornnatter (links) und der Bergeidechse (rechts) im Chablais (VD) im Jahr 2085 als Ergebnis eines simulierten Ausbreitungsszenarios. Schwarze Flächen zeigen die aktuelle Verbreitung, graue die für eine Besiedlung ungeeigneten Bereiche, die übrigen Farben die erwarteten Veränderungen. Das Verbreitungsgebiet der Zornnatter dehnt sich bis 2085 um 366 km^2 aus (rote, gelbe und grüne Flächen), dasjenige der Bergeidechse schrumpft um 238 km^2 (braune Flächen).

11

Vernetzung – wie durchlässig ist die Schweizer Landschaft für Reptilien?

Um die Amphibien auf ihrer Laichwanderung über die Kantonsstrasse in die Ogna da Pardiala am Vorderrhein (GR) besser zu schützen, baut der Kanton Graubünden derzeit etappenweise auf einer Strecke von knapp zwei Kilometern 30 Kleintierdurchlässe. Am Eingang auf der Hangseite von mehreren Durchlässen musste aus topografischen Gründen ein Schacht angebracht werden, in welchen die Amphibien auf ihrem Weg zum Laichgewässer fallen. Um ihnen die Rückwanderung zu erleichtern, wurden in Tunneln mit Fallschächten sogenannte «Krallmatten» installiert, in der Hoffnung, die Tiere könnten daran hochklettern und so aus dem Schacht gelangen.

Seit 2021 überwacht Oliver Dosch die Nutzung von jeweils drei Durchlässen pro Jahr mit fix installierten Kameras. In den Jahren 2021 und 2022 zeichneten diese in sechs Anlagen insgesamt 140 263 Filme mit einer Gesamtdauer von 2251 Stunden auf. Die Auswertung des Materials ergab, dass nebst Erdkröten, Grasfröschen, Bergmolchen und über einem Dutzend Säugetierarten auch vier Reptilienarten die Unterführungen nutzten. Ringelnattern fanden sich in allen der bisher sechs überwachten Tunnel auf insgesamt 128 Aufnahmen. Einzelne Tiere vermochten die Krallmatten erfolgreich zu erklimmen, doch viele schienen die Matten nicht zu finden und kehrten wieder um, in einem Durchlass fünf von acht, im anderen 31 von 55. Die anderen drei Reptilienarten waren weit seltener zu sehen, die Blindschleiche auf 14 Aufnahmen aus vier Tunneln, die Zauneidechse nur auf einer aus einem Tunnel. Im Herbst 2023 erfasste die Kamera dann erstmals eine Schlingnatter (Abbildung 106). Auch wenn bei einzelnen Anlagen noch Optimierungsbedarf besteht, so steht doch fest, dass Schlangen und Echsen die Anlagen nutzen.

Oliver Dosch gelang mit seinem «Beifang» also innerhalb von zwei Jahren der Nachweis, dass Reptilien ein potenzielles Wanderhindernis über Kleintierdurchlässe überwinden – ein Ereignis, auf das man andernorts vergeblich hofft oder zumindest Jahre warten muss. Seine Wirkungskontrolle hatte freilich ihren Preis, 2251 Stunden Filmmaterial zu sichten, sind kein Pappenstiel. Pro Untersuchungsjahr waren dafür 150 bis 250 Arbeitsstunden zu veranschlagen.

Geht das denn nicht einfacher? Zauneidechsen sind nicht dafür bekannt, hohe senkrechte Flächen wie etwa eine Lärmschutzwand (LSW) zu überklettern. Für die Überprüfung, ob sie es stattdessen schaffen, die in eine LSW als Durchlass eingebrachte Gabione zu durchkriechen, wenn sie die gegenüberliegende Seite nicht sehen können, wählte Christian Mayer vom Büro Fornat einen sehr direkten Ansatz: Ein in der Böschung unterhalb einer Gabione gefangenes Zauneidechsenmännchen setzte er in ein Glasgefäss, hob dieses auf Höhe der Gabione über die LSW und kippte es am Boden auf der anderen Seite der LSW direkt vor der Gabione so um, dass das Tier einfach aus dem Gefäss kriechen konnte (Abbildung 107). Es verschwand nach kurzer Zeit und tauchte zwei Tage später auf der gleisabgewandten Seite der LSW wieder auf, wenn auch vor einer anderen, 60 Meter vom Ort der Freisetzung entfernten Gabione. Dem Forscher gelang damit der Nachweis, dass Zauneidechsen es schaffen. Trotzdem hat die Sache einen Haken: Denn ob sich Zauneidechsen auch spontan, also ohne entsprechende Nachhilfe, zur Durchquerung einer Gabione aufmachen, bleibt mit dem gewählten Vorgehen offen. Auch hätte es sich beim erwähnten Männchen um die Ausnahme von der Regel handeln können. Dasselbe gilt für den Anwärter auf den «iron lizard», dessen Überquerung einer doppelgleisigen Bahnlinie Mayer ebenfalls nahezu lückenlos dokumentieren konnte: Das Zauneidechsenmännchen wurde unterwegs von drei Zügen überrollt und einmal von der Luftschleppe eines Zuges

Abbildung 106 Eine Schlingnatter klettert in Durchlass Nr. 8 an der «Krallmatte» empor. Die Schlange wurde am 4. September 2023 um 21h13 von einer der Kameras erfasst, die Oliver Dosch installiert hatte.

erfasst und nach vorne geschleudert, ohne sich von seinem Vorhaben abbringen zu lassen. Die Gleise überwand es nicht kletternd, sondern schlüpfte an geeigneten Stellen unter ihnen durch. Auch den 20 cm aus dem Boden ragenden Kabelschacht muss das Tier irgendwie hinter sich gebracht haben, wie genau, vermochte der Forscher nicht zu klären, da er das Tier vorübergehend aus den Augen verlor.

Bis zum Aufkommen naturschutzgenetischer Methoden waren direkte Nachweise der Nutzung von Querungshilfen oder ganz allgemein des Austauschs von Individuen zwischen Populationen die einzige Möglichkeit, die «Konnektivität» – der Fachbegriff für Vernetzung – der Populationen einer Art in der Landschaft abzuschätzen. Ein Teil der neueren Reptilienforschung versucht anhand naturschutzgenetischer Methoden zu beantworten, wie Schlangen, Echsen und Schildkröten mit der fortschreitenden Zerschneidung der Landschaft zurechtkommen und wie gut ihre Populationen noch vernetzt sind. Wohl eher schlecht, würden wir sagen, handelt es sich doch um wenig mobile Arten. Wie steht unser Bauchgefühl im Licht der genetischen Erkenntnisse da?

Im Zentrum der Betrachtungen steht die funktionelle Konnektivität, die Frage, ob Reptilien nicht nur erfolgreich zwischen Populationen hin- und herwandern – das beurteilen wir mit Kenngrössen zur demografischen Konnektivität –, sondern mit den Individuen der Population, in welche sie eingewandert sind, auch fruchtbare Nachkommen zeugen. Tun sie das, dann stehen die Populationen nicht bloss im Individuen- sondern tatsächlich im Genaustausch.

Abbildung 107 Dieses Zauneidechsenmännchen muss aus dem Glas kriechen und die Gabione überwinden, um zurück in seinen Heimbereich zu gelangen, von welchem es auf die andere Seite des Bauwerks versetzt wurde. (Foto: Christian Mayer)

11.1 Wie isoliert voneinander leben die Populationen einer Art?

Können Reptilien sich weitgehend ungehindert durch unsere Landschaft bewegen bis ihnen die Puste ausgeht? Ist dem so, dann ist «Isolation über Distanz» etwa das, was wir erwarten würden: Je grösser die räumliche Distanz, umso entfernter auch die Verwandtschaft. Wenn dieses Muster starke Unregelmässigkeiten zeigt und sich zwei benachbarte Populationen auf einmal genetisch stärker unterscheiden als weit voneinander entfernt lebende, dann ist wohl buchstäblich etwas dazwischengekommen. Wie viele Jahre die Entstehung des fraglichen Hindernisses zurückliegen muss, damit es von einem genetischen Marker erkannt wird, hängt einerseits von der Generationendauer unserer Zielart ab, andererseits von der Trägheit des Markers, der zeitlichen Verzögerung, mit welcher er eine Wirkung neu entstandener Wanderhindernisse oder umgekehrt von Massnahmen zu deren Beseitigung sichtbar macht, so sie denn eingetreten ist.

Das Schicksal der Aspisviper im Schweizer Jura (Abbildung 108) liegt der Szene seit jeher besonders am Herzen. Schlangenbegeisterte spüren der «Juraviper» seit über hundert Jahren nach, viele Populationen sind daher gut dokumentiert und ihre Kümmerer alarmiert, wenn irgendwo Verdacht auf einen Rückgang aufkommt. Die erloschenen Vorkommen und Verdachtsfälle haben sich spätestens mit der Erstellung von Reptilieninventaren in den betroffenen Kantonen zur Gewissheit verdichtet, dass da eine Art regional vom Aussterben bedroht ist und Massnahmen zu ihrer Erhaltung ergriffen werden müssen. Dabei stand auch zur Debatte, ob die mutmasslich isolierten Kleinstbestände bereits unter Inzuchterscheinungen leiden und eine «Blutauffrischung» mittels Umsiedlung von Tieren benötigen.

Als Erster versuchte Christoph Jäggi, die Situation aus einer populationsgenetischen Perspektive zu klären. Hierzu sammelte er 1995 und 1996 an 19 Orten im Schweizer Jura, einem Ort im grenznahen Frankreich sowie als Referenz an zwei Orten im französischen Massif Central genetisches Material von insgesamt 126 Vipern. Die Tiere wurden verschiedenen «Subpopulationen» zugeordnet, wenn die Orte ihrer Herkunft mindestens einen Kilometer voneinander entfernt waren und die letzten Funde über 10 Jahre zurücklagen, oder zwischen zwei Orten mehr als 10 km Luftlinie lagen. Die so erhaltenen 22 Subpopulationen mit je 3 bis 15 Tieren hat Jäggi schliesslich nach geografischen Kriterien zu acht verschiedenen Populationen zusammengefasst, zum Beispiel alle Subpopulationen derselben Talflanke. Anhand von Eigenschaften sowohl des Lebensraums selbst als auch dessen Umgebung hat er jede Subpopulation als mutmasslich verbunden oder isoliert klassifiziert. Die genetische

Abbildung 108 Seit Jahrzehnten unter Beobachtung: Die Aspisviper im Jura. Diese drei trächtigen Weibchen befinden sich am Rand einer Schutthalde, einem typischen Lebensraum der «Juraviper». (Foto: Andreas Meyer)

Vielfalt und Zusammensetzung verglich er anhand sogenannter RAPDs (sprich: *Rapid, randomly amplified polymorphic DNA*).

Fast die gesamte im Untersuchungsgebiet festgestellte genetische Vielfalt der Aspisvipern, nämlich 87 %, fand sich innerhalb der acht Populationen, zwischen den Populationen nur 13 %. Wären die Populationen genetisch stark voneinander isoliert, würden wir das umgekehrte Verhältnis erwarten, wie Abbildung 109 veranschaulicht. Auch bei den Subpopulationen fand sich ein ähnliches Verhältnis, mit 74,3 % der genetischen Vielfalt innerhalb einer Subpopulation, 21,4 % innerhalb der Subpopulationen einer Population und noch 4,2 % zwischen den Populationen. Zwischen der genetischen Vielfalt mutmasslich verbundener und isolierter Populationen liess sich kein Unterschied erkennen.

Christoph Jäggi folgerte aus diesen Werten, dass über weite Teile des Schweizer Juras zwischen den Aspisviper-Populationen bis vor Kurzem ein Genaustausch stattgefunden haben musste. Eine Umsiedlung von Tieren zwischen den Subpopulationen zur Verhinderung von Inzucht war damals also nicht angezeigt.

Mit einem ähnlichen Ansatz, aber präziseren Markern griff Silvia Nanni Geser das Thema nahezu 20 Jahre später nochmals auf. Anders als Jäggi, der noch auf Gewebe- oder Blutproben angewiesen war (Abbildung 110 links), konnte sie allein mit Speichelproben aus Schleimhautabstrichen bereits genügend genetisches Material gewinnen

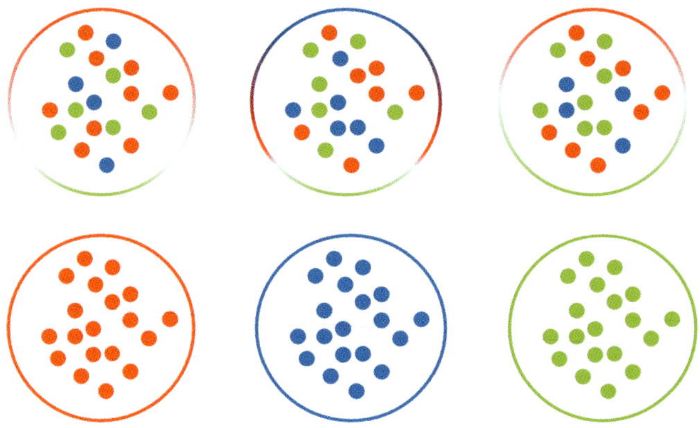

Abbildung 109 Oben: Drei in der genetischen Zusammensetzung ähnliche Populationen mit hoher genetischer Vielfalt. Unten: Der theoretische Extremfall mit 100 % genetischer Differenzierung zwischen den drei Populationen und 0 % innerhalb derselben.

(Abbildung 110 rechts). Sie unterschied zwischen einem lokalen (0,1–5 km) und einem regionalen Ansatz (200 km). Für ersteren sammelte sie Proben von drei Orten, je einen in den Kantonen Genf (48 Tiere), Waadt (106) und Bern (135), für den regionalen von 24 Orten im gesamten Jura und westlichen Mittelland (274 Tiere, 2 bis 95 Proben pro Ort). Als Referenz sammelte sie Proben aus einer Population in den Westalpen, deren Lebensraum nur geringem menschlichem Einfluss ausgesetzt ist.

Zwar fanden sich Populationen mit einer für die Region untypischen Genstruktur oder hoher Differenzierung. Die Analysen ergaben aber insgesamt, dass es keine oder nur eine geringe genetische Differenzierung innerhalb und zwischen den Populationen gibt und ein Genaustausch sowohl innerhalb als auch zwischen den untersuchten Populationen möglich ist. Anhand der genetischen Strukturanalyse liessen sich auf regionaler Ebene nur zwei genetische Gruppen unterscheiden (Abbildung 111). Auf lokaler Ebene waren einzig unter den Waadtländer Tieren Anzeichen von Isolation über Distanz erkennbar, und nur unter den Berner Weibchen und Waadtländer Männchen fanden sich Anzeichen einer genetischen Differenzierung zwischen den Populationen. Hinweise auf Hindernisse in der Landschaft, welche eine Ausbreitung der Aspisviper komplett unterbinden, konnte Nanni Geser nicht finden. Somit scheint sich die Aspisviper in vielen Schweizer Kulturlandschaften selbst heute noch weitgehend ungehindert ausbreiten zu können.

Abbildung 110 Genetisches Material von Reptilien, hier von einer Aspisviper, lässt sich aus Schnipseln von Schuppen (links) oder aus Abstrichen der Mundschleimhaut (rechts) gewinnen. (Foto: Silvia Nanni Geser)

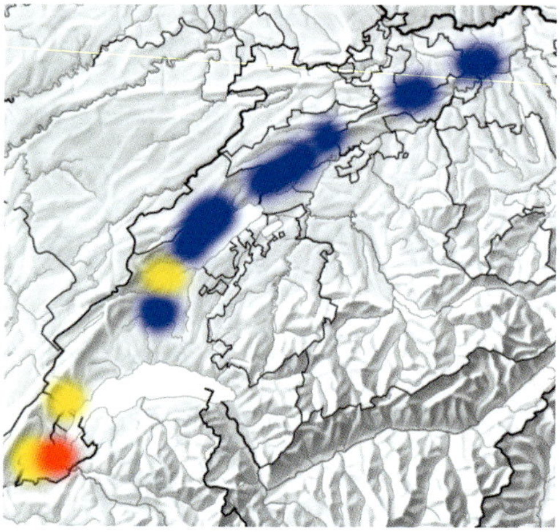

In einem nächsten Schritt überprüfte Valérie Zwahlen anhand von Mikrosatelliten-Markern, ob sich männliche und weibliche Aspisvipern in ihrem Ausbreitungsverhalten unterscheiden. Hierzu analysierte sie Proben aus vier Populationen, 89 Tiere vom Jurasüdfuss bei Yverdon (VD), 101 aus den Reben am Bielersee (BE), 125 Tiere aus der Umgebung von Château-d'Oex (VD) und 107 aus dem Lötschental (VS). Innerhalb einer Population ermittelte sie für jede mögliche Kombination von zwei Weibchen bzw. zwei Männchen nebst der räumlichen Distanz zwischen ihren Fundorten auch die genetische Distanz, also den Grad ihrer Verwandtschaft. Der Vorteil dieses Ansatzes ist der unmittelbare Bezug der genetischen Information zur Gegenwart, also der Wegfall der weiter oben angesprochenen Trägheit.

Wie sich zeigte, war Isolation über Distanz bei den Weibchen in allen Populationen ausgeprägter als bei den Männchen (Abbildung 112 links). In zwei der vier Populationen waren die Weibchen überdies stärker «räumlich autokorreliert» als die Männchen. Das bedeutet, dass zwei in einer bestimmten Distanz gefangene Weibchen enger miteinander verwandt sind als zwei Männchen in derselben Distanzklasse (Abbildung 112 rechts). Beide, also Isolation über Distanz und räumliche Autokorrelation, zeigen, dass vor allem die Männchen die Ausbreitung vorantreiben, auch wenn ihre Wanderfreude stark vom jeweiligen Lebensraum mitbestimmt wird. Bei den Weibchen liess sich diesbezüglich kein Unterschied finden, anders als bei den Männchen dürfte die Landschaft ihr Ausbreitungsverhalten nur begrenzt beeinflussen.

Wie steht es nun also um die Aspisviper im Schweizer Jura? Die Arbeiten von Christoph Jäggi und Silvia Nanni Geser beziehen sich mit ihren Vergleichen zwischen

Abbildung 111 Die genetische Strukturanalyse des Erbguts von 274 Aspisvipern aus dem Schweizer Jura und westlichen Mittelland unterscheidet nur zwei grössere Gruppen (blau und gelb), während eine dritte (rot) möglicherweise ein Artefakt aufgrund von zu geringer genetischer Vielfalt ist.

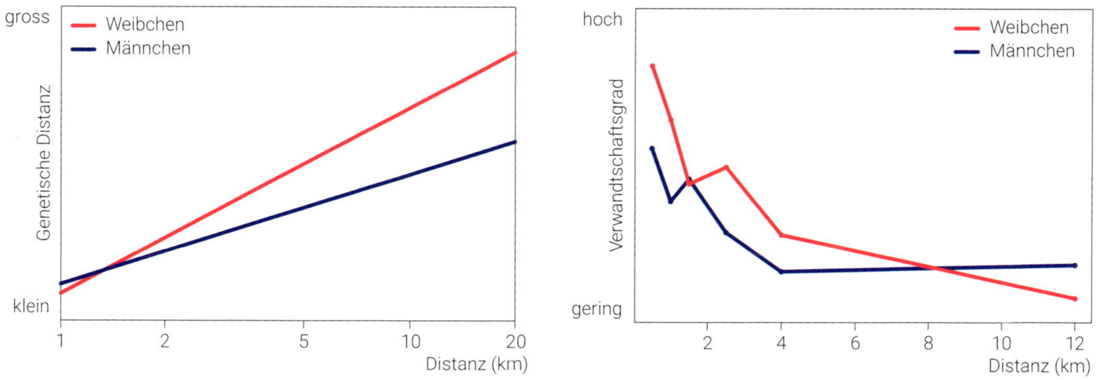

Populationen und Subpopulationen auf einen grösseren Zeitraum. Ausbreitungshindernisse, die erst in der zweiten Hälfte des 20. Jahrhunderts entstanden sind, dürften in ihren Daten noch kaum Spuren hinterlassen haben. Die Studie von Valérie Zwahlen bildet mit ihrer Betrachtung der genauen Verwandtschaftsverhältnisse zwischen Individuen die Gegenwart ab, und immerhin widersprechen ihre Resultate den Befunden von Jäggi und Nanni Geser nicht.

Die Aspisviper im Schweizer Jura ist nicht das einzige Sorgenkind unter den Reptilien. Von der Kreuzotter sind nur wenige Populationen aus den Kantonen VD und NE bekannt (Abbildung 114). Eine von ihnen war noch vor 100 Jahren Opfer einer versuchten Ausrottung, Zahlen dazu finden sich in Kapitel 7.2., von den übrigen war lange nicht viel mehr als ihr Standort bekannt. Sylvain Ursenbacher nahm als Erster eine Einschätzung des Zustands der Kreuzotter im Schweizer Jura vor und untersuchte hierzu 10 Populationen aus der Schweiz und dem angrenzenden Frankreich (Abbildung 113). Vergleichswerte gewann er von drei weiteren Populationen, je einer aus den Schweizer Alpen, dem Massif Central und der Region um Rennes (F). Schlangen ordnete er derselben Population zu, wenn sie weniger als 500 m voneinander entfernt gefangen wurden.

Abbildung 112 Isolation über Distanz (links) und räumliche Autokorrelation (rechts) und zwischen jeweils zwei Aspisvipern desselben Geschlechts, die unterschiedlich weit voneinander gefangen wurden. Die horizontale Achse zeigt die räumliche Distanz, die senkrechte Achse die genetische Distanz (links) bzw. den Grad der Verwandtschaft (rechts). Die Darstellung der räumlichen Distanz auf der logarithmischen Skala in der linken Grafik macht Unterschiede besser sichtbar, indem die Kurven zu Geraden werden.

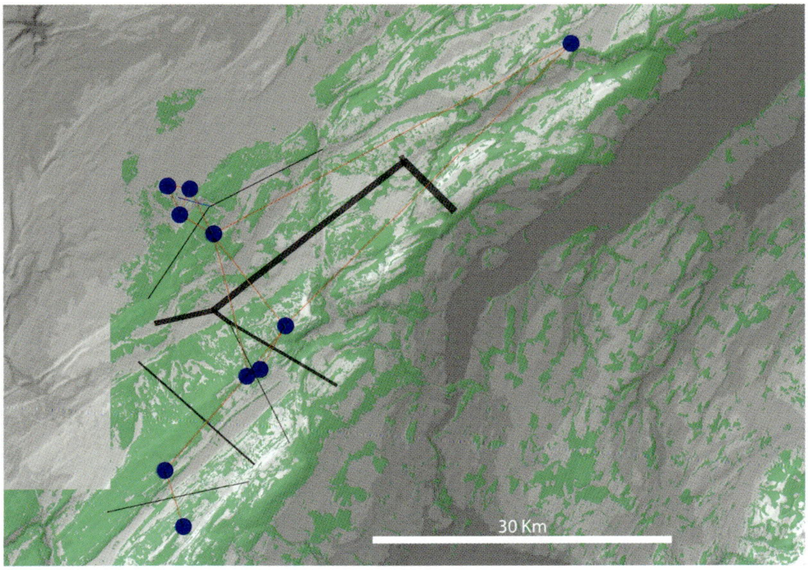

Die Analyse von Mikrosatelliten-Markern aus dem Erbgut von nahezu 400 Kreuzottern, 285 davon aus dem Jura, machte starke genetische Unterschiede zwischen den Populationen sichtbar, und bei denen aus dem Jura war Isolation über Distanz offensichtlich. Bis drei Kilometer voneinander entfernt gefangene Schlangen waren noch nahe miteinander verwandt, ab dieser Distanz zeigten sich dann derart markante Unterschiede, dass ein Genaustausch ausgeschlossen werden konnte.

Nebst der Population aus dem Alpenraum verfügte die bereits in Kapitel 7.2 erwähnte aus dem Neuenburger Jura über die kleinste genetische Vielfalt. Geografisch ist sie im Jura die am weitesten von den übrigen Populationen entfernte (Abbildung 113). Dennoch zeigt die Karte, dass wir nicht einfach von der räumlichen auf die genetische Distanz schliessen können und noch andere Faktoren die Entstehung der – genetisch erkennbaren – Barrieren zwischen den Populationen mitbestimmen. Konnte er in einem Untersuchungsgebiet auf mehr als vier Stichproben zurückgreifen, schätzte Ursenbacher auch die Populationsgrössen. Die lagen im Schweizer Jura

Abbildung 113 Genetische und räumliche Distanz der Kreuzottern im Schweizer und angrenzenden französischen Jura. Je dicker der graue Balken zwischen zwei Populationen (durch rote Linien verbundene Punkte), desto grösser ihre genetische Distanz. Auf den ersten Blick ist zu erkennen, dass von der räumlichen nicht auf die genetische Distanz geschlossen werden kann. Um die Preisgabe der exakten Standorte der Populationen zu vermeiden, wurden die Punkte leicht verschoben.

Abbildung 114 Kreuzottern mögen's feucht, wie diese in einem Moor im Schweizer Jura. Ohne Zweifel setzt die Klimaerwärmung der Schlange in vielen Lebensräumen zu. Behalten Moore ihren Wassergehalt, könnte das der Kreuzotter in solchen Landschaften auch in wärmeren Zeiten ein Überleben ermöglichen. (Foto: Maxime Chèvre)

durchweg bei weniger als 50 Tieren, in drei Fällen sogar bei kaum mehr als 20. Solche Kleinstbestände sind selbst dann vom Aussterben bedroht, wenn sich noch keine Inzuchtschäden bemerkbar machen, da reichen ein paar katastrophale Einzelereignisse. Wie ist die Kreuzotter im Schweizer Jura noch zu retten, wenn überhaupt?

Die Umsiedlung von Tieren zur Erhöhung der genetischen Vielfalt in den einzelnen Populationen ist gemäss Ursenbachers Analysen nicht vorrangig. Die eher geringe Ausbreitungsfreude der Kreuzottern dürfte auch Versuche, die Lebensräume mehr als 2 bis 3 Kilometer voneinander entfernter Populationen durch Korridore zu verbinden, ziemlich wirkungslos machen. Am ehesten hilft eine Aufwertung der unmittelbaren Umgebung der bestehenden Lebensräume, in den Jahren der Datenerhebung nur etwa 15 bis 30 Hektar grosse Flächen. Zusätzlicher Lebensraum bringt aber nur etwas, wenn sich die Population positiv entwickelt und Kandidaten für eine Besiedlung der hinzugewonnenen Fläche zur Verfügung stehen.

Vergleichen wir schliesslich unsere beiden Giftschlangenarten auf genetischer Ebene, zeigt sich ein markanter Unterschied: Die Aspisviper-Populationen unterscheiden sich genetisch nur schwach, und wo es ihnen die Landschaft erlaubt, halten sie selbst über grössere Distanzen einen starken Genaustausch aufrecht. Die Kreuzotterpopulationen dagegen zeigen eine starke genetische Differenzierung, und bereits über Distanzen von weniger als 4 km findet oftmals kein Genaustausch mehr statt (Abbildung 115). Den Grund für diesen Unterschied sieht Ursenbacher in den nacheiszeitlichen Ausbreitungsgeschichten der beiden Arten. Aus dieser Perspektive befindet sich die Aspsiviper nach wie vor in der Phase der Ausdehnung

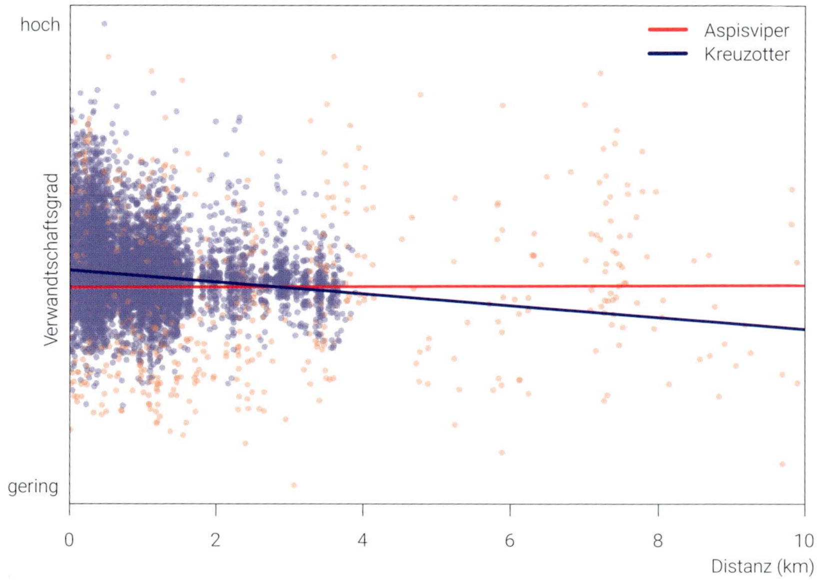

ihres Areals, während die Kreuzotter längst alle für sie bewohnbaren Landschaften Europas erreicht hat.

Die Vipernatter ist die seltenste Schlange der Schweiz. Noch im 19. Jahrhundert hat sie vermutlich von Genf dem See entlang bis Villeneuve (VD) und von dort an rhoneaufwärts bis Sion (VS) ein zusammenhängendes Verbreitungsgebiet besiedelt. Die grossen Infrastrukturprojekte, namentlich die Begradigung und Kanalisierung der Rhone sowie der Bau von Bahnlinie und Autobahn dem Genfersee entlang, haben dann allmählich zu einer Aufsplitterung ihrer Lebensräume geführt. Mit geschätzt mehreren Hundert Tieren ist die Population im Genferbecken sicher die grösste, während am Genfersee im Lavaux entlang von 3800 m Seeufer wohl noch um die hundert und im Wallis nur noch einige Dutzend (Abbildung 116) Tiere übrigbleiben. Im Genferbecken lebte die Vipernatter Ende des 20. Jahrhunderts noch gerade an der Hälfte

Abbildung 115 Unter Aspisvipern (hellrote Punkte, jeder Punkt entspricht dem Vergleich von zwei Individuen) bleibt der Grad der Verwandtschaft über eine Distanz bis 10 km im Schnitt etwa gleich, wie die ziemlich horizontal verlaufende rote Trendlinie (statistisch: Regressionsgerade) zeigt. Bei Kreuzottern (blaue Punkte) nimmt der Verwandtschaftsgrad mit zunehmender Distanz stetig ab, die blaue Trendlinie verläuft entsprechend nach unten.

Abbildung 116 Diese Vipernattern der Walliser Population, die heute nur noch aus ein paar Dutzend Tieren besteht, sonnen sich in der Mauer, in welcher sie überwintern. (Foto: Sabine und Nicolas Gard)

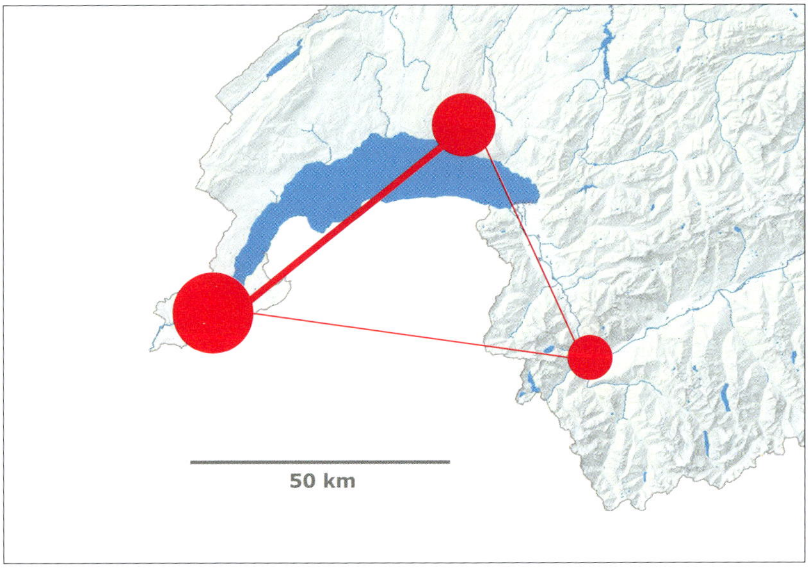

der Fliessgewässer, welche sie in den 1970er-Jahren besiedelte, der Rückgang vollzog sich also in wenigen Jahrzehnten. Am Seeufer zwischen Genf und Lauvaux (VD) liessen sich trotz intensiver Suche bis auf eine erst kürzlich entdeckte Kleinstpopulation keine Vipernattern mehr finden, ebenso wenig zwischen der Walliser Population im Rhoneknie und der Rhonemündung. Einzig am Seeufer zwischen Lavaux und Villeneuve fanden Jean-Marc Fivaz und Raymond Delarze in den 1990er-Jahren gelegentlich eine einzelne Vipernatter oder auch mal mehrere am selben Ort.

Die geografische Isolation der drei Populationen GE, VD und VS ist also offensichtlich. 2002 überprüfte Marco Nembrini, ob die geografische Isolation und die geringe Grösse der Populationen auch genetische Spuren hinterlassen haben. Seine Arbeit bestätigte die räumliche Distanz zwischen den Populationen auch genetisch (Abbildung 117). Die drei Populationen unterschieden sich so stark, dass zwischen ihnen schon lange kein Genaustausch mehr stattgefunden haben kann. Mögliche Folgen der beschränkten genetischen Vielfalt innerhalb der Populationen sind ein geringerer Fortpflanzungserfolg und schlechtere Überlebenschancen der Jungtiere.

Auch Jonas Cosendais Untersuchung der genetischen Struktur dreier Schweizer Populationen der Westlichen Smaragdeidechse – Moulin-de-Vert (GE), St-Sulpice (VD)

Abbildung 117 Verwandtschaft und relative Grösse der drei Populationen der Vipernatter in der Schweiz, veranschaulicht anhand der Punktgrösse und der Dicke der Linien. Die Walliser Population als die kleinste der drei ist von den beiden anderen genetisch stark isoliert.

und Les Follatères (VS) – ergab, dass diese eine geringere genetische Vielfalt aufwiesen als zwei Referenzpopulationen aus Frankreich und sich auch stärker voneinander unterschieden als diese. Vor allem die Walliser und Waadtländer Populationen sind genetisch isoliert von der Genfer und den französischen Populationen. Die genetische Vielfalt der Tiere aus St-Sulpice ist sehr gering und ihr Unterschied zu denjenigen der anderen Populationen besonders ausgeprägt. Das deutet auf einen genetischen «Flaschenhals» hin, eine Phase in der Geschichte dieses Bestands mit nur sehr wenigen Individuen und hohen Verlusten an genetischer Vielfalt.

Soweit also die Befunde zu vier Arten, die in der Schweiz im Verdacht stehen, regional auszusterben. Es muss nicht immer gleich ums Aussterben gehen, bevor man sich für die Genetik von Populationen interessiert. So hat Barbara Meister in den Jahren 2006 bis 2008 die genetische Populationsstruktur von Barrenringelnattern in drei Landschaftstypen des Kantons Bern verglichen, 1) in der intensiv genutzten Agrarlandschaft «Grosses Moos» gewann sie von 91 Schlangen genetisches Material aus Schuppenschnipseln, 2) in der Auenlandschaft des Aarelaufs zwischen Thun und Bern von 62 Tieren, und 3) im Gadmental am Ostrand des Berner Oberlandes von 19. Die Suche nach einer genetischen Struktur in der Gesamtheit der 172 Proben gruppierte sie nach ihrer Herkunft in drei Populationen. Die genetischen Unterschiede zwischen denselben waren zu 85 % mit Isolation über Distanz erklärbar, und zwar etwas besser anhand der Luftlinie als über die entlang der Flüsse verlaufenden Strecken. Dies bestätigt die radiotelemetrischen Befunde (Kapitel 8.4, Seiten 150 ff.), gemäss denen sich Ringelnattern nicht nur in der unmittelbaren Umgebung von Gewässern bewegen, sondern auch Flächen abseits von diesen durchqueren. Die weitere Suche nach Strukturen innerhalb der drei Populationen ergab einzig für das Aaretal eine leichte genetische Differenzierung zwischen den 43 oberhalb von Bern und den 19 unterhalb von Thun gefangenen Tieren.

In paarweisen Vergleichen der Schlangen des gesamten Untersuchungsgebiets zeigte sich, dass zwei weniger als 16 km voneinander entfernt gefangene Tiere näher miteinander verwandt waren, als zwei zufällig ausgewählte. Innerhalb der Population im Grossen Moos waren die bis zu einem Kilometer voneinander entfernten Tiere näher verwandt als zufällig ausgewählte, was auf die gemeinsame Nutzung von Ressourcen und stark überlappende Heimbereiche der an einem Ort lebenden Tiere hinweist.

11.2 Welche Landschaftselemente erschweren den Genaustausch?

Die soeben besprochenen naturschutzgenetischen Arbeiten beschäftigten sich einzig mit dem Ausmass des Genaustauschs zwischen Populationen. Welche Landschaftselemente diesen Genaustausch wie beeinflussen, blieb unberücksichtigt. Diese Frage suchte Céline Geiser zu beantworten. Als Studienobjekt wählte sie die bisher von der Schweizer Reptilienforschung verschmähte Blindschleiche (Abbildung 118). Wie in den Arbeiten zur Ringelnatter ging es zunächst darum, die genetische Struktur des Blindschleichen-Bestands im etwa 16 km^2 grossen Untersuchungsgebiet in der Region La Côte (VD) zu erfassen. Die insgesamt 33 beprobten Orte legte die Forscherin so, dass sie alle wichtigen Landschaftselemente abdeckten und zwischen ihnen alle möglicherweise relevanten Typen von Barrieren lagen. Zum Auffinden der Tiere nutzte sie Platten aus Dachpappe als künstliche Schlupfwinkel. Mit diesen gelang ihr im Sommerhalbjahr 2010 schliesslich an 15 Orten der Fang von insgesamt 118 Blindschleichen, und zwar pro Ort zwischen einem und 27 Tieren. Das genetische Material gewann sie von den Tieren über Abstriche der Mundschleimhaut.

Die genetische Differenzierung zwischen den Blindschleichen unterschiedlicher Fundorte war so gering, dass sich daraus keine klar unterscheidbaren Populationen abgrenzen liessen. Wie in anderen Studien auch, nahm die genetische Differenzierung mit zunehmender Distanz zwischen den Fundorten zu. Isolation über Distanz vermochte aber nur 5 % der beobachteten genetischen Unterschiede zu erklären, weshalb Geiser den Raum zwischen den Fundorten einer genaueren Betrachtung unterzog. Hierzu beschrieb sie die Landschaft anhand von zwölf Formen der Nutzung und suchte dann mit zwei landschaftsgenetischen Ansätzen nach den Landschaftselementen, die sich vermutlich besonders hinderlich auf die Ausbreitung der Blindschleiche auswirken.

Im ersten Ansatz versuchte sie die Landschaft aus der Perspektive einer ausbreitungswilligen Blindschleiche zu beurteilen und unterstellte zunächst jeder Landnutzungsform verschiedene Werte eines Widerstands (2/4/8/10/15/20/30/40/60/1). Diese könnten abgeleitet sein aus dem Energieaufwand, den die Blindschleiche zum Durchkriechen eines Landschaftselements erbringen muss, dem Risiko, dabei ums Leben zu kommen, der Wahrscheinlichkeit, dass sie das Element meidet usw. Anschliessend suchte sie nach den «Pfaden des geringsten Widerstands» *(least cost paths)* zwischen zwei Fundorten anhand deren kumulativer Kosten (Abbildung 119). Die Kosten entsprechen der effektiven Distanz zwischen den Fundorten, die ein Pfad verbindet, gewichtet nach der Summe der Widerstände der Landschaftselemente, durch welche er verläuft.

Abbildung 118 Von der Reptilienforschung in der Schweiz weitgehend ignoriert: Die Blindschleiche. Diesem Weibchen sieht man nicht an, dass es sich um ein Exemplar der erst kürzlich als eigenständige Art anerkannten Italienischen Blindschleiche *(Anguis veronensis)* handelt, einzig der Fundort Capriasca (TI) verrät seine Artzugehörigkeit. (Foto: Andreas Meyer)

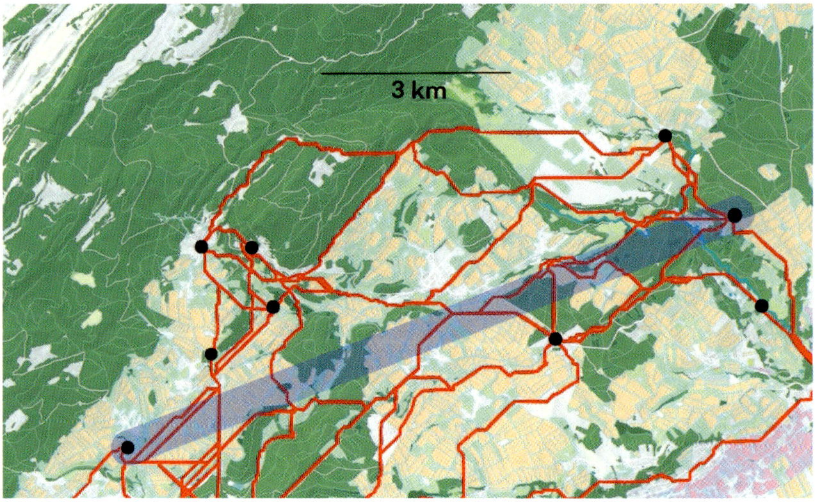

Die relative Bedeutung einer bestimmten Nutzungsform als Ausbreitungshindernis ergibt sich dann aus ihrem durchschnittlichen Beitrag zum Widerstand der Pfade, deren Kosten am besten mit denen der genetischen Differenzierung übereinstimmen.

Im zweiten, man könnte sagen vorurteilslosen Ansatz, trifft die Blindschleiche bei allen zwölf Nutzungsformen auf denselben Widerstand. Alle Paare von Fundorten werden durch gradlinig verlaufende Korridore (Streifen, *strips*) unterschiedlicher Breite miteinander verbunden, und für sämtliche Korridore jeder Breite wird der Flächenanteil jeder Nutzungsform erfasst. Die relative Bedeutung einer bestimmten Nutzungsform als Ausbreitungshindernis ergibt sich dann aus dem Grad der Übereinstimmung ihrer Flächenanteile mit den Werten der genetischen Differenzierung.

Die beiden landschaftsgenetischen Ansätze stimmten darin überein, dass Verkehrsachsen aller Art den Genfluss zwischen Fundorten erheblich einschränken, aber auch Flüsse und Rebkulturen. Andererseits zeigten sie, dass die Blindschleichen landwirtschaftliche Nutzflächen wie auch dichte Wälder durchqueren (Abbildung 120). Schwieriger zu bewerten war die Wirkung aller übrigen Wälder, anderer Nutzungsformen und von Gärten und Parks, da die beiden Analyseverfahren uneinheitliche Ergebnisse dazu lieferten.

Abbildung 119 Fundorte von Blindschleichen (schwarze Punkte) in der Region La Côte (VD), verbunden durch «Pfade des geringsten Widerstands» (*Least cost*-Modell, rote Linien). Der gradlinig verlaufende, 525 m breite Korridor (blassblaue Fläche) ist ein Beispiel für den Streifen-Ansatz. Dunkelgrün: Wald, hell- und blassgrün: Wiesen und Weiden, hellbraun: Ackerland, rosa: Rebkulturen.

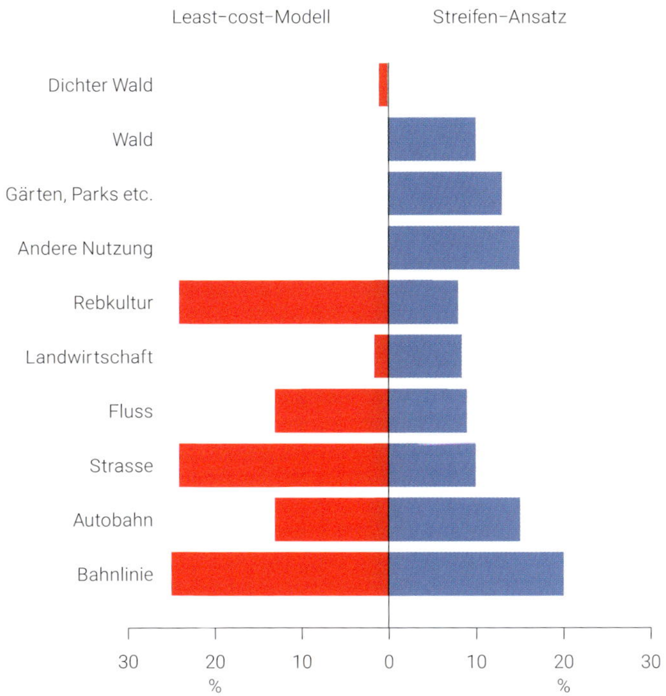

Eine Erkenntnis zeichnet sich ab: Die Schweizer Reptilien sind mobiler, als wir es ihnen vor all diesen Forschungsresultaten zugetraut hätten. Und das nicht nur, weil sie, wie andere Tiere auch, Kleintierdurchlässe zu nutzen wissen. Bereits die radiotelemetrischen Studien belegten eindrückliche Wanderleistungen und zeigten, welche Hindernisse Schlangen überwinden können: Mehrere Viper- und Würfelnattern am Genfersee überquerten eine Bahnlinie, eine schaffte es noch gleich auf die andere Seite der angrenzenden Kantonsstrasse. Hohe Strömungsgeschwindigkeiten halten Ringelnattern nicht von Flussüberquerungen ab. Genfer Sumpfschildkröten durchschwimmen die 80 Meter breite Rhone, während ihre Artgenossen im Tessin kurzzeitige Hochwasserstände für Ortswechsel nutzen. Zauneidechsen hält der Zugverkehr nicht vom Überqueren doppelgleisiger Bahnlinien ab, und dann sind sie auch noch in der Lage, Steinkörbe zu durchkriechen. Das mögen alles Ausnahmen sein,

Abbildung 120 Relative Bedeutung (%) von zwölf Formen der Landnutzung als Ausbreitungshindernisse für die Blindschleiche, geschätzt mit zwei Methoden der Landschaftsgenetik. Links: Pfad des geringsten Widerstands. Rechts: Korridor. Die Kategorie «Andere Nutzung» schliesst Industriegelände, Flugfelder, Golfplätze, Friedhöfe etc. mit ein.

doch reichen vielleicht ein paar Wagemutige, um die genetische Vernetzung vieler Reptilienpopulationen gemäss der Regel «Ein Migrant pro Generation» *(OMPG rule)* aufrecht zu erhalten. Und selbst die geringe genetische Vielfalt vieler Populationen muss sich noch lange nicht in Inzuchtschäden wie kleine Gelege oder Würfe, viele Totgeburten oder deformierte Jungtiere bemerkbar machen. Bis heute sind solche unter Reptilien nur von einer schwedischen Kreuzotterpopulation bekannt.

Alles kein Problem also? Leider nein. Denn bestehen die verbleibenden Populationen nur noch aus wenigen Tieren, leben weit voneinander entfernt und sind durch viele Wanderhindernisse voneinander getrennt, dann helfen weder Wagemut noch Ausbreitungsfreude. Das Risiko, irgendwo auf dem langen Weg auf der Strecke zu bleiben, ist schlicht zu hoch. Wie das Risiko der Kleinstbestände, endgültig zu erlöschen.

12

Reptilien um- oder ansiedeln

Juni 1996, Schlangenalarm irgendwo im Westen von Bern. Der Flurpolizist ruft an und bittet um Verstärkung. Zu zweit fahren wir in ein ruhiges Einfamilienhausquartier. Vor der Mauer eines tadellos gepflegten Gartens erwartet uns gestützt auf ihre Nachbarin eine völlig aufgelöste ältere Dame. Erstere verliert nur wenige Worte und deutet nach hinten. Das Ungeheuer hatte den englischen Rasen durchquert, eine freistehende Blautanne erklettert, thront nun – eine Art modernes Stillleben – auf den obersten Ästen in lockeren Schlingen und lässt sich von der Morgensonne bescheinen. Auf Zehenspitzen und mit ausgestrecktem Arm kann ich die über meterlange Ringelnatter gerade noch herunterangeln, ein Weibchen voller Eier, wohl auf der Suche nach einer Ablagemöglichkeit (Abbildung 121). In Berns Westen nichts Neues, Anekdoten wie diese gehören zum Alltag aller als «Schlangenexperten» zu Hilfe gerufenen Fachleute.

Für Reptilien weit bedeutender als solche Einzelschicksale sind all jene Fälle, in denen auf einmal ganze Populationen am falschen Ort sind, und das sind sie in der Schweiz immer öfter. Wer die vorangegangenen Kapitel gelesen hat, weiss, dass Eidechsen und Schlangen viele Böschungen an Verkehrsachsen besiedeln. Als bundesrechtlich geschützte Tiere werden sie bei Streckensanierungen oder einem Ausbau der Infrastruktur zu einem rechtlichen Hindernis, das es erst aus dem Weg zu räumen gilt, bevor die Bagger auffahren; einfach plattmachen geht seit 1967 nicht mehr. Der in Deutschland geprägte Begriff «Baufeldfreimachung» bringt den Sachverhalt auf den Punkt: Der Bauherrschaft geht es darum, die als Baufeld vorgesehene Fläche von einem rechtlichen Hindernis zu befreien, indem per Gesetz geschützte Tiere eingesammelt und erst mal weggebracht werden. Für sie ist das Problem damit gelöst, und das zu einem Bruchteil der Gesamtkosten und auch weit günstiger als Anpassungen am Bauvorhaben selbst – wegen ein paar Eidechsli. Der Reptilienschutz wiederum sieht sich mit einer Reihe von Problemen konfrontiert, deren Lösung alles andere als trivial ist.

Abbildung 121 Schlangeneier im Komposthaufen machen nicht immer so viel Freude wie diesen Gartenbesitzern in Orvin (BE). (Foto: Andreas Meyer)

12.1 Am falschen Ort – sind Umsiedlungen die passende Antwort?

«Versetzen, wegsperren, umsiedeln». Mit diesen Begriffen umschreibt Hans Schmocker die von ihm koordinierten Massnahmen zum Schutz der Kreuzottern vor den Auswirkungen von Bauvorhaben im Oberengadin. An zwei Orten beeinträchtigten Ausbauprojekte der Rhätischen Bahn vorübergehend Teile des Schlangenhabitats, an einem weiteren Ort ist es die Revitalisierung des Inn, welcher Abschnitte eines von Kreuzottern besiedelten Hochwasserdamms weichen müssen.

Versetzt hat er ab 2014 bis 2021 insgesamt 36 Kreuzottern weg vom Bauinstallationsplatz an einen knapp zwei Kilometer entfernten Abschnitt der Bahnlinie, ohne Versuch, die Tiere mit zusätzlichen Massnahmen von einer Rückkehr in ihren Heimbereich abzuhalten. Einige der versetzten Schlangen bewegten sich dem Bahndamm und dem Talbach entlang noch weiter weg vom Installationsplatz. Unter den wenigen, die sich wieder zurückbewegten, lag das Maximum bei einem Drittel der Strecke. Bisher erschien kein Tier in seinem ursprünglichen Heimbereich. Die 36 umgesiedelten Schlangen gehören zu insgesamt 74 adulten Weibchen und 76 adulten Männchen, die Schmocker bis 2023 entlang der knapp 3 km langen Strecke unterhalb der Baustelle individuell markieren konnte (Kapitel 4.2, Seite 71).

Weggesperrt hat Schmocker die Kreuzottern aus einem Abschnitt einer Bahnstrecke der Rhätischen Bahn, wo der bestehende Bahndamm zwecks Doppelspurausbau verbreitert und hierzu die sonnseitige Böschung angeschüttet wurde. Da er vom Ausbauvorhaben bereits zwei Jahre vor Baubeginn erfuhr, konnte er frühzeitig mit dem Erfassen der Population beginnen und begleitende Massnahmen einleiten. So erstellten 40 Freiwillige im Rahmen eines Hegetages in einem lichten Auwald etwa 150 m Luftlinie vom Damm entfernt einen 360 m langen U-förmigen Folienzaun (Abbildung 122), der auf der dammabgewandten Seite geöffnet blieb. Die in die Umzäunung verbrachten Schlangen konnten diese somit jederzeit verlassen, sollte die Kapazität der umzäunten Fläche für ein Überleben nicht ausreichen. Die neu entstandene Böschung des verbreiterten Damms wurde durch den Einbau von 75 Steinlinsen als Schlangenlebensraum wiederhergestellt. 2016 und 2017, in den zwei Jahren vor Baubeginn, markierte Schmocker im etwa 8 ha grossen Projektgebiet 76 Kreuzottern individuell, nach Abschluss der Bauarbeiten 2019 waren es schliesslich 114.

Die permanente Umsiedlung wählten er und Jürg Cambensy als Massnahme zur Erhaltung der Kreuzottern, die sie in Bever am Hochwasserdamm fingen, der im Rahmen der Revitalisierung des Inns entfernt werden sollte. Die 23 im Frühjahr 2012 unmittelbar nach Erscheinen aus dem Winterquartier gefangenen Tiere wurden an einem Hang auf der anderen Seite des Inns oder weiter flussabwärts freigelassen. Von den am Hang freigelassenen Schlangen konnten die Projektverantwortlichen in den Folgejahren nur sehr wenige wiederfinden, was die Eignung des Ersatzlebensraums auf der anderen Flussseite infrage stellt. In einer zweiten Serie wurden in den Jahren 2016 bis 2019 nochmals 111 Kreuzottern umgesiedelt und 87 davon individuell markiert. Von denen kehrten insgesamt 6 zurück (7 %), zwei derselben durchquerten

Abbildung 122 Ein «Wegsperrzaun mit Lücke» zur vorübergehenden Unterbringung von Kreuzottern im Freiland. In der umzäunten Fläche wurden Stein- und Asthaufen als zusätzliche Ressourcen erstellt, die Öffnung auf der der Baustelle abgewandten Seite ist im Hintergrund zu erkennen. (Foto: Hans Schmocker)

hierfür den Inn. Die Rückkehrer kamen von drei der elf Orte, an welche die Schlangen umgesiedelt wurden. Begleitende Studien, welche in diesem Zeitraum mittels Radiotelemetrie die Auswirkungen der Umsiedlung auf die Schlangen überprüften, kamen bereits in Kapitel 8.4 zur Sprache.

Im selben Zeitraum koordinierte Sylvain Dubey vom Büro Hintermann & Weber am Genfersee, 240 km westlich von den Baustellen im Oberengadin, die vorübergehende Umsiedlung von Reptilien aus einer Baustelle der SBB im Lavaux (VD) und einer des ASTRA etwas weiter östlich an der A9 in der Waadtländer Riviera. Hier ging es nebst dem Schutz der Reptilien auch darum, das Risiko von Giftschlangenbissen während der Bauarbeiten zu minimieren. Im Unterschied zu den Projekten im Oberengadin wurde von vornherein eine Zwischenhälterung in Innenräumen eingeplant und dafür die entsprechende Infrastruktur mit Terrarien bereitgestellt (Abbildung 123).

Im Frühjahr 2018 hat Dubey gemeinsam mit Kollegen an der Bahnstrecke nebst 5 Schlingnattern und einer Ringelnatter 50 Aspisvipern aus 12 Sektoren von insgesamt 1600 m Länge weggefangen und bis zur Freilassung im September in Terrarien gehalten. Der Gesundheitszustand der alle 2 bis 4 Wochen gefütterten Schlangen wurde regelmässig überprüft. Die 13 trächtigen Aspisvipern gebaren im Zeitraum der Hälterung 88 Jungtiere, die ebenfalls im Herbst freigelassen wurden. Anlässlich der Kontrollen im Folgejahr haben die Forscher in den 12 Sektoren erneut 46 Aspisvipern beobachtet, doch nur in drei Sektoren waren im Vorjahr zwischengehälterte dabei. Im Sektor, den das Team 2018 seiner eigenen Schätzung zufolge zu 85 % «ausgefischt» hatte, waren 60 % der Schlangen Neufänge. Ob dies eine Folge der durch Aufwertungsmassnahmen für Reptilien erhöhten Kapazität des Sektors war oder weil Nachbarn von der vorübergehenden Abwesenheit ihrer Artgenossen profitierten, das Terrain in Besitz nahmen und die wieder Freigelassenen in die Umgebung zwangen, bleibt unklar. Dass nach der Streckensanierung weiterhin eine Population von Aspisvipern an der Bahnstrecke lebt, ist indessen ein Erfolg. Auf 100 Streckenmeter waren es im Schnitt 3,5 Vipern, das Maximum lag bei 14. Als weiteren Indikator möchte Dubey die Überlebensrate der zuvor Zwischengehälterten erfassen, um sicherzugehen, dass sie nicht tiefer ausfällt als die der im Feld belassenen.

An der Autobahn A9 erstreckte sich die Sanierung der Stützmauern über zwei Jahre, weshalb Dubey die über 60 in dieser Zeit weggefangenen Schlangen in Terrarien bei 3 bis 7 °C und 98 % Luftfeuchtigkeit überwinterte. Die Kontrolle von zwei sanierten Mauern 2019, im Jahr nach der Freilassung aller gehälterten Schlangen, ergab 26 Vipern, drei mehr als 2017, das entsprach sieben auf 100 Streckenmeter. Doch nur 6 der 23 an den beiden Mauern freigelassenen Schlangen wurden wiedergefangen. Entweder haben die Reptilienschützer 2017 und 2018 nur einen kleinen Teil der hier lebenden Schlangen erwischt, oder die im Herbst 2018 freigelassenen haben auf die stark veränderte Umgebung mit Abwanderung reagiert. Doch auch hier zeigen die Daten, dass nach der Sanierung weiterhin Aspisvipern an der A9 leben.

Die Projektverantwortlichen am Genfersee und im Oberengadin mussten sich mit einigen Grundsatzfragen beschäftigen, die Umsiedlungen so mit sich bringen. Erst mal: Wohin mit den Tieren?

Abbildung 123 Die vorübergehende Hälterung von Reptilien in Umsiedlungsprojekten – hier einer Schlingnatter – bedingt eine entsprechende Infrastruktur und Kenntnisse in der Terrarienhaltung. (Foto: Sylvain Dubey)

Wegen einer Baufeldfreimachung vorgenommene Umsiedlungen, im internationalen Fachjargon *mitigation translocations*, können vorübergehend oder permanent sein. Vorübergehend sind sie, wenn wir die weggefangenen Reptilien in Terrarien oder einer Freilandanlage «zwischenhältern» und nach Abschluss der Bauarbeiten und Wiederherstellungsmassnahmen wieder in ihrem ursprünglichen Lebensraum freilassen, so geschehen am Genfersee und auf einer der drei Baustellen im Oberengadin. Permanent meint die Umsiedlung an einen neuen Ort, und da wird's definitiv anspruchsvoll. Naheliegend wäre die Umsiedlung ins Habitat einer bereits existierenden Population, da wüssten wir, dass dort die Verhältnisse zum Überleben reichen. Wie wir aber aus den vorangehenden Kapiteln wissen, haben Lebensräume eine Kapazitätsgrenze, ein auf eine begrenzte Anzahl Individuen einer Art beschränktes Fassungsvermögen. Ist dieses bereits erreicht, tragen neu eingebrachte Tiere nicht zu einer Aufstockung der vorhandenen Population bei, sondern erhöhen allenfalls den Druck zur Abwanderung. Die Gefahr der Abwanderung besteht aber auch, wenn wir die Tiere auf einer noch unbesiedelten Fläche freisetzen, die wir zwar artgerecht gestaltet haben, von der wir aber gleichwohl nicht wissen, ob sie als Habitat taugt. Mit einer Umzäunung der Fläche lösen wir das Problem nicht, vielmehr zwingt diese uns zur ständigen Überwachung des Zustands der Tiere.

Wie weit weg mit den Tieren? Ungeachtet der Qualität eines Ersatzhabitats reagieren umgesiedelte Tiere oft mit einem Versuch, in ihren angestammten Heimbereich zurückzukehren, im internationalen Fachjargon als *homing* bezeichnet. Aus Studien mit experimentell versetzten Reptilien lassen sich Minimaldistanzen zum Ursprungsort ableiten, die wir nicht unterschreiten sollten, wollen wir eine Rückkehr der Tiere so weit wie möglich verhindern. Von 491 über Distanzen zwischen 50 und 200 m versetzten norditalienischen Mauereidechsen kehrten insgesamt 44 % zurück. In Holland kehrten von 48 Zauneidechsen, die Henk Strijbosch und Kollegen 70 m von ihrem Heimbereich wegbrachten, über 80 % wieder zurück, von 34 Waldeidechsen noch die Hälfte. Für 100 m lagen die Rückkehrraten noch bei 67 % bzw. 29 %, und über 150 m weggebrachte Tiere kehrten nicht mehr zurück. In einer Studie aus den USA kehrten von 30 Klapperschlangen und Peitschennattern, die zwischen 50 und 274 m von ihrem Winterquartier weggebracht wurden, über drei Viertel zurück. Mit seiner Versetzung um 2000 m jedoch dürfte Hans Schmocker eine Rückkehr der Kreuzottern in die Gefahrenzone wohl verhindert haben.

Ab wann ist ein Baufeld überhaupt «frei»? Erst, wenn wir sämtliche Tiere weggefangen haben, hundert Prozent! So argumentierten vor ein paar Jahren Referenten an einer Fachtagung in Deutschland. Die 100 % sind freilich eine Illusion, in den seltensten Fällen dürfte es uns gelingen, alle zu erwischen. Welcher Anteil des Gesamtbestands nach einer bestimmten Anzahl Fangaktionen noch auf dem Baufeld verbleibt, lässt sich anhand einer Methode aus der Fischereibiologie schätzen. An der Bahnstrecke im Lavaux waren es in einem Sektor nur noch 15 %, immerhin. Ab welchem Prozentsatz ein Baufeld als «frei» gelten soll, bleibt aber Ermessenssache. Und erfolgt die Umsiedlung in ein Ersatzhabitat, wo die fragliche Art noch nicht vorkommt, dann interessieren Prozente ohnehin nicht, vielmehr müssten wir in absoluten Zahlen so viele Tiere freisetzen, dass diese die Chance zur Gründung einer Population haben.

Und nicht zuletzt: Woran misst sich der Erfolg einer Umsiedlung? Als kurzfristige Kenngrössen nennen Fachleute die Bewegungsmuster, die Ortstreue und Überlebenswahrscheinlichkeit der Umgesiedelten, als längerfristige solche zur Entwicklung der Population, die mit den Umgesiedelten begründet wurde oder in die sie verbracht wurden. Hohe Raten an Abwanderung aus dem Ersatzhabitat oder an *homing* gelten als Hinweise auf ein Scheitern. Zumindest die Rückkehrraten sind in den oben besprochenen Projekten gering. Wie es sich längerfristig mit der Ortstreue und der Überlebenswahrscheinlichkeit der umgesiedelten Schlangen verhält, dürfte zumindest am Genfersee Gegenstand von Nachfolgeuntersuchungen werden.

Und wie beurteilt die Wissenschaft *mitigation translocations* von Reptilien, also deren Umsiedlung im Zuge einer Baufeldfreimachung? Die Autoren einer ersten Übersichtsarbeit aus dem Jahr 1991 kamen zum Schluss, die Erfolgsquote von Umsiedlungsprojekten mit Reptilien sei insgesamt derart gering, dass man davon absehen sollte. Neuere Zusammenstellungen bescheinigen der Fachgemeinde, dass sie seither dazugelernt hat. Mindestens ein Drittel der bewerteten Projekte galt nun als erfolgreich, etwas weniger als ein Drittel als gescheitert, der längerfristige Erfolg der restlichen als unsicher. Die Einschätzung beruhte vor allem auf wissenschaftlich begleiteten *conservation translocations* – Beispiele folgen im nächsten Kapitel –, und denen liegt nicht primär eine ökonomische, sondern eine ökologische Motivation zugrunde. Die meisten mitigation translocations wiederum, ob von Reptilien oder anderen Organsimen, entzögen sich einer Bewertung, sei es wegen ausbleibender oder zu kurzer Nachverfolgung der Umgesiedelten, fehlender Anwendung wissenschaftlicher Erkenntnisse oder ganz einfach wegen mangelhafter Berichterstattung. Und der Makel, keine wirklichen Erhaltungsmassnahmen, sondern bloss Reaktionen auf unmittelbare Gefährdungen zu sein, bleibt an ihnen haften.

Da sich jedoch in der Schweiz ein Ende des Infrastrukturausbaus nicht abzeichnet und Baufeldfreimachung aus Sicht der Bauherrschaft das Problem relativ einfach und kostengünstig löst, dürfte der Druck auf die Reptilienfachleute, Schlangen und Echsen umzusiedeln, eher zunehmen. Und ja, aus der Perspektive des Tierschutzes ist es unerträglich, bei einem Bauvorhaben die Reptilien einfach ihrem Schicksal zu überlassen. Aus der Perspektive des Artenschutzes stellt sich die Frage, ob eine Art durch das Bauvorhaben lokal oder allenfalls sogar regional aussterben könnte. Falls nicht, wäre zu prüfen, ob es nicht sinnvoller ist, die für Wegfangen und Umsiedeln benötigten Mittel in Erhaltungsmassnahmen zu investieren, die der Art in einem überregionalen Kontext zugutekommen. Einen solchen Tauschhandel – Preisgabe an einem Ort zum Gegenwert eines Zugewinns an anderen Orten – halten immer mehr Fachleute für bedenkenswert.

12.2 An neuem Ort – wie gut gelingen Ansiedlungsversuche?

Illegale Ansiedlungsversuche

Die Anzahl Populationen ursprünglich gebietsfremder Reptilienarten ist in der Schweiz kaum noch überschaubar. Und nicht immer waren uneinsichtige Terrarianer am Werk. Reptilien sind zwar flugunfähig, aber klein und beweglich genug, um in Güterzügen, Lastwagen, Privatwagen und selbst auf Booten als blinde Passagiere ins und durchs Land zu reisen. Zusätzlich angeheizt durch den Klimawandel, verändern sich die Verbreitungsgebiete vieler Reptilienarten in einem Tempo, das wir noch vor wenigen Jahrzehnten für undenkbar hielten. Für Laien ist selten nachvollziehbar, weshalb Fachleute so viel Theater um gebietsfremde Arten machen, die weder Schafe reissen noch sonst einen unbestreitbaren Schaden anrichten. Der Grund sind Probleme, die entstehen können, wenn plötzlich Arten miteinander in Kontakt geraten, die natürlicherweise nicht gemeinsam vorkommen. In Kapitel 6.1 wurde eine Arbeit vorgestellt, welche untersuchte, ob die in der Romandie ausgesetzten Zornnattern die heimische Wirbeltierfauna schädigen könnten. Auch in den Kapiteln 13.2 und 13.3 beschäftigen wir uns mit den möglichen Folgen eingeschleppter für die einheimischen Reptilienarten.

Die Vorkommen der Würfelnatter blieben auf der Alpennordseite lange auf einige Uferabschnitte am Genfer-, Alpnacher- und Brienzersee beschränkt. An allen drei Seen gingen die Populationen auf illegale Ansiedlungsversuche mit Tessiner Tieren um die Mitte des letzten Jahrhunderts zurück – höchst erfolgreiche, wie sich herausstellen sollte. Im Jahr 1992 schätzte Philipp Bendel am Alpnachersee die Anzahl Würfelnattern am 3400 m von ihnen besiedelten Uferabschnitt auf schwindelerregende 2408, also auf eine für Schlangen eher ungesunde Dichte von sieben Tieren pro zehn Meter Uferlinie (mehr dazu in Kapitel 4.1). Das konnte nicht immer so weitergehen, und tatsächlich schrumpfte die Population wenige Jahre später dramatisch – vermutlich das Werk eines für die Würfelnattern tödlichen Parasiten, der von der hohen Wirtsdichte profitierte.

Da sich Würfelnattern gelegentlich unter Blachen von Booten verkriechen, gelangen sie wohl auch mit dem Transport von Booten vom einen an den anderen See. Bei Erscheinen des Reptilienatlas 2001 lagen bereits erste Sichtungen von Zürich- und Bielersee vor. Heute besiedelt die Würfelnatter den grössten Teil des Zürichseeufers und bewegt sich nun von dort die Limmat hinunter (Abbildung 124). Am Bielersee häufen sich die Beobachtungen an den Uferabschnitten von Vingelz und Tüscherz-Alfermée, 2023 erhielten wir die erste mit Foto belegte Meldung vom Nidau-Büren-Kanal in Brügg (BE). Es ist wohl eine Frage der Zeit, bis die Würfelnatter alle schiffbaren Seen des Mittellandes besiedelt, sich von dort aus den Flüssen entlang ausbreitet und die Tiere aus Limmat und Aare aufeinandertreffen.

Die Bereicherung unserer Feuchtgebiete mit Rotwangen-Schmuckschildkröten *(Trachemys scripta elegans)* Terrarianern in die Schuhe zu schieben, wäre unfair, denn die Haltung von Schildchröttli verkam irgendwann zum Breitensport. In grosser Zahl

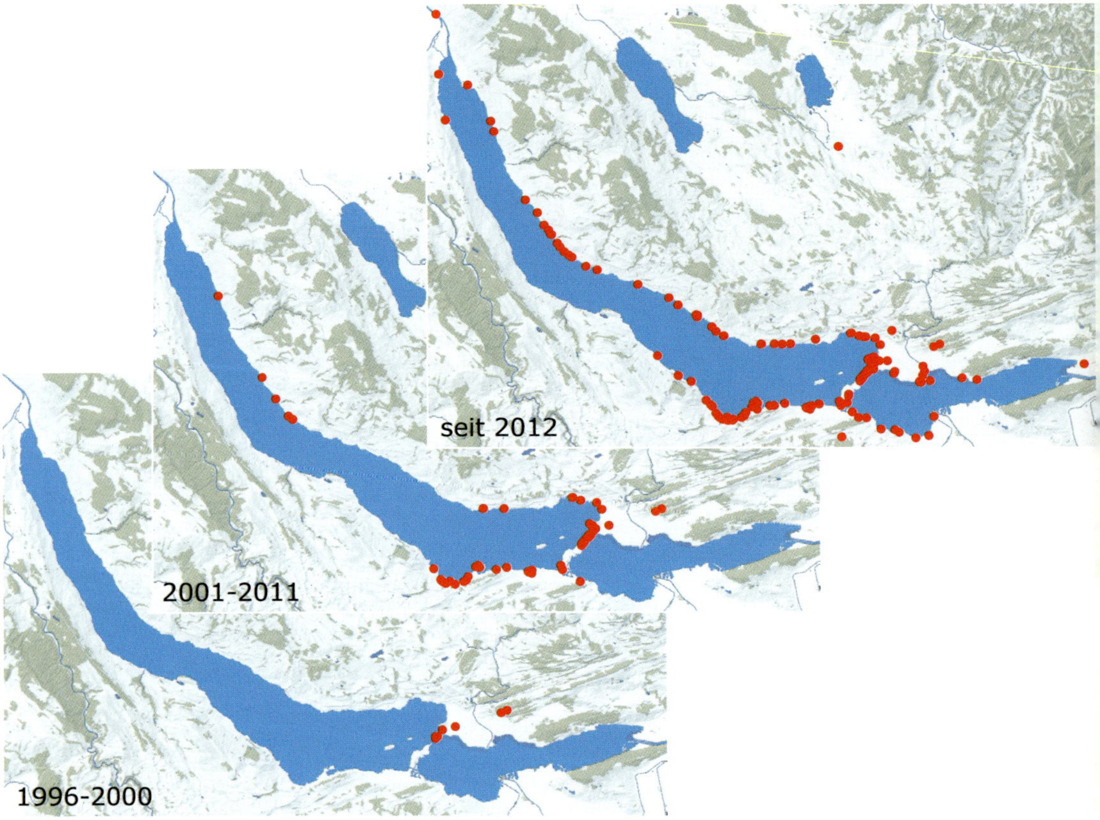

als Haustier in die ganze Welt exportiert, hat es das aus den USA stammende Reptil inzwischen auf die IUCN-Liste der weltweit 100 problematischsten «invasiven» Arten geschafft. Bei uns kamen Schmuckschildkröten vor allem in den 1990er-Jahren massenhaft in den Tierhandel, Jungtiere wurden auch auf europäischen Märkten als «Zwergschildkröten» angeboten und von ahnungslosen Touristen gekauft. Irgendwann endeten viele ihren Halterinnen und Haltern zu gross gewordene oder einfach sonst verleidete Wasserschildkröten im nächstgelegenen Weiher. In der Schweiz gelangte die Rotwangen-Schmuckschildkröte so in sehr viele Gewässer, und die Klimaerwärmung begünstigt ihre natürliche Fortpflanzung in freier Wildbahn. Diese Ausgangslage veranlasste schliesslich eine Gruppe Forschender um Charlotte Ducotterd, den Scha-

Abbildung 124 Die drei Karten veranschaulichen, in welchem Tempo sich die Würfelnatter entlang der Ufer des Zürichsees ausgebreitet hat, nachdem die ersten Tiere 1996 am Seedamm bei Rapperswil (SG) gesichtet wurden.

den, den die Rotwangen-Schmuckschildkröte unter der heimischen Gewässerfauna anrichten könnte, genauer abzuschätzen und nach Möglichkeiten zur Eindämmung der Art zu suchen. Reusen in flachen, stark bewachsenen Gewässern und Schwimmfallen in tiefen Gewässern (Abbildung 125) erwiesen sich als effizient. Erste Analysen zeigten, dass sich unter 56 im Freiland gefangenen exotischen Wasserschildkröten mehrere Träger von Ranaviren befanden, welche Amphibien, Fische und Reptilien infizieren können. Und zumindest während einiger Monate im Jahr dürften die Schmuckschildkröten auch zu Nahrungskonkurrenten der Europäischen Sumpfschildkröte werden, für welche in der Schweiz Wiederansiedlungsversuche angestossen wurden.

Abbildung 125 Charlotte Ducotterd und ein Kollege bringen im Unterwallis Schwimmfallen zum Fang von Wasserschildkröten aus. Im Unterschied zu Reusen müssen diese Fallen alle 2 bis 3 Tage kontrolliert und mit einem Köder bestückt werden. (Foto: Florian Dessimoz)

Offizielle Wiederansiedlungsversuche

Wenn Private einfach so dürfen ohne zu fragen – und dabei noch Erfolg haben –, dann könnte es der offizielle Reptilienschutz doch auch mal versuchen. Während Jahrzehnten verzichtete man auf Wiederansiedlungsversuche, weil die damals zuständigen Fachleute die Erhaltung des Bestehenden als ihre prioritäre Aufgabe erachteten. Dennoch steht man seit jeher unter Generalverdacht, heimlich Giftschlangen auszusetzen. Warum also nicht mal mit harmlosen Arten beginnen?

Das umfangreichste offizielle Wiederansiedlungsprojekt betrifft eine Art, zu welcher unter Fachleuten noch bis vor wenigen Jahrzehnten Zweifel bestanden, dass sie bei uns jemals heimisch war. Das «Emys-Projekt», eine Initiative zur Wiederansiedlung der Europäischen Sumpfschildkröte in der Schweiz, wurde aus einer günstigen Konstellation von Umständen geboren (Abbildung 126). Die Gewissheit, dass es sich hier um eine Wiederansiedlung und nicht bloss eine Ansiedlung handelt, beruht auf genetischen Untersuchungen deutscher Wissenschaftler, die sich umfassend mit der Ausbreitungsgeschichte der Europäischen Sumpfschildkröte beschäftigt haben. Dann war da die Motivation engagierter Schildkrötenhalter, seit 2012 als Verein «Swiss Emys» unterwegs, ihr Wissen und ihre Infrastruktur zum Aufbau einer Spenderpopulation aus Zuchten zur Verfügung zu stellen. Schliesslich begleiten bis heute mehrere Institutionen das Projekt mit Untersuchungen, welche die Eignung potenzieller Ansiedlungsorte und die Herkunft allenfalls dort bereits lebender Sumpfschildkröten überprüfen.

Heimisch war sie also mal. Aber ist sie denn wirklich ausgestorben? Mit an Sicherheit grenzender Wahrscheinlichkeit, wenn man Mathieu Raemy fragt. Er fand anhand genetischer Methoden keinen Hinweis darauf, dass sich unter in Museumssammlungen konservierten oder im Freiland gefangenen Sumpfschildkröten noch welche befinden, die klar einer der zwei in der Schweiz als heimisch identifizierten Unterarten angehören. Keines der untersuchten Museumsexemplare war der vormals in der Nordschweiz lebenden Unterart zuzuordnen, wohl aber einige in Naturschutzgebieten gefangene Individuen. Doch auch diese entstammten nicht wirklich einheimischen Populationen, sondern verschiedenen Orten aus dem Ausland, wo sie offenkundig jemand holte und in der Schweiz aussetzte. Seit dem Ende des 19. Jahrhunderts dürften in der Schweiz keine Populationen aus einer der heimischen Unterarten mehr bestehen. Die Art kann in der Schweiz somit effektiv als ausgestorben gelten.

Und weshalb ist sie ausgestorben? Dass die Qualität vieler Feuchtgebiete zum Überleben ausreicht, zeigen all die Sumpfschildkröten, die noch Jahre nach den ersten Wiederansiedlungsversuchen im letzten Jahrhundert gesichtet wurden. Das Problem muss woanders liegen. Sumpfschildkrötenweibchen verscharren ihre Eier im Boden. Eine plausible Erklärung fürs Aussterben sind zu tiefe Bodentemperaturen, die vielerorts einen für überlebensfähige Populationen ausreichenden Fortpflanzungserfolg verunmöglichen. Das könnte bereits der Fall sein, wenn die Bodentemperaturen nie 30 °C erreichen, weil dann wegen der temperaturabhängigen Geschlechtsbestimmung bei Schildkröten praktisch nur Männchen schlüpfen würden. Hans-Peter Schaffner ging dem auf den Grund. An zwei Orten vergrub er in Böden, die ihm als Ablageplätze geeignet schienen, insgesamt 85 Eier von Weibchen unterschiedlicher Herkunft

und mit ihnen 25 Datenlogger zur Aufzeichnung der Temperaturen. Er kam aufgrund seiner Resultate zum Schluss, dass sich die Sumpfschildkröte im Schweizer Mittelland durchaus regelmässig fortpflanzen kann und die Böden so hohe Temperaturen erreichen, dass auch Weibchen schlüpfen. Voraussetzung bleiben aber die Lage und Besonnung eines Bodens, der als Ablagesubstrat infrage kommt. Tatsächlich ergaben Charlotte Ducotterds Aufzeichnungen 2014, dass nur in neun der 17 ausgewählten Böden Temperatursummen entstanden, die für eine Entwicklung der Schildkröteneier ausgereicht hätten, und diese beschränkten sich auf drei der sieben Orte, deren Eignung für Ansiedlungen sie evaluierte, alle im Kanton Genf gelegen (Abbildung 127, die Orte MdV, PrB und Rap).

Eiablagestellen dürften also die entscheidende Ressource für eine Wiederansiedlung der Sumpfschildkröte sein. Um ein Klumpenrisiko zu vermeiden, wären pro Ansiedlungsort mehrere davon einzuplanen. Je nach vermuteter Häufigkeit der potenziellen Nesträuber – Fuchs, vielleicht auch Wildschwein und Dachs – sind diese durch Elektrozäune von den Ablagestellen fernzuhalten, zumindest, bis sich die Population in einer überlebensfähigen Grösse stabilisiert hat.

Abbildung 126 Vier Sumpfschildkröten im Weiher des Naturschutzgebiets Moulin de Vert (GE). Die zweite von rechts ist anhand des langen und kräftigen Schwanzes eindeutig als Männchen erkennbar, die zweite von links ist ein Weibchen. (Foto: Olivier Born)

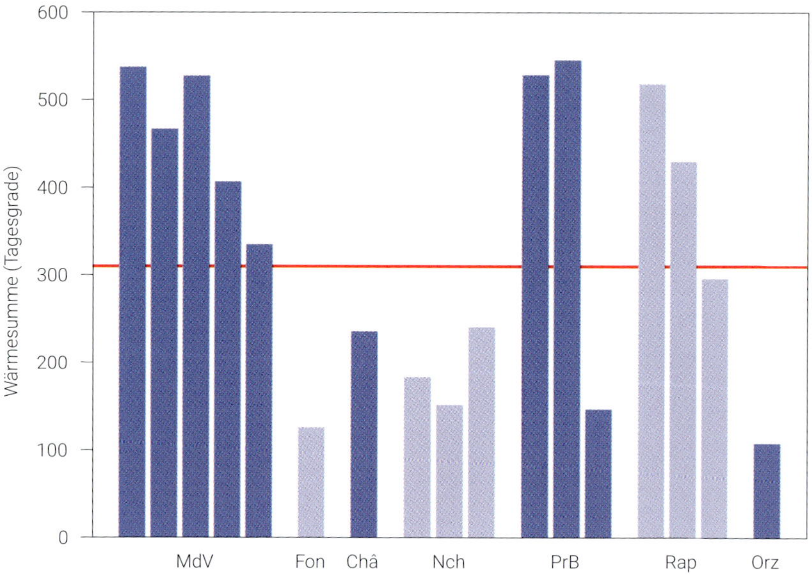

Wie viele Sumpfschildkröten welcher Herkunft lebten vor dem Start der Wiederansiedlungen noch in der Schweiz? Zwischen 1950 und 1980 liefen in mehreren Kantonen Versuche, Sumpfschildkröten wieder anzusiedeln. Einige der mindestens 120 aus unterschiedlichen Regionen Europas stammenden Tiere wurden noch Jahre nach ihrer Freisetzung gesichtet. Verdacht auf regelmässige Fortpflanzung bestand jedoch einzig in den Kantonen Genf, Thurgau und Tessin. In zwei Kantonen suchten Forscher zwei Jahrzehnte nach den letzten Wiederansiedlungsversuchen die Unterartzugehörigkeit der Tiere mit genetischen Methoden zu klären und eine ungefähre Vorstellung von der Anzahl noch verbleibender Schildkröten zu kriegen.

Im Genfer Naturschutzgebiet Moulin de Vert markierte Denis Mosimann im Sommerhalbjahr 2001 nicht weniger als 260 Sumpfschildkröten und schätzte die Dichte auf rekordverdächtige 64 Tiere pro Hektar. Die auf unkontrollierte Freilassungen zurückgehende Population bestand aus mehreren Unterarten und deren Kreuzungen. Mosimann fand nebst zwei trächtigen Weibchen auch Gelege und zahlreiche Jungtiere, was beweist, dass sich die Art hier natürlicherweise fortpflanzt. Im Tessin suchte

Abbildung 127 Vom 1. Juni bis 30. September 2014 entstandene Wärmesummen von 17 potenziellen Eiablagestätten der Europäischen Sumpfschildkröte. Die sieben Orte sind nach aufsteigender Höhe ü. M. sortiert. Rote Linie: Minimale Wärmesumme, welche die Eier benötigen, um bis zum Schlupf zu gelangen. (Erläuterungen in Kapitel 5.1).

Marco Nembrini zwischen 2005 und 2007 in vier Feuchtgebieten mit Reusenfallen nach Sumpfschildkröten. An den Seen von Muzzano und Origlio fing er nicht eine einzige Schildkröte, am Colombera-Weiher im Mendrisiotto dagegen deren elf und in den Bolle di Magadino drei. Gemäss den genetischen Analysen durch Uwe Fritz von der Universität Dresden gehören alle aus dem Colombera-Weiher derselben Unterart an, die drei aus den Bolle dagegen drei verschiedenen Unterarten. Auf Röntgenbildern von zwei Weibchen waren Eier erkennbar. Beide Tiere hat Nembrini bis zur Eiablage gehältert und die Eier im Brutschrank inkubiert, doch kam es nicht zum Schlupf von Jungtieren.

Mit viel neuen Erkenntnissen und ebenso viel Optimismus im Gepäck machten sich die Fachleute unter Aufsicht eines eigens gegründeten Steuerungskomitees ans Werk. Im Kanton Genf haben sie drei potenzielle Ansiedlungsorte ausgemacht, von denen einer ohne vorherige Aufwertungsmassnahmen Schildkröten eine Perspektive bieten konnte. So wurden zwischen 2010 und 2016 im Naturreservat «Bois de Jussy» (GE) in zwei Weihern bei Pré-Bordon (PrB) und Rappes (Rap) insgesamt 52 zwischen 4 und 6 Jahre alte Schildkröten aus Schweizer Aufzucht freigesetzt, diesmal alle von derselben und erst noch passenden Unterart – *Emys orbicularis orbicularis* Haplotyp IIa. Wiederholte Messungen von Panzerlänge und Gewicht zeigten, dass die Tiere prächtig gediehen. Die radiotelemetrische Überwachung ergab, dass sich die Schildkröten im Jahr ihrer Freisetzung nur wenig bewegten und die weitere Umgebung erst im darauffolgenden Jahr zu erkunden begannen. 2017 bestätigten die ersten Funde vor Ort geschlüpfter Jungtiere, dass sich die Sumpfschildkröte im Bois de Jussy unter natürlichen Bedingungen fortpflanzen kann. Die Weibchen legten aber nur bei einem der beiden Weiher und verschmähten dort die ihnen angebotenen Ablagesubstrate (Kapitel 8.4, Seite 148).

An den beiden anderen Orten im Kanton Genf wurden nach vorheriger Aufwertung zwischen 2017 und 2020 ebenfalls Schildkröten freigelassen. Der Fortpflanzungsnachweis steht dort noch aus. An der «Alten Zihl», einem Altwasserarm am Zihlkanal, der Neuenburger- und Bielersee verbindet und wo 2013 und 2015 insgesamt 32 Schildkröten freigelassen wurden, fanden die Projektverantwortlichen 2023 erste Hinweise auf erfolgreiche Fortpflanzung. Die nächste Wegmarke auf dem Weg zum Erfolg ist dann die Fortpflanzung der am Ort der Wiederansiedlung Geborenen. Im Bois de Jussy könnte es in ein paar Jahren soweit sein.

In der Westschweiz ist die Sumpfschildkröte dank regelmässiger Berichterstattung längst zum «chouchou du public» (Le Temps) unter den Reptilien geworden, manche Kollegen meinen auf Kosten der übrigen Arten, die nicht weniger Aufmerksamkeit verdienten.

Der Kanton Genf liess es nicht mit der Sumpfschildkröte bewenden und plante noch eine weitere Wiederansiedlung. Die Vipernatter (Abbildung 128) kam im Genfer Becken ursprünglich am Seeufer und an allen grösseren Fliessgewässern vor. Ihre Nachweise verteilten sich vor der Jahrtausendwende auf 48 Kilometerquadrate, im Jahr 2009 waren es dann noch 14. Das kantonale Artenhilfsprogramm sah nebst

Aufwertungen der verloren gegangenen Lebensräume auch die Wiederansiedlung der Schlange an einem renaturierten Abschnitt des Flusses Aire vor. Hierzu liessen die Projektverantwortlichen abklären, wie viele Vipernattern der für die Ansiedlung vorgesehene Flussabschnitt ungefähr beherbergen kann, also wie hoch dessen Kapazität ist, und wie gross die Populationen sind, welcher die Tiere zur Umsiedlung entnommen werden sollen.

Etienne Jacquemet beurteilte 2010 die Kapazität des fraglichen Abschnitts an der Aire als unzureichend für eine langfristig überlebensfähige Population von mindestens 50 fortpflanzungsfähigen Individuen. Seine Einschätzung beruhte auf einer Analyse des Angebots an Beutetieren, Eiablagestätten, Sonnenplätzen zur Thermoregulation und Winterquartieren. Einerseits deutete das elektrische Abfischen des Gewässers an, dass das Nahrungsangebot wohl nicht ausreichen dürfte, andererseits legte ein Vergleich mit den noch einigermassen intakten Lebensräumen der Vipernatter im Kanton nahe, dass es auch an Sonnenplätzen und ungestörten Eiablagestätten mangelt. Der seither fortschreitenden Renaturierung der Aire zum Trotz bestehen weiterhin Zweifel an der Eignung des fraglichen Abschnitts für eine Wiederansiedlung der Vipernatter.

Und wie sieht es auf der Spenderseite aus? Für eine erfolgreiche Wiederansiedlung geht Jacquemet von einem Bedarf an 250 bis 500 Schlüpflingen über vier Jahre aus. Woher die kommen sollen, bleibt unklar. Denn keiner der fünf vermutlich grössten Populationen im Kanton – Jacquemet zählte je nach Ort 6 bis 50 adulte Vipernattern – können Tiere oder Gelege in grösserer Zahl entnommen werden, ohne deren Stabilität zu gefährden.

Die Wiederansiedlung der Vipernatter an der Aire ist damit zwar noch nicht vom Tisch. Mit den vorbildlichen Abklärungen im Vorfeld konnten die Verantwortlichen aber einen Schnellschuss mit möglicherweise verheerenden Folgen für die noch verbleibenden Populationen vermeiden.

Auch das «Artenhilfsprogramm Barrenringelnatter» im Kanton Luzern sah – zusätzlich zur Erhöhung des Nahrungsangebots und der Anzahl Eiablagestätten – die Neugründung von Populationen vor. Hier ging es nicht um die Wiederansiedlung einer ausgestorbenen Art, sondern um Arealerweiterung und grossräumige Vernetzung. Potenzielle Ansiedlungsorte mussten denn auch auf einer Vernetzungsachse zwischen bereits existierenden Populationen liegen, Schutzgebiet sein und durften nachweislich keine Ringelnattern enthalten. Die Projektverantwortlichen identifizierten fünf Orte, welche die drei Kriterien erfüllten. An diesen setzten sie im Zeitraum 2005 bis 2016 je zwischen 453 und 759 Ringelnatter-Schlüpflinge frei (Abbildung 3 und 129). Die Tiere entstammten Eiern, die den Komposthaufen von zwei Gärtnereien entnommen

Abbildung 128 Vipernatter aus dem Genferbecken. Das Zickzack-Muster auf dem Rücken zeigt, wie die Schlange zu ihrem Namen kam. (Foto: Andreas Meyer)

Abbildung 129 Mit jungen statt mit ausgewachsenen Ringelnattern eine Population aufzubauen, hat im Kanton Luzern funktioniert. Diese im Brutkasten frisch Geschlüpften stehen kurz vor ihrer Freisetzung an einem von fünf Ansiedlungsorten. (Foto: Urs Jost)

und anschliessend im Brutschrank zum Schlupf gebracht worden waren. Jeweils die eine Hälfte der Schlüpflinge kam zurück auf das Areal der Gärtnerei, die andere an einen der fünf Aussetzungsorte. An jedem Ort wurde im Jahr nach der ersten Freisetzung mit Kontrollen als künstliche Schlupfwinkel ausgelegter Plastikfolien und Vliese begonnen. Die gefundenen Ringelnattern wurden einer von drei Grössenklassen zugeordnet, ab 60 cm galten sie als ausgewachsen. An allen fünf Orten gelangen drei bis fünf Jahre nach Beginn der Nachverfolgung die ersten Funde grösserer Exemplare. An drei Orten fanden sich kurz darauf die ersten Nachweise einer erfolgreichen Fortpflanzung.

Die drei soeben beschriebenen offiziellen Wiederansiedlungsprojekte veranschaulichen, was im Vorfeld alles abzuklären ist, sollen Spenderpopulationen keinen Schaden nehmen und die am neuen Ort Ausgesetzten eine Perspektive haben. Das kann auch schon mal zum Aufgeben eines Projekts oder zumindest zu substanziellen Verzögerungen führen. Doch selbst wenn sich die Fachleute grösste Zurückhaltung auferlegen, verändert sich die regionale Zusammensetzung der Schweizer Reptilienfauna weiter in ungeahntem Tempo. Unbewilligte Ansiedlungsversuche, unbeabsichtigte Verschleppung, durch den Klimawandel begünstigte Ausbreitung – die Treiber sind im Einzelfall oft kaum noch auseinanderzuhalten. Und dann steht im Raum, ob das Zusammenwirken dieser Treiber einzelne Arten in einem Ausmass bevorteilt, dass sie allmählich für andere zum Problem werden.

13

Verdrängen Reptilien Reptilien?

Egal, wie genau die in Kapitel 10.3 beschriebenen Simulationen die tatsächliche Entwicklung voraussagen, ohne Zweifel mischt der Klimawandel auch unter den einheimischen Reptilien die Karten neu. Verbreitungsgrenzen verschieben sich, einige Arten werden ihr Verbreitungsgebiet erweitern, andere Einbussen hinnehmen müssen. Ein Faktor indessen, die Rolle anderer Reptilienarten, blieb in den Simulationen unberücksichtigt. Könnten die Profiteure des Klimawandels den Niedergang von Arten mit ähnlichen Ansprüchen an die Ausstattung eines Lebensraums noch beschleunigen? Das hier angesprochene Phänomen der «interspezifischen Konkurrenz», noch bis in die 1990er-Jahre eher ein Thema der Grundlagenforschung, erscheint plötzlich auf der Agenda der Artenschützerinnen.

Spontan gelangen wir rasch einmal zum Schluss, dass zwei Arten mit sehr ähnlichen ökologischen Ansprüchen sich gegenseitig das Wasser abgraben oder zumindest dauernd in die Quere kommen müssten. Aus den vorangegangenen Kapiteln wissen wir in etwa, worum Reptilien konkurrieren könnten. Am ehesten um Beutetiere, aber auch um Winterquartiere, Schlupfwinkel, Sonnenplätze und Eiablagestätten. Damit es so weit kommt, muss mindestens eine dieser Ressourcen so knapp vorhanden sein, dass sie das Wachstum der Populationen tatsächlich begrenzt, das heisst Konsum oder Nutzung durch die eine Art die Entwicklung der anderen beeinträchtigt. Umwelteinflüsse, Katastrophen oder der Druck von Fressfeinden könnten die Bestände der potenziellen Konkurrenten jedoch so weit dezimieren, dass ihre Populationsgrössen nur selten die Kapazitätsgrenzen allenfalls limitierender Ressourcen übersteigen, es also fast immer genug für alle hat. Konkurrenz wirkt dann nur schwach und allenfalls vorübergehend.

Auch wenn die Sache nicht so einfach ist, unter den Schweizer Reptilien finden sich mindestens drei Fälle, in welchen interspezifische Konkurrenz das Schicksal von Populationen beeinflussen könnte.

13.1 Kreuzotter und Aspisviper – gerät ein Arrangement ins Wanken?

Die Verbreitungsgebiete von Aspisviper und Kreuzotter schliessen sich in der Schweiz weitgehend aus. Einzig in den Berner, Freiburger und Waadtländer Alpen sowie im Jura finden sich ein paar Stellen, an welchen sich die Vorkommen beider Arten berühren oder etwas überlappen (Abbildung 130). Zwang ihre Ähnlichkeit in den Ansprüchen unsere beiden Giftschlangenarten zum gegenseitigen Ausweichen, haben sie sich im Lauf ihrer Besiedlungsgeschichte in einem Nebeneinander «arrangiert»?

In einer der umfangreichsten Forschungsarbeiten über Reptilien in der Schweiz hat Jean-Claude Monney diese Frage zu beantworten versucht. Hierzu verglich er in einer umfassenden Analyse die Populationen der beiden Arten in einem etwa 900 m breiten und 70 ha grossen Geländebereich gemeinsamen Vorkommens im Berner Oberland. Seine Analysen der Populationsstruktur und Fortpflanzungsleistung (Kapitel 4.1), Nahrungszusammensetzung (Kapitel 6.1) und Raumnutzung (Kapitel 8.2) brachten ihn zur Schlussfolgerung, dass Aspisviper und Kreuzotter in den Westalpen in «kom-

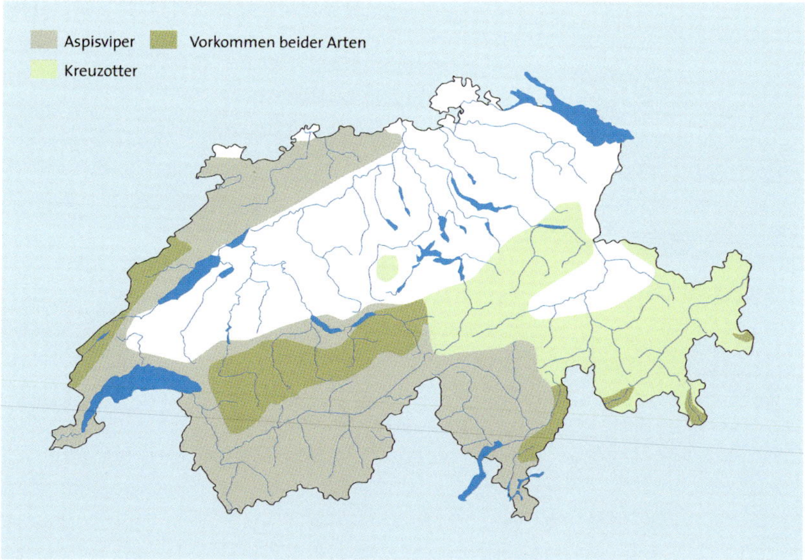

Abbildung 130 Diese von der karch erstellte Karte zeigt schematisch die Verbreitung von Aspisviper (grau) und Kreuzotter (hellgrün) in der Schweiz. Die Regionen, in welchen die Verbreitungsgebiete überlappen, sind olivgrün eingefärbt.

Abbildung 131 Jean-Claude Monneys Aspisviper-Männchen Nr. 61 (grau, aussen) und Kreuzotter-Männchen Nr. 28 wärmen sich im Frühjahr an derselben Stelle. Die Aufnahme der unüblichen Szene gelang ihm am 21. März 1991 im schmalen Geländebereich seines Untersuchungsgebiets, den beide Arten gemeinsam nutzen.

petitiver Parapatrie» leben und diese die Verbreitungsmuster der beiden Arten weitgehend erklärt. Demnach erreichte die Aspisviper hier je nach Hangausrichtung in Höhenlagen zwischen 1400 und 1900 m die klimatische Grenze, welche ihr die Fortpflanzung gerade noch erlaubt, und würde ab hier der Kreuzotter das Gelände als Lebensraum überlassen. Die Kreuzotter wiederum besiedelte nur dort tiefere Lagen, wo die konkurrenzstärkere Aspisviper fehlt. In seinem Untersuchungsgebiet stellte Monney fest, dass sich die beiden Arten nur den strukturell vielfältigsten und beutereichsten Bereich teilen (Abbildung 131) und ansonsten weitgehend getrennt leben.

Nun mehren sich allerdings die Anzeichen, dass in der Überlappungszone der Verbreitungsgebiete in den Westalpen die bisherige «parapatrische» Existenz der beiden Arten ins Wanken geraten könnte – zulasten der Kreuzotter. Das Beispiel in Abbildung 132 zeigt, wie sich an einem Ort gemeinsamen Vorkommens auf 1500 bis 1800 m die Beobachtungshäufigkeiten der beiden Arten über die letzten Jahrzehnte verändert haben. Fanden sich dort bis zur Jahrtausendwende noch fast ausschliesslich Kreuzottern, nehmen die Beobachtungen von Aspisvipern seit dem Jahr 2000 auch in höheren Lagen merklich zu. Ob sich die Kreuzotter, wie in Modellrechnungen vorausgesagt, dereinst in höhere Lagen zurückzieht (Kapitel 10.3) – allein als Folge der Klimaerwärmung oder in den Westalpen zusätzlich beschleunigt durch die Präsenz der Aspisviper –, steht derzeit noch in den Sternen.

Ist in den Westalpen Konkurrenz mit der Aspisviper der Hauptgrund für die nur wenigen isolierten Vorkommen der Kreuzotter, müsste sie dann in den Ostalpen, wo die Aspisviper fehlt, nicht viel häufiger und auch in tieferen Lagen zu finden sein?

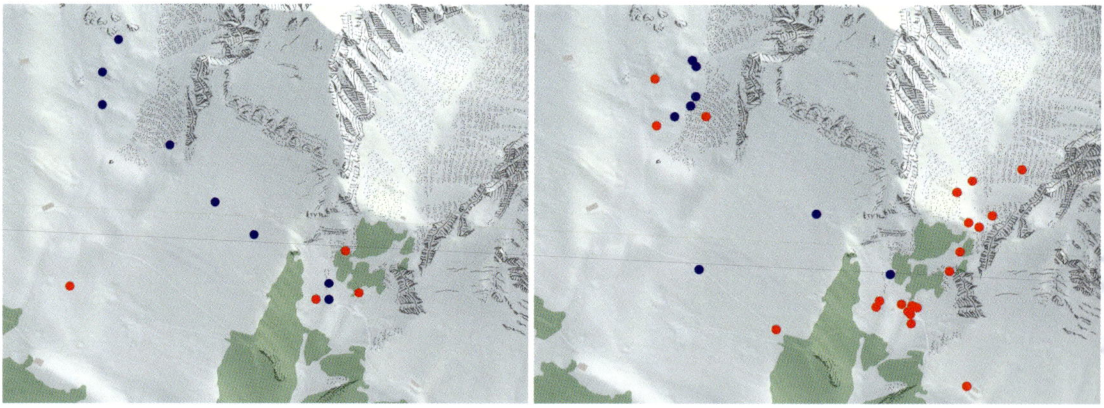

Abbildung 132 Vorboten einer sich anbahnenden Verdrängung? In den karch-Datenbanken erfasste Fundpunkte von Aspisviper (rot) und Kreuzotter (blau) an einem Hang in den Westalpen. Links: Funde bis 1999. Rechts: Funde ab 2000.

Tatsächlich verkompliziert ein Blick über den Sustenpass die Angelegenheit. Gemäss den Berechnungen des potenziellen Verbreitungsgebiets der Kreuzotter – das Vorgehen wurde in Kapitel 10.2 kurz erläutert – erlauben ihr die klimatischen Gegebenheiten im Bündnerland durchaus die Besiedlung von Lagen unter 1000 m. Dort finden sich jedoch kaum Kreuzottern, obwohl ihr keine Aspisvipern die Lebensräume streitig machen. Natürlich könnten in den Modellrechnungen entscheidende Einflussgrössen nicht berücksichtigt worden sein. Eine davon ist der Mensch, der die Schlange vielleicht in etlichen Lagen, die landwirtschaftlich nutzbar sind, zum Verschwinden gebracht hat.

13.2 Vipernatter und Würfelnatter – scheitert ein erzwungenes Zusammenleben?

Wie plausibel interspezifische Konkurrenz auch sein mag, ihr Nachweis unter Feldbedingungen ist alles andere als einfach. Am überzeugendsten sind Experimente, in welchen jeweils die eine Art von einer Untersuchungsfläche weggefangen und die Entwicklung der Population der anderen auf dieser sowie auf einer Kontrollfläche, welche sich weiterhin beide Arten teilen, verfolgt wird.

Im Ansatz ein solches Experiment ist die versuchte Rettung einer Vipernatter-Population im Lavaux am Genfersee. Dort setzten an einem von dieser Art besiedelten Uferabschnitt in den 1950er- und 1970er-Jahren private Schlangenliebhaber Würfelnattern aus. Wie harmonisch das auf diese Weise erzwungene Zusammenleben der beiden Wassernattern über die ersten Jahrzehnte verlief, entzieht sich unserer Kenntnis. 1996 begannen Natacha Koller und Sylvain Ursenbacher mit jährlichen Schätzungen der Bestände, und die zeigten einen stetigen Rückgang der Vipernatter bei in etwa stabiler Populationsgrösse der Würfelnatter. Aus der linken Trendlinie (statistisch gesprochen: Regressionsgeraden) in Abbildung 133 ist ersichtlich, dass der Anteil Vipernattern an der Gesamtzahl gefangener Wassernattern bis 2006 stetig abnahm, ein Rückgang, den jährliche Schätzungen der tatsächlichen Populationsgrösse mit statistischen Methoden bestätigten. Ein klarer Beweis für interspezifische Konkurrenz, mit der ausgesetzten als der konkurrenzstärkeren Art?

Da mit dem Lavaux eines von nur drei Vorkommen der Vipernatter in der Schweiz auf dem Spiel stand (vgl. hierzu Abbildung 117), entschlossen sich die zuständigen Behörden zu handeln und beauftragten Reptilienfachleute mit dem Wegfang der Würfelnatter. Die Resultate detaillierter Untersuchungen der mutmasslich konkurrierenden Populationen rechtfertigten den Entscheid: Beide Arten fressen im Lavaux dieselben Beutetiere (mehr dazu in Kapitel 6.1) und zeigen nur geringfügige Unterschiede in der Raumnutzung (mehr dazu in Kapitel 8.2). Zumindest von daher wären die Voraussetzungen für Konkurrenz also gegeben. Und dann verfügen Würfelnatterweibchen über Eigenschaften, die sich in einer Konkurrenzsituation vorteilhaft auswirken können: Sie sind im Schnitt um mehr als 10 cm länger als Vipernatterweibchen

des Kantons Schwyz ist die Mauereidechse längst die häufigste Reptilienart, an den südexponierten Hanglagen reichen die Funde inzwischen bis auf über 1000 m.

Wie keine andere Reptilienart der Schweiz profitiert die Mauereidechse vom anhaltenden Infrastrukturausbau und von Siedlungserweiterungen. Sie bewegt sich mühelos an senkrechten Flächen und erreicht so nicht nur immer mehr Lebensräume der Zauneidechse, sondern auch Bereiche, die der vergleichsweise schwerfälligen Verwandten unzugänglich sind. Sie erwärmt sich schneller als diese, womit sie von sehr kurzen Zeitfenstern mit Sonnenschein zu profitieren und ihre aktive Phase auszudehnen vermag. Und keine andere Reptilienart erreicht eine räumlich wie zeitlich derart umfassende Nutzung unserer Landschaft. Weniger die Grösse und Fortpflanzungsleistung als ihre schiere Beweglichkeit macht die Mauereidechse der potenziellen Konkurrentin überlegen.

Wie steht es um Daten, die einen Rückgang der Zauneidechse an Orten gemeinsamen Vorkommens mit der Mauereidechse dokumentieren? Auf der bereits erwähnten Fläche in Baden-Württemberg schätzten die Forscher die Dichte auf 73 Mauereidechsen pro Hektar – bei gerade mal 26 Zauneidechsen. Die Zahlen bestätigen unser

Abbildung 134 Dass die Mauereidechse für die Zauneidechse (rechts) zum Problem werden könnte, war noch vor Kurzem unvorstellbar. (Foto: Jürgen Kühnis)

Bauchgefühl: Wo immer Mauereidechsen auftauchen, sind es sehr rasch sehr viele (Abbildung 137). Das von Jürgen Kühnis für den Beobachtungszeitraum 1980–2023 koordinierte Langzeit-Monitoring der Reptilien im Ländle dokumentiert parallel zur nahezu flächendeckenden Besiedlung des Rheindamms durch die Mauereidechse an mehreren Dammabschnitten wie auch im Siedlungsraum eine Abnahme der Anzahl Beobachtungen von Zauneidechsen (Abbildung 136).

Ist denn die Zauneidechse in ihren Ansprüchen der Mauereidechse überhaupt so ähnlich, dass interspezifische Konkurrenz zum Tragen kommen könnte? Die bisherigen Befunde bleiben uneinheitlich. Auf einer Fläche gemeinsamen Vorkommens in Baden-Württemberg, wohin die Mauereidechse vom Gardasee eingeschleppt wurde, stimmten die Arten in der Wahl ihrer Sonnenplätze zu 86 % überein. Auch wenn beide nahezu ausschliesslich Wirbellose fressen, an einem Ort gemeinsamen Vorkommens am Villiger Geissberg (AG) zeigten sich deutliche Unterschiede in der Zusammensetzung ihrer Nahrung (mehr dazu in Kapitel 6.1). Ist am Ende vielleicht weniger Konkurrenz das Problem, sondern Prädation, mithin der Appetit der Mauereidechse? Oberhalb von Loco im Onsernonetal (TI) erwischte Manfred Eichele eine beim Verzehr einer jungen Smaragdeidechse (Abbildung 138) – auf der Alpennordseite hätte das Opfer durchaus eine junge Zauneidechse sein können. Selbst wenn es sich hier um die Ausnahme in einer überwiegend aus Insekten und Spinnen

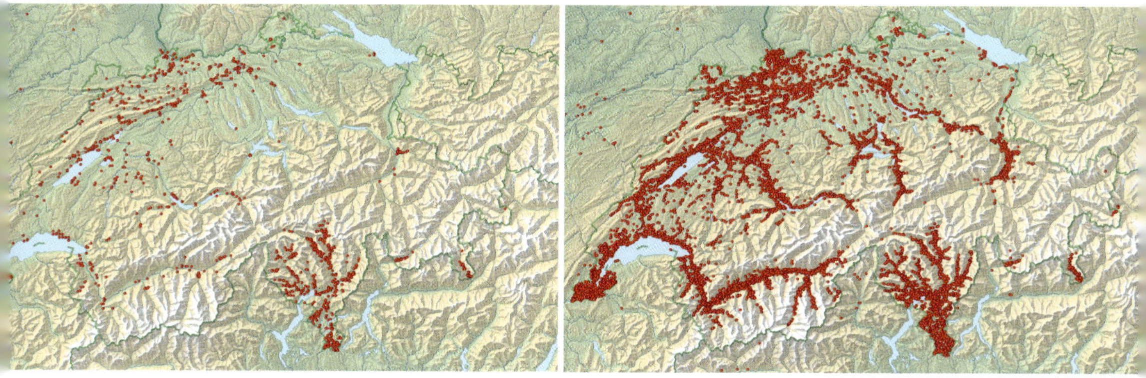

Abbildung 135 Fundorte der Mauereidechse in der Schweiz. Links: bis 1990. Rechts: bis 2021. Es bleibt anzumerken, dass die linke Karte in der Südwestschweiz grössere Verbreitungslücken enthält, die auf fehlende Daten zurückzuführen sind.

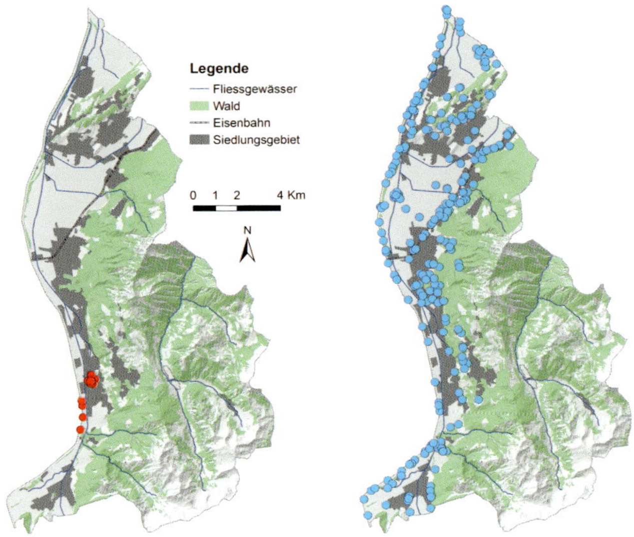

1980–1994

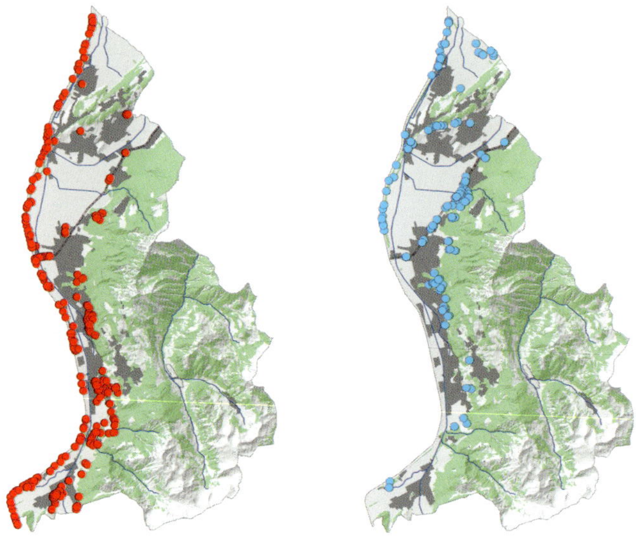

2020–2023

Abbildung 136 Beobachtungen von Mauereidechsen (rot) und Zauneidechsen (blau) im Fürstentum Liechtenstein in den Zeiträumen 1980–1994 und 2020–2023. Karten erstellt von Jürgen Kühnis.

Abbildung 137 Es mutet seltsam an, wenn Reptilienschützer sich überlegen, wie man die Ausbreitung einer einheimischen Reptilienart eindämmen könnte, aber bei der Mauereidechse ist dies so. (Foto: Louis Galliard)

bestehenden Diät handelt, bei einem Mehrfachen an Mauereidechsen an Orten gemeinsamen Vorkommens summieren sich diese Ausnahmen für andere Eidechsenarten rasch einmal zu einem Plus an Kindersterblichkeit, das sich auf ihren Gesamtbestand auswirken und einem befürchteten Niedergang zusätzlichen Schub verleihen könnte, so vielleicht auch der Smaragdeidechsen-Population im Bereich der Mündung der Venoge bei St-Sulpice (VD) (Kapitel 4.1).

Und was machen die Zauneidechsen? Sicher vergreifen die sich auch mal an jungen Mauereidechsen, und in einem Laborexperiment reagierten sie mit Anzeichen aggressiven Verhaltens auf den Geruch von Mauereidechsen. In Südengland dokumentierte ein Forscher aggressives Verhalten zwischen männlichen Zaun- und Mauereidechsen im Feld. Ob das reicht, um die drohende Verdrängung aufzuhalten?

Und selbst wenn – so einfach ist es auch in diesem Fall nicht: In Österreich scheint die Zauneidechse an vielen Orten selbst ohne Beihilfe durch eine Konkurrentin zu verschwinden. Als möglichen Grund sehen Fachleute dort die mit dem Klimawandel steigenden Bodentemperaturen, welche Gelege der Zauneidechse zum Absterben bringen. Deutsche Fachkollegen konnten jüngst anhand einer Zeitreihe von 17 Jahren zwar keinen Rückgang des Fortpflanzungserfolgs – gemessen an der mittleren Anzahl Schlüpflinge pro Weibchen – zeigen, aber eine deutliche Korrelation desselben mit den Niederschlägen im Juli. In sehr trockenen Jahren fiel der Fortpflanzungserfolg deutlich geringer aus als in feuchten Sommern. Wärmere und oft auch trockenere Böden könnten der Zauneidechse also ebenso zusetzen wie die Mauereidechse.

Wenigstens einer anderen Reptilienart dürfte die Ausbreitung der Mauereidechse durchaus gelegen kommen, entspricht sie doch einer Ausweitung des Nahrungsangebots und damit einer qualitativen Aufwertung der Landschaft: Ob und auf welche Weise die Schlingnatter davon profitiert, wird sich zeigen.

Abbildung 138 Dieses Mauereidechsenmännchen aus dem Onsernonetal hat eine junge Smaragdeidechse gepackt. Deren Eltern sind nahezu doppelt so gross wie der Räuber ihres Nachwuchses. (Foto: Manfred Eichele)

14

Massnahmen zur Erhaltung der Reptilien – was vermögen sie zu bewirken?

Wozu nun all diese Studien? Fragt man Ökologinnen und Ökologen nach dem Sinn ihrer Forschung, argumentieren die einen, ihre Arbeit stehe für sich, als ein Beitrag zum Erkenntnisgewinn und zur kulturellen Leistung der Menschheit. Die anderen sehen die Bedeutung in der Anwendung, nebst der nachhaltigen Bewirtschaftung von Wildtier- und Wildpflanzenbeständen und der Eindämmung von Parasiten und Krankheitserregern insbesondere in der Erhaltung der Artenvielfalt. Und aus dieser angewandten Perspektive heraus lassen wir zum Schluss die in den vorangehenden Kapiteln angesprochenen Themen noch einmal Revue passieren.

Reptilien sind seit 1967 bundesrechtlich geschützt. Das bedeutet auch, ihre Ansprüche an den Lebensraum sind bei vielen Eingriffen in die Landschaft zu berücksichtigen. Dieser Umstand provoziert bei Grundeigentümern und Bauherrschaften bisweilen Kopfschütteln und Zähneknirschen, den Artenschützerinnen gibt er die rechtliche Grundlage für ihr Handeln und für Forderungen nach Erhaltung oder angemessenem Ersatz für Verluste an Lebensräumen und Populationen. Hinter dem etwas unscharfen Begriff «Reptilienschutz» steht eine Reihe sogenannter Erhaltungsmassnahmen, mit deren Umsetzung wir versuchen, den Fortbestand jeder bei uns heimischen Reptilienart über ihr gesamtes Verbreitungsgebiet sicherzustellen.

14.1 «Reptilienschutz» – Welche Annahmen stecken hinter den Erhaltungsmassnahmen?

Wie die Lebensräume anderer Arten auch, müssen die von Reptilien gestaltet, unterhalten und untereinander vernetzt werden. Bei der Planung der entsprechenden Eingriffe versuchen wir uns möglichst genau vorzustellen, wie diese eigentlich wirken müssten, sollen unsere Bemühungen nicht bloss als Verschönerung der Landschaft enden.

Die Gestaltung von Reptilienlebensräumen – Details finden sich in Kapitel 9.1 – beginnt oft mit einem Eingriff in die Baum- und Strauchschicht zur Erhöhung der Anzahl Sonnenstunden und Erweiterung der Bandbreite unterschiedlicher Mikroklimata in Bodennähe. Weiter erhöhen wir die Dichte an kritischen Ressourcen und verkürzen so auch die Distanzen zwischen ihnen. Reptilien sollten ihren Bedarf in einem kleineren Heimbereich und mit weniger Bewegungsaufwand decken und, so die Annahme, die dadurch eingesparte bzw. gewonnene Energie in die Fortpflanzung und ins eigene Wachstum stecken können. Auch wenn in Eiablagestätten mit optimalem Mikroklima sehr früh sehr viele Eier zum Schlupf gelangen oder Stellen mit vielen Sonnenstunden die Embryonalentwicklung verkürzen und trächtige Weibchen somit früher in der Saison werfen, bleibt, so die Annahme, den Schlüpflingen bzw. Neugeborenen und ihren Müttern bis zur Überwinterung mehr Zeit, um Energie zu gewinnen. Und je seltener sie ihre Schlupfwinkel verlassen müssen, umso weniger setzen sie sich Fressfeinden aus.

Gleichzeitig ermöglichen wir Reptilien mit dem Bau von Haufen aus Stein und/oder kompaktem Holz wie Strünken und dickem Rundholz, die sich entweder rasch erwärmen oder die aufgenommene Wärme lange speichern, die Gewinnung von Wärme selbst in tageszeitlichen und saisonalen Randzeiten (Abbildung 90, Abbildung 139) oder bei wechselhafter Witterung mit nur wenig Sonnenschein. Dadurch können sie im Tagesverlauf ihre optimale Betriebstemperatur, so die Annahme, über einen gesamthaft längeren Zeitraum halten und ihre Aktivitätsmuster kurzfristig justieren.

Müssen wir alles in einem eindimensionalen Raum unterbringen, so zeigen uns die in Kapitel 9.2 besprochenen Studien über Saumbiotope, worauf es dabei ankommt.

Mit der Aufstockung des Angebots an kritischen Ressourcen erhöhen wir also letztlich das Fassungsvermögen von Reptilienlebensräumen. Die in ihnen lebenden Populationen sollten daher, so die Annahme, ohne zusätzlichen Flächenbedarf wachsen können. Wieviel «Verdichtung nach innen» möglich ist, wird angesichts des enormen Drucks auf viele Landschaften des Schweizer Mittellandes vor allem für Kleinstpopulationen zur Schicksalsfrage. Die in Kapitel 4 besprochenen Dichtewerte bieten da schon mal eine Orientierungshilfe.

Als Unterhalt von Reptilienlebensräumen, in denen die natürliche Dynamik der Landschaft nur noch eingeschränkt oder überhaupt nicht mehr wirkt, versuchen wir mittels Mahd, Entbuschung und Holzschlägen für Reptilien günstige Sukzessionsstadien der Vegetation zu erhalten (Abbildung 140). Mit diesen Eingriffen und der

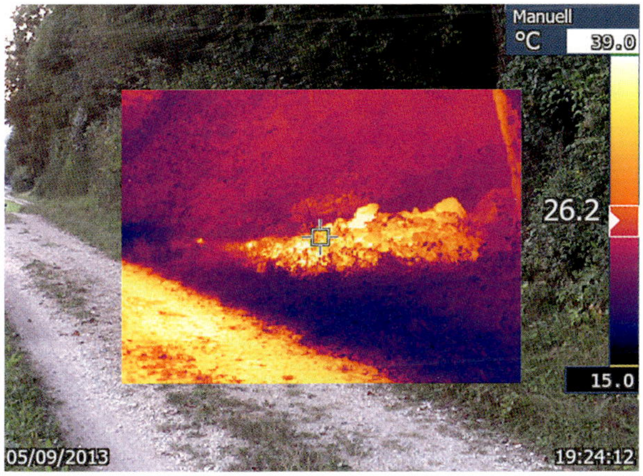

Wiederherstellung erneuerbarer Ressourcen wie Haufen aus organischem Material stellen wir die Möglichkeiten zur Wärmegewinnung und die Leistungsfähigkeit des Ressourcenangebots sicher. Hinweise, worauf es bei Eiablagestätten ankommt, finden sich in den Kapiteln 5, 8.4 und 12.2.

Der Vernetzung der Reptilienlebensräume dienen die laufende Ergänzung der Landschaft mit Kleinstrukturen, nicht nur mit speziell für Reptilien angelegten, wie auch die Anlage von Kleintierdurchlässen und Grünbrücken. Dass Schlangen und Echsen solche Querungshilfen tatsächlich nutzen, zeigt in der Einleitung des Kapitels 11 das Beispiel vom Vorderrhein. Wie stark die Populationen noch im Genaustausch stehen, haben die in Kapitel 11.1 vorgestellten Arbeiten für einige Arten und Regionen evaluiert. Und schliesslich geben uns die in Kapitel 8 vorgestellten radiotelemetrischen Studien eine Idee davon, wie Reptilien bestimmte Schweizer Landschaften nutzen und wie wirklichkeitsnah oder eher romantisierend wir uns optimale Lebensräume vorstellen.

Als eine eigene Kategorie von Erhaltungsmassnahmen sind all die direkten Eingriffe in Reptilienpopulationen zu sehen. Darunter fallen einerseits Umsiedlungen wegen Bauvorhaben wie die in Kapitel 12.1 vorgestellten, andererseits Wiederansiedlungen, die auf Nachzuchten oder auf Tiere-Spenderpopulationen angewiesen sind – besprochen in Kapitel 12.2, aber auch all die Versuche, den Druck von Problemarten einzudämmen, seien es als Konkurrenten verdächtigte wie die Würfelnattern am Genfersee (Kapitel 13.2) oder als Prädatoren überführte wie unsere Hauskatzen (Kapitel 6.2).

Abbildung 139 In diesem neu angelegten Steinhaufen können Reptilien selbst zwei Stunden nach Wegfallen direkter Sonneneinstrahlung noch Wärme gewinnen, ohne auf den Flurweg kriechen zu müssen. (Wärmebild: Severin Erni)

Abbildung 140 Die im Unterhalt von Reptilienlebensräumen eingesetzten Werkzeuge reichen von der Sense bis zur Motorsäge (Foto: Stefan Dummermuth)

14.2 Was wissen wir über die Wirkung unserer Eingriffe?

In den Anfängen des Reptilienschutzes beruhte die Ausgestaltung von Erhaltungsmassnahmen fast ausschliesslich auf Expertenmeinungen und reichlich «Glaube und Hoffnung», denn die Forschung vermochte mit dem Bedarf an anwendungsorientiertem Wissen schlicht nicht Schritt zu halten. Die Devise lautet auch heute noch «mehr von allem», denn wir wissen in den wenigsten Fällen, welche Ressource das Wachstum unserer Zielpopulation tatsächlich begrenzt – falls überhaupt Ressourcen das Problem sind. In den letzten Jahrzehnten ist nun allmählich ein Unterbau aus vergleichenden Studien und Feldexperimenten mit Fragestellungen entstanden, die auf die Erhaltung von Reptilien ausgerichtet sind. Zur Wirkung verschiedener Erhaltungsmassnahmen haben Forschende überprüfbare Voraussagen formuliert und getestet. Ihre Ergebnisse sollten zeigen, wie realistisch unsere Erwartungen an all die Eingriffe sind, die im Reptilienschutz in der Schweiz mittlerweile zum Tagesgeschäft gehören.

Ich habe mich mit diesen Erwartungen auf Anfrage einer deutschen Fachzeitschrift in einer Übersichtsarbeit beschäftigt und 2018 sozusagen als Vorgriff auf den während Jahren angekündigten Bericht zur «Global evidence for the effects of interventions for reptiles» die Fachliteratur systematisch nach Arbeiten durchsucht, welche die Wirkung der in Mitteleuropa üblichen Erhaltungsmassnahmen überprüften. 2021 folgte dann auch der Bericht des Autorenkollektivs zur global evidence, also unter Einschluss von Massnahmen, die in der Schweiz kaum oder gar nicht umsetzbar sind.

Zu allen in Mitteleuropa üblichen Erhaltungsmassnahmen finden sich sowohl Studien, die ihre Wirkung bestätigen, als auch solche, die hierfür keinen Hinweis sehen. Das bedeutet aber auch, dass in der Fachliteratur keine Massnahme durchweg als wirkungslos beurteilt wird. Am deutlichsten durchzogen bleibt die Bilanz von Umsiedlungen, sei es wegen Bauvorhaben oder zur Neugründung von Populationen in Wiederansiedlungsprojekten, denn die können halt nicht bloss erfolglos sein, sondern auch Schäden hinterlassen.

Dennoch: Unter dem Strich drehen wir mit unseren Bemühungen zur Erhaltung der Reptilien an den richtigen Stellschrauben und müssen vor allem nachjustieren. Die Aufgabe bestimmter Massnahmen und eine Suche nach alternativen Ansätzen drängen sich nicht auf.

Nachwort – abseits der Kriechspur

Der renommierte australische Schlangenforscher Richard Shine schrieb im Vorwort zu seinem Buch, sich für Schlangen zu interessieren sei wie ein Fussballteam zu unterstützen, das fast jedes Spiel verliert. Ohne Zweifel spielen Schlangen in Sachen Popularität nicht in derselben Liga wie unsere gefiederten Freunde, und mit den Amphibien können allenfalls Eidechsen und Schildkröten mithalten. Doch man muss nicht von allen geliebt werden, um über die Runden zu kommen. Wie manches Spiel verlieren die Schlangen, wenn wir sie gegen sich abzeichnende Entwicklungen antreten lassen?

Bleiben wir im Sportjargon, sind sie gemäss Roter Liste weiterhin abstiegsgefährdet, behaupten aber ihren hart erkämpften Platz auf der Tabelle, die im ökologischen Ausgleich die geforderten Massnahmen auflistet. Und im Bewusstsein der breiten Bevölkerung haben sich Reptilien inzwischen als Team der heimischen Fauna etabliert. Dann zeigt die neuere Feldforschung, dass Reptilien robuster, beweglicher und anpassungsfähiger und viele Schweizer Landschaften für Schlangen und Echsen durchlässiger sind, als wir noch in den Anfangsjahren der karch vermutet hatten. Radiotelemetrie, Naturschutzgenetik und die dank Freiwilligenarbeit mögliche Langzeitüberwachung von Populationen haben massgeblich zu dieser Erkenntnis beigetragen. Der Infrastrukturausbau sorgt zwar weiterhin für die fortschreitende Zerschneidung der Schweizer Landschaft, doch wenigstens bieten die entlang von Verkehrsachsen entstehenden Böschungen Reptilien auch neue Lebensräume. Den spektakulären Verlusten der vergangenen hundert Jahre stehen die zahllosen unspektakulären Aufwertungen der letzten Jahrzehnte gegenüber. Gemäss den Erkenntnissen neuer Übersichtsarbeiten dürfen wir zu Recht hoffen, dass all die neu angelegten Kleinstrukturen und Querungshilfen mit der Zeit ihre Wirkung auf Reptilien entfalten. Die enorme Ausbreitung der Mauereidechse, schon für sich genommen eine Erfolgsgeschichte,

hinterlässt mit der Zauneidechse nicht nur eine Geschädigte, sondern mit der Schlingnatter voraussichtlich auch eine Profiteurin. Und mit dem Klimawandel sollte für die meisten unserer Reptilien ohnehin vieles besser werden. Schon heute registrieren Förster, wie sich in ihren Revieren die Waldzusammensetzung ändert. Im Jura etwa nehmen lichte Wälder zu, was der Aspisviper entgegenkommen dürfte, einer Art, die wir eben noch mit Lichtungsschlägen gefördert haben.
Sind Reptilien also in der Talsohle angekommen? Zeichnet sich eine Trendwende ab, oder ist da zu viel Optimismus? Liegen wir nicht komplett falsch und wird der Schlangenpilz nicht zum Spielverderber, dann steht unter dem Strich zwei, drei voraussichtlichen Verlierern – Kreuzotter, Bergeidechse, vielleicht Zauneidechse – wohl ein Dutzend Gewinner gegenüber. Und zu denen, die schon da sind, dürften sich in absehbarer Zeit wohl weitere Arten gesellen, weniger durch natürliche Ausbreitung vom grenznahen Ausland her, sondern unbeabsichtigt eingeschleppt oder illegal ausgesetzt. In der Schweiz leben wohl auch in ferner Zukunft noch Reptilien, nur mit ziemlich anderen Verbreitungsgebieten und in etwas anderer Artzusammensetzung.
Und wohin steuert der Reptilienschutz? Meine aktiven Jahre waren noch geprägt von der Erfassung und Erhaltung des Bestehenden. Heute wird viel mehr manipuliert, Populationen werden um- und Arten (wieder-)angesiedelt, Bestände aufgestockt, potenziell invasive Arten weggefangen. Reptilienschützerinnen und -schützer versuchen, aus der Defensive zu gelangen und für Eidechsen und Schlangen Terrain zurückzugewinnen. Das scheint mir eine durchaus erfreuliche Entwicklung, vorausgesetzt, das Kerngeschäft, die Knochenarbeit für die Erhaltung des Bestehenden eben, gerät darob nicht in Vergessenheit.
Und zum Schluss: Wie sieht es für die nachrückenden Reptilienforscherinnen und -forscher aus? Mein Vater versuchte mich vom Biologiestudium mit der Behauptung abzuhalten, es sei doch längst alles erforscht. 40 Jahre später und nach der Lektüre des hier auf 250 Seiten erzählten Standes der Feldforschung in der Schweiz, sollte klar sein: Wohin auch immer ihre Reise geht, für die nächste Generation bleibt genug zu entdecken.

Der promovierte Biologe Ueli Hofer war als Ko-Leiter der Koordinationsstelle für Amphibien- und Reptilienschutz in der Schweiz (karch) während zehn Jahren verantwortlich für das Reptilienschutzprogramm der Schweiz und Hauptautor des ersten Reptilienatlas' der Schweiz. Daneben wirkte er als Dozent in angewandter Ökologie an der ETHZ und den Universitäten Bern und Basel.

hofercraft.ch

1. Auflage: 2025
ISBN 978-3-258-08372-8

Umschlaggestaltung, Layout und Satz: pooldesign.ch, Zürich
Umschlagsbild vorne: Stelldichein von Barrenringelnattern *(Natrix helvetica)* am unteren Emmelauf.
Foto: Manfred Eichele; Foto hinten: Zauneidechsenpärchen *(Lacerta agilis),* Sabine und Nicolas Gard

Wir drucken mit mineralölfreien Farben und verwenden FSC®-zertifiziertes Papier. FSC® sichert die Nutzung der Wälder gemäß sozialen, ökonomischen und ökologischen Kriterien.

Gedruckt in der Tschechischen Republik

MIX
Papier | Fördert gute Waldnutzung
FSC® C010798
www.fsc.org

Die Publikation dieses Werkes wurde finanziell unterstützt durch die Dr. Bertold Suhner Stiftung für die Natur.

Dr. Bertold Suhner Stiftung *für die Natur*

Diese Publikation ist in der Deutschen Nationalbibliografie verzeichnet. Mehr Informationen dazu finden Sie unter http://dnb.dnb.de.

Der Haupt Verlag wird vom Bundesamt für Kultur für die Jahre 2021–2025 unterstützt.

Wir verlegen mit Freude und großem Engagement unsere Bücher. Daher freuen wir uns immer über Anregungen zum Programm und schätzen Hinweise auf Fehler im Buch, sollten uns welche unterlaufen sein. Falls Sie regelmäßig Informationen über die aktuellen Titel im Bereich Natur & Garten erhalten möchten, folgen Sie uns über Social Media oder bleiben Sie via Newsletter auf dem neuesten Stand.

Haupt Verlag AG
Falkenplatz 14
3012 Bern
SCHWEIZ
herstellung@haupt.ch
www.haupt.ch

Verantwortlich in der EU (GPSR):
Brockhaus Kommissionsgeschäft GmbH
Kreidlerstr. 9
70806 Kornwestheim
DEUTSCHLAND
haupt@brocom.de